Praktische

Stabilitätsprüfung

Praktische Stabilitätsprüfung

mittels Ortskurven
und numerischer Verfahren

Von

Felix Strecker

Mit 101 Abbildungen

Springer-Verlag
Berlin / Göttingen / Heidelberg
1950

ISBN-13: 978-3-642-47343-2   e-ISBN-13: 978-3-642-47341-8
DOI: 10.1007/978-3-642-47341-8

Vorwort.

Die Auffassung des Stabilitätsproblems ist in diesem Buch im großen und ganzen dieselbe wie in meinem früher erschienenen Buch über „Die elektrische Selbsterregung mit einer Theorie der aktiven Netzwerke" (STRECKER [1])[1]. Die Stabilitätsuntersuchung soll sich möglichst eng an die aus der Wechselstromtechnik bekannten Verfahren anlehnen, die dem praktischen Ingenieur am meisten geläufig sind. Als Ausgangspunkt dienen daher neben der charakteristischen oder Stammfunktion vor allem die zahlreichen — bequem meßbaren — Eigenschaften der untersuchten Systeme, z. B. Übertragungsfaktoren oder Scheinwiderstände, und zwar möglichst nur deren Werte für eingeschwungene Wechselvorgänge (oder einfach harmonische Schwingungen) bestimmter Frequenz.

Weil ich zulasse, daß die zur Prüfung dienende Frequenzfunktion oder Eigenschaft ziemlich frei gewählt werden kann, spreche ich von allgemeinen Kriterien und habe auch in diesem Buch wieder betont, wie vielseitig die Möglichkeiten sind; denn bisher scheinen die Ortskurvenkriterien außer auf die Stammfunktion fast ausschließlich auf eine andere spezielle Eigenschaft einer besonderen Art von Systemen (den Kettenübertragungsfaktor einer einseitig übertragenden Ringschaltung) angewandt zu werden.

In der Darstellungsart unterscheidet sich dieses Buch erheblich von seinem Vorgänger, dessen Aufgabe umfassender war; denn — wenn die ältere Monographie natürlich auch an Beispielen zeigen sollte, wie man die Verfahren praktisch anwenden kann — so sollte sie doch in erster Linie die sachlichen Probleme lösen und diese Lösungen als richtig nachweisen. Darum habe ich mich damals nicht gescheut, im theoretischen Teil diejenigen mathematischen Hilfsmittel — z. B. Funktionentheorie und etwas Matrizenrechnung — zu verwenden, die mir am meisten geeignet erschienen. Ich habe zwar in einer besonderen Erläuterung und in den mehr praktischen Teilen auf diese mathematischen Hilfsmittel verzichtet; jedoch scheint mir, daß viele in der Praxis stehende Ingenieure, Studenten der Elektrotechnik und andere Fachgenossen, die ja meist nur gelegentlich Stabilitätsuntersuchungen

---

[1] Der Buchstabe L oder Ziffern in eckigen Klammern weisen auf das alphabetische Literaturverzeichnis hin.

machen, bereits dadurch abgeschreckt werden, daß Gebiete der höheren Mathematik überhaupt vorkommen, die ihnen fremd sind; sie werden unter Umständen gar nicht erst versuchen, ob sie ohne diese Stellen des Buches auskommen. Deshalb wurde nun dieses Buch geschrieben, das keine besonderen Vorkenntnisse verlangt und im wesentlichen praktische Anweisungen bringt.

In der Zwischenzeit konnte ich Aufgaben lösen, die ich in dem früheren Buch aufgeworfen hatte; damit ist das allgemeine Verfahren wohl in gewissem Maße abgeschlossen. Über diese Forschungsergebnisse ist im März 1949 eine vorläufige Mitteilung (STRECKER [2]) erschienen, und sie wurden großenteils hier hineingearbeitet.

Weiter habe ich eine Anzahl von Vorträgen gehalten und einen Aufsatz geschrieben ausdrücklich in der Absicht, die allgemeinen Stabilitätskriterien gerade dem obenerwähnten Kreis von Benutzern, vor allem in Forschungs- und Entwicklungslaboratorien, nahezubringen. Ende Mai 1948 fand in Stuttgart eine Tagung der VDI-Ausschüsse für Schwingungs- und Schalltechnik statt (KLOTTER [L], CREMER [L]), für die ich einen der Einführungsvorträge übernommen hatte. Er konnte dort nur in etwas gekürzter Form verlesen werden, ist aber inzwischen im Archiv der elektrischen Übertragung (STRECKER [3]) ungekürzt erschienen. Ferner brachte die „Elektrotechnik" einen Aufsatz (STRECKER [4]), der rein praktischen Zwecken dient. Er enthielt eine schematische Anleitung, wie man vorgehen kann, um die Stabilität zu prüfen, und außerdem nur die allernötigsten Erläuterungen. Beide Arbeiten wurden mit Genehmigung der Herausgeber mit den erforderlichen Änderungen in dieses Buch hineingearbeitet.

Schließlich veranstaltete das Zentrallaboratorium der Siemens & Halske AG. eine Vortragsreihe, ebenfalls besonders zu dem Zweck, die Verfahren zu erläutern und den Ingenieuren nahezubringen. Das kam dem Buch sehr zugute, weil ich dadurch mehr Zeit fand, geeignete Darstellungsformen zu suchen und praktische Beispiele durchzuarbeiten, als sonst möglich gewesen wäre. Auch lernte ich dabei gewisse Wünsche kennen; so wurde z. B. die Frage aufgeworfen, ob und wie man mit Wuchsvorgängen messen könne, und der Abschnitt über solche Messungen — der keine ausgearbeiteten Verfahren, sondern nur Anregungen enthält — geht auf diese Frage zurück.

Ich habe versucht, aus den genannten und weiteren neueren Arbeiten ein einheitliches Gebäude aufzubauen; habe aber verzichtet, alle Fugen zu verputzen, was man unter günstigeren Zeitumständen täte. Das hat auch den Vorteil, daß der Leser dieselben Sachverhalte wiederholt, und zwar nacheinander von verschiedenen Seiten sieht, so daß er sich — sozusagen in einem geistigen „Wuchsvorgang" — allmählich in die Begriffs- und Vorstellungswelt einleben kann. Die Erfahrung von rund

20 Jahren hat mir gezeigt, daß es gerade beim vorliegenden Thema unzweckmäßig ist, auf möglichst scharf definierten Begriffen deduktiv aufzubauen. Begriffe und Vorstellungen leben in ihrer Art, Wortbedeutungen ändern sich und man muß sich alles das erarbeiten. Die Ergänzungen betreffen hauptsächlich

1. einige Hinweise auf *Stabilitätsuntersuchungen im weiteren Sinn*, die neuerdings mehr in den Vordergrund treten, z. B. auf bestimmte „relative Stabilitätsgüte" (KLOTTER [*L*], CREMER [*L*]). Sie lassen sich außer durch das Kriterium II. Art auch durch ein Kriterium I. Art bearbeiten, wenn man in diesem Fall andere Ausgangsfunktionen oder Prüfkurven zugrunde legt (nämlich für Wuchsvorgänge). Schon in meinem älteren Buch ist darauf hingewiesen worden, daß auch bei solchen erweiterten Fragestellungen die Kriterien mit gewissen Änderungen allgemeingültig bleiben. Aber nach der Literatur zu urteilen, sind auch hier die Verfahren nur speziell für die Stammgleichung genauer durchgearbeitet worden;

2. eine Darstellung der zeichnerischen und numerischen Verfahren für das *Kriterium II. Art*. Hierbei wurden vor allem *neue Verfahren* für die Interpolation, Extrapolation oder näherungsweise Fortsetzung in die komplexe Ebene hinein entwickelt. Diese sind nicht nur bei Stabilitätsuntersuchungen verwendbar, sondern haben auch *in anderen technischen und mathematischen Gebieten* Bedeutung, nämlich überall da, wo man eine Beziehung als konforme Abbildung deuten kann. Das ist der Fall bei der Berechnung von ebenen statischen Feldern oder Strömungsfeldern, bei der näherungsweisen Lösung algebraischer oder transzendenter Gleichungen, bei der Interpolation in manchen Tafeln oder Kurvenscharen mit zwei „Eingängen" und ähnlichen Aufgaben;

3. einige Ausführungen zu dem unerschöpflichen Thema der *nichtlinearen* Systeme.

Ich hoffe, auch dem eingearbeiteten Fachmann Neues zu bringen, und zwar vor allem im Abschnitt über *Pegelwandler*, der auf einem Vortrag aufgebaut ist, den ich schon 1938 im VDE in Berlin gehalten habe. Mit Pegelwandlung meine ich eine natürliche Verallgemeinerung der *Reglung*, so wie dieses Wort neuerdings verstanden wird, ja auch wie es KÜPFMÜLLER [*3*] in seiner grundlegenden Arbeit verstanden hat. Während KÜPFMÜLLERs Verfahren sich besonders eignet, wenn der Übergangsvorgang sich angenähert durch einen einfachen Streckenzug wiedergeben läßt, kann man mit den Ortskurvenverfahren die Fälle bequemer untersuchen, bei denen die Übersetzungsfaktoren einfache Form haben. Für eine Klasse praktisch wichtiger Ausführungsformen ergeben sich allgemeine Regeln, welche die klassischen KÜPFMÜLLERschen Näherungsformeln in lehrreicher Weise ergänzen. Ferner habe ich herausgearbeitet, daß der Wandelkreis häufig eine Wandelstrecke mit *Trägerübertragung* enthält, deren besondere Eigenschaften meines Wissens in der Regeltechnik nicht beachtet wurden.

Den Ergänzungen stehen Streichungen gegenüber: ganz einfach gehaltene Einführungen in die Differenzenrechnung und über Abbildung habe ich durch Hinweise auf die Literatur ersetzt, um das Buch nicht unnötig zu verteuern.

Ich habe das Buch in drei Teile geteilt. Der erste schließt mit einer *praktischen Gebrauchsanweisung*, die — wie ich hoffe — von vielen ohne weiteres sofort verstanden und benutzt werden kann. Auf jeden Fall werden die vorgestellten Kapitel A und B hinreichen, um nicht nur diese Anleitung praktisch benutzen, sondern auch ihren physikalischen Sinn verstehen zu können. Der zweite und dritte Teil sind für Leser gedacht, die sich mehr vertiefen, die geeignetsten Wege aussuchen oder das Anwendungsgebiet der Verfahren erweitern wollen. Sie enthalten vor allem auch Beispiele, die mit Hilfe von teilweise neuen zeichnerischen und numerischen Verfahren durchgerechnet sind und einen Eindruck auch von den Grenzen der Näherungsverfahren vermitteln.

Die Einteilung in Paragraphen hat bei der Redaktion, Korrektur usw. für den Verfasser Vorteile; aber auch für den Leser, weil sie zahlreiche Verweise ermöglicht. Das Zurechtfinden wird auch dadurch erleichtert, daß die Gleichungen, Tafeln und Bilder in jedem Paragraphen für sich numeriert sind.

Den genannten Stellen und allen Herren, welche diese Arbeit gefördert haben, möchte ich meinen besten Dank aussprechen, ebenso dem Springer-Verlag für die sorgfältige Bearbeitung und das bereitwillige Entgegenkommen in sachlicher und persönlicher Beziehung.

FELIX STRECKER.

Inhaltsverzeichnis.

Einleitung.

Dieses Buch ist praktischen Zwecken gewidmet. Den Kern bildet daher die Anleitung zur Durchführung von Stabilitätsprüfungen und ähnlichem, die etwa einer Gebrauchsanweisung entspricht, wie man sie einem Gerät mitgibt. In dem Schema des Kapitels C wird auf andere Stellen hingewiesen, an denen die Anleitung weiter ausgebaut ist; z. B. auf Stellen, an denen zeichnerische oder numerische Verfahren durch Konstruktionsanweisungen, Rechenschemata und zahlenmäßig durchgeführte Beispiele bis ins einzelne erläutert sind. Zu den praktischen Zwecken gehört nach meiner Meinung aber weiter, daß man den mathematischen und physikalischen Sinn der Verfahren erfaßt und durchschaut; sonst kann man nicht frei und selbständig damit arbeiten. Und solches Arbeiten gehört doch sicherlich zu den praktischen Aufgaben des Ingenieurs.

Ich habe mich bemüht, mich möglichst wenig von der Sprache und Auffassungsweise der *Wechsel*stromtechnik zu entfernen. Dennoch habe ich verschiedene neue Namen eingeführt. Sie betreffen teilweise ganz bekannte Dinge. Das gilt z. B. für den Sammelbegriff „*Systemverhältnisse*", der Widerstände, Leitwerte, Übertragungsfaktoren und ähnliche Begriffe zusammenfaßt. Dieser allgemeine Ausdruck und andere damit zusammenhängende scheinen mir auch deswegen zweckmäßig, weil sie es erleichtern werden, die Verfahren in verwandte technische Gebiete zu übertragen. Hier sind sie durch Beispiele aus der elektrischen Verstärker-, Steuer- und Reglungstechnik erläutert; aber grundsätzlich sind sie auch anwendbar bei mechanischen, akustischen oder gemischten, z. B. magneto-mechanischen, elektroakustischen oder elektrooptischen Problemen.

Ähnliches gilt von dem Namen „*Wuchsvorgänge*" als Sammelbegriff für exponentiell an- oder abklingende aperiodische oder schwingende Vorgänge, wobei das Abklingen als negatives Anklingen betrachtet wird. Jeder, der sich einigermaßen mit der Wechselstromtechnik vertraut gemacht hat, kennt solche Vorgänge; denn sie treten als Eigenvorgänge oder Eigenschwingungen bei der Entladung von Kondensatoren oder Induktivitäten über Ohmsche Widerstände (und in komplizierteren Schaltungen natürlich ebenfalls) auf. Auch eine „selbsterregte" Schwingung ist hauptsächlich solch eine Eigenschwingung, und zwar eine anklingende.

Nun sind aber Wechselströme und allgemeine Wechselvorgänge solche Vorgänge, die weder an- noch abklingen. Sie bilden einen besonderen Fall, einen Grenzfall, der Wuchsvorgänge. Die Wechselstromtheorie ist also ein Grenzfall der — leider sehr vernachlässigten — Wuchsvorgangstheorie. Wenn man aber — wie es in der Regel geschieht — umgekehrt Wuchsvorgänge als ein kleines Anhängsel im Rahmen einer Wechselstromtheorie behandelt, braucht man sich nicht zu wundern, wenn das nicht gut geht. Kurz und klar gesagt: der allgemeine Fall kann nicht als Sonderfall eines seiner Spezialfälle behandelt werden. So wird es ja auch ein jeder einsehen; wird er aber auch stets daran denken und danach handeln?

Ich habe den Eindruck, daß immer wieder versucht wird, gewisse Aussagen über selbsterregte Schwingungen in der Denk- und Sprechweise der Wechselstromtechnik zu machen. Solche Äußerungen erscheinen häufig etwas hilflos, und manchmal haben die Verfasser anscheinend selbst das Gefühl, daß sie etwas Richtiges gemeint, aber nicht treffend ausgedrückt haben. Ich glaube, daß man diese Schwierigkeit nur durch passende und kurze Benennungen — um die ich mich ständig weiter bemühe — beseitigen kann. Ohne solche Namen können der Begriff des Wuchsvorganges und die damit zusammenhängenden Begriffe kein Leben gewinnen und sich nicht klar und deutlich von den verwandten Begriffen der Wechselstromtechnik abheben.

Das ist also ein Punkt, an dem man die Grenze der Wechselstromtechnik überschreiten muß, wobei man aber auf bekanntem Boden bleibt. Der Nachrichtentechniker denkt heutzutage im allgemeinen fast nur in stationären eingeschwungenen Zuständen, also z. B. mit Hilfe der Begriffe: FOURIER-Analyse, Frequenzspektrum, Bandbreite usw. Mit Hilfe der stationären Zustände werden auch komplizierte Einschwingvorgänge erfaßt, also nicht unmittelbar. Das ist zweifellos eine ausgezeichnete Methode, und wenn das nicht der Fall wäre, wäre sicherlich diese Denkweise nicht so stark vorherrschend geworden. Sie hat den großen Vorzug, daß sie für viele an sich ziemlich komplizierte Erscheinungen eine einfache einheitliche Darstellung und Anschauung gibt. Man denke nur an die eleganten, von KÜPFMÜLLER [1] stammenden Beziehungen zwischen Einschwingdauer und Bandbreite. Diese sind ganz unabhängig davon, wie z. B. eine Siebkette aufgebaut ist; sie sind also einfach und sehr allgemein. Diesem Verfahren stand vor etwa 20 Jahren, z. B. bei BACKHAUS [L], ein anderes gegenüber. Dabei dachte man sich z. B. die Einschwingvorgänge in Siebketten aus Eigenschwingungen zusammengesetzt, die durch einen Stoß oder Spannungssprung angeregt oder „angestoßen" wurden. Es wäre aber falsch, diese Denkweise ganz aus dem Auge zu lassen, obwohl sie z. B. beim Siebkettenproblem seinerzeit nicht zu so einfachen und übersichtlichen Beziehungen führte wie die obenerwähnte Methode.

Aber bei der Selbsterregung liegt das Problem wesentlich anders, denn hier handelt es sich darum, daß sich eine einzelne anklingende Schwingung (oder manchmal auch einige wenige solcher Schwingungen) aus einer u. U. großen Anzahl von abklingenden Eigenschwingungen heraushebt. Natürlich kann man auch eine solche einzelne anklingende oder abklingende Schwingung, die plötzlich einsetzt, durch ein Frequenzspektrum darstellen, aber nach meiner Erfahrung hat das beim Selbsterregungsproblem keinen Vorteil. Man denke z. B. daran, daß bei diesem Problem der Fall wichtig ist, daß ein System sich gerade genau im Pfeifpunkt befindet; dann ist aber eine Eigenschwingung eine einfachharmonische Schwingung, die sich, wenn sie einmal angeregt ist, so verhält wie eine eingeschwungene stationäre Schwingung. Das Frequenzspektrum einer solchen einzelnen andauernden Schwingung mit konstanter Amplitude ist nur eine einzelne Linie. Die Frequenzspektren erweisen sich aber nur dann von Vorteil, wenn man mehrere Frequenzen über ein bestimmtes Frequenzband verteilt hat, sei es, daß man ein Linienspektrum hat aus einer Reihe von getrennten Linien (z. B. Träger und je einer Seitenbandlinie) oder daß man ein Bandenspektrum hat. In unserem Falle wäre also das Spektrum zu einer einzigen Linie „entartet", und die Auffassung dieser einzelnen Linie als eines Spektrums hat etwas Gezwungenes. Um den Vorgang der Selbsterregung oder auch das Verhalten eines Systems in der Nähe des Pfeifpunktes physikalisch zu verstehen und anschaulich darzustellen, geht man besser von einzelnen freien Schwingungen aus.

Nun kann man, wie oben schon erwähnt, sehr viel einfacher messen (und wahrscheinlich auch mehr Eigenschaften und mehr ins einzelne gehend), wenn man stationäre Schwingungen, also Wechselströme, benutzt. Ohne Messungen kann man aber nicht auskommen, denn die zu untersuchenden Systeme sind oft zu kompliziert, als daß man Rechnungen durchführen könnte. Grundsätzlich ist zwar der Gang solcher Rechnungen klar, aber die Durchführung ist häufig zu umständlich.

Ein Vorteil der Ortskurven bei der Untersuchung der Stabilität ist nun der, daß man in der praktischen Anwendung Kurven benutzen kann, die sich mit Wechselstrom messen lassen, obwohl man für das Verständnis des Zusammenhanges zwischen den Ortskurven und der Stabilität besser von freien (ab- oder anklingenden) Schwingungen ausgeht. Dadurch wird das Problem wenigstens teilweise in die Gedankenwelt zurückübertragen, in der wir heute gewöhnt sind zu arbeiten. Vollständig scheint mir das nicht möglich zu sein, mindestens nicht bei dem Verfahren, das ich Kriterium II. Art nenne. Denn dabei befaßt man sich gerade in gewissem Maße zahlenmäßig damit, in welchem

Maße die Eigenschwingungen anklingen oder abklingen. Das einzige, was vielleicht zunächst etwas ungewohnt ist, besteht dann darin, daß man nicht mehr eine Ortskurve allein betrachtet, welche die (zur Stabilitätsprüfung herangezogene) Eigenschaft des Systems in der komplexen Ebene darstellt und welche mit der Frequenz beziffert ist, sondern daß man zu einem ganzen Netz von Kurven übergeht. Man spricht dann von einer *„Abbildung"* der Frequenz*ebene* auf die *Ebene* der untersuchten Funktion oder umgekehrt.

Sicherlich sind solche Abbildungen von zwei Ebenen aufeinander in der Elektrotechnik nichts Neues. Man kennt doch z. B. Darstellungen, welche zeigen, wie irgendwelche komplexen Abschlußwiderstände (Belastungen) in die ebenfalls komplexen Eingangswiderstände eines „Vierpols" umgeformt, umgebildet, „abgebildet" werden. Man ist gewöhnt, solche Beziehungen durch Kurvennetze in den beiden Widerstandsebenen klar und übersichtlich darzustellen. Warum sollte das nicht auch hier möglich sein? Das einzige, was dabei neu ist, ist eine „Frequenzebene". Was man sich darunter vorstellen soll, wird noch ausführlich besprochen, und zwar wird es von verschiedenen Seiten betrachtet. Hier sei nur vorausgeschickt, daß es sich um etwas recht Einfaches handelt, das sich bei folgerichtigem Denken von selbst ergibt. Um so falscher wäre es, wollte ich in diesem Punkte Konzessionen an das technisch „Allgemeinverständliche" machen. Denn wer sich in dieser Beziehung nicht vom Hergebrachten löst, wird wohl niemals das Gefühl der Unsicherheit, des „Schwimmens", verlieren.

Erster Teil

Die physikalischen Grundlagen und die Grundregeln für die praktische Handhabung der Stabilitätskriterien.

Kapitel A.

Die Grundgedanken der Stabilitätsprüfung mit Hilfe von Ortskurven durch zeichnerische und numerische Verfahren.

1. Gedämpfte und anklingende Eigenschwingungen.

§ 1. Wenn man ein System — als einfaches Beispiel ein Pendel oder einen Schwingungskreis — in irgendeinem Anfangszustand sich selbst überläßt, entsteht ein Vorgang, der sich aus Eigenschwingungen zusammensetzt. Diese Tatsache macht das Problem der Selbsterregung am leichtesten verständlich. In allen *passiven* Systemen (ohne innere, d. h. verborgene Energiequellen, welche Leistungsverstärkungen erzeugen können) sind die Eigenschwingungen gedämpft. Bei aktiven Systemen braucht dies nicht der Fall zu sein. Wenn man einen Generator haben will, wünscht man, daß eine Eigenschwingung anklingt; bei Verstärkern, selbsttätigen Reglern und ähnlichen Systemen möchte man dagegen haben, daß ihre Eigenschwingungen trotz der vorhandenen Verstärkungen abklingen.

Ein lineares System, das mindestens eine anklingende Eigenschwingung hat, wird sich immer selbst erregen, weil es nicht möglich ist, sämtliche Störungen von ihm fernzuhalten. In elektrischen Systemen bleiben z. B. auf alle Fälle die unregelmäßigen Bewegungen der Elektronen übrig, die sich als Wärmerauschen bemerkbar machen. Daher ist die Frage, ob Selbsterregung eintritt, praktisch identisch mit der Frage, ob anklingende Eigenschwingungen vorhanden sind.

2. Die Prüffunktionen und die Stammgleichung.

§ 2. Zuerst muß man sich darüber klar werden, welche Eigenschaft des Systems man zweckmäßig zur Prüfung der Stabilität heranzieht. Die dazu ausgewählte Funktion nenne ich „Prüffunktion". Es spielt keine Rolle, ob man die Prüfung rechnerisch oder experimentell machen will. Einer der Vorzüge des Ortskurvenverfahrens ist, daß man sich auf das eine oder das andere stützen kann. Nach dem über die Eigenschwingungen Gesagten ist es klar, daß diese Funktion identisch sein muß mit einer der Funktionen, aus denen sich die *Eigenwerte*, die wir zunächst etwas unscharf als Eigenfrequenzen bezeichnen können, ergeben. Diese Eigenwerte ergeben sich z. B. aus der Gleichung, die man *Stammgleichung* nennt und die im vorliegenden Fall als Prüfgleichung gewählt werden kann.

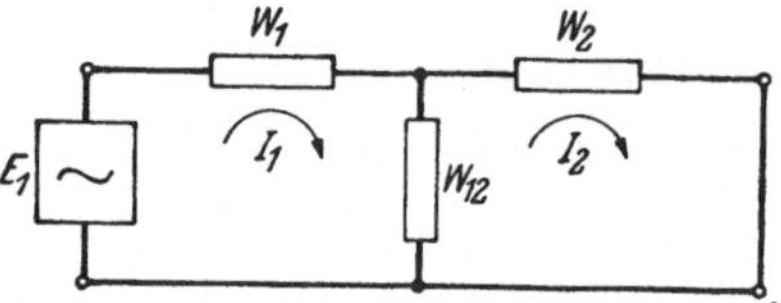

Bild 2,1. Einfaches Netzwerk.

Damit wir eine Vorstellung davon haben, wie eine solche Stammgleichung zustande kommt, und was sie bedeutet, wollen wir ein ganz einfaches Beispiel betrachten, und zwar die Schaltung von Bild 2,1, die man als einen kurzgeschlossenen Vierpol, und zwar eine T-Schaltung, ansehen kann, und die wir hier als einen Kreis mit 2 Maschen für die beiden Maschenströme I_1 und I_2 auffassen. Wir werden zunächst zweckmäßig die sog. Maschenwiderstände bilden, das ist die Summe der Widerstände, durch die der Strom einer Masche hindurchläuft; also

$$W_{11} = W_1 + W_{12}, \tag{2,1}$$

$$W_{22} = W_{12} + W_2. \tag{2,2}$$

Mit Hilfe dieser Maschenwiderstände bekommen wir leicht die folgenden beiden Maschengleichungen, die ja im vorliegenden Fall den bekannten Vierpolgleichungen entsprechen

$$W_{11} I_1 - W_{12} I_2 = E_1, \tag{2,3}$$

$$-W_{12} I_1 + W_{22} I_2 = 0. \tag{2,4}$$

Die Eigenschwingungen und Eigenfrequenzen ergeben sich, wenn keine erregenden Kräfte vorhanden sind; beim vorliegenden Beispiel also, wenn wir $E_1 = 0$ setzen. Aus der Theorie der Gleichungen weiß man, daß die Gl. (2,3) und (2,4) dennoch nicht verschwindende Werte für die beiden Unbekannten I_1 und I_2 ergeben können; nämlich dann, wenn die sog. Determinante D gleich Null ist:

$$D = \begin{vmatrix} W_{11} & -W_{12} \\ -W_{12} & W_{22} \end{vmatrix} = W_{11} W_{22} - W_{12}^2 = 0. \tag{2,5}$$

Diese Determinante wird nun zweifellos im allgemeinen nicht für alle Frequenzen Null sein, es wird sogar meistens gar keine reelle Frequenz geben, für die sie verschwindet; aber wir können sie immerhin als eine

Gleichung auffassen, durch die gewisse Werte der Kreisfrequenz ω bestimmt werden sollen. Nun wissen wir, daß eine Gleichung n-ten Grades auch n Lösungen hat, aber diese Lösungen brauchen nicht reell zu sein, sondern wir müssen damit rechnen, daß sie komplex werden. Wir ersetzen daher $j\omega$ in den Ausdrücken für die Scheinwiderstände lieber durch einen anderen Buchstaben, z. B. p. Dann können wir für die Widerstände, die in der Determinante (2,5) vorkommen, z. B. die Form annehmen:

$$W_{11} = pL_1 + R_1 + \frac{1}{pC_1}. \tag{2,6}$$

Für W_{12} und W_{22} nehmen wir an, daß sie dieselbe allgemeine Form haben wie (2,6), also auch Induktivität, Widerstand und Kapazität in Reihe enthalten können. Wenn wir dann die Produkte in (2,5) ausmultiplizieren, bekommen wir Ausdrücke, die die 2. Potenz von p im Zähler enthalten und absteigen bis zur 2. Potenz von p im Nenner. Wir können also die Gl. (2,5) mit p^2 malnehmen. Die Form, die wir dadurch erhalten, bezeichnen wir mit D', und zwar ist

$$D'(p) = a_4 p^4 + a_3 p^3 + a_2 p^2 + a_1 p + a_0 = 0. \tag{2,7}$$

Dies ist eine *Gleichung für die Eigenwerte* p, die man daher (noch immer etwas ungenau) als komplexe Eigenfrequenzen auffassen kann. Die Gl. (2,7) ist also die sog. Stammgleichung. Man kann übrigens D' in Gl. (2,7) auch unmittelbar als Determinante eines Paares von Gleichungen erhalten, wenn man in (2,3) und (2,4) statt der Ströme I die Ladungen Q einführt. Deshalb wird im folgenden kein großer Unterschied zwischen der Stammgleichung in der Form (2,7) und der Gl. (2,5) gemacht, die durch Nullsetzen einer Determinante entsteht.

Worin liegt nun das Wesen einer solchen Eigenwertgleichung? Sie muß offenbar besagen, daß in dem System nicht verschwindende Wirkungen entstehen können, auch dann, wenn die erzeugende Ursache *verschwunden* ist. Die Eigenschwingungen beherrschen also z. B. die Vorgänge im System, die eintreten, wenn man alle treibenden Kräfte *weggenommen* hat; d. h. für ein passives System, daß durch die Eigenschwingungen das „*Auslaufen*" der Vorgänge beschrieben werden kann. Anders ist es beim Anklingen, wenn also unter den Eigenschwingungen mindestens eine ist, die im Laufe der Zeit anwächst. Dann genügen äußerst kleine Störungen, um diese Eigenschwingung hervorzurufen. Bei der Aufstellung der Gleichungen wird man aber doch besser von der Vorstellung ausgehen, daß irgendeine treibende Kraft vorhanden ist, und erst nachträglich wird man sie unendlich klein werden und sogar ganz verschwinden lassen. Erst dadurch wird *eine bestimmte* Prüffunktion ausgewählt. (Genaueres in Abschnitt 11.)

3. Systeme, Systemverhältnisse und Vorgangs- oder Zustandsgrößen.

§ 3. Wir wollen uns jetzt etwas bestimmter fassen und an elektrische Systeme, insbesondere Netzwerke, denken. Den Ingenieuren aus anderen Fachgebieten, wie Akustik oder Mechanik, wird es leicht sein, sich die entsprechenden Größen vorzustellen. Das Ortskurvenverfahren ist auch auf diesen Fachgebieten anwendbar.

Die Eigenschaften, auf die sich die Prüfgleichung bezieht, können ganz verschiedene physikalische Bedeutung haben. Für das *allgemeine Stabilitätskriterium* eignen sich Determinanten irgendwelcher Gleichungssysteme oder Verhältnisse zweier Determinanten. Diese können z. B. als Scheinwiderstände oder Übertragungsfaktoren auftreten. Ein einfaches Beispiel dafür, daß ein Scheinwiderstand als Verhältnis zweier Determinanten dargestellt werden kann, gibt uns das kleine Netzwerk von Bild 2,1. Wenn wir nämlich die Gl. (2,3) und (2,4) nach dem Strom I_1 auflösen, wobei wir diesmal die elektromotorische Kraft E_1 nicht verschwinden lassen, so erhalten wir als Lösung

$$I_1 = \frac{\begin{vmatrix} E_1 & -W_{12} \\ 0 & W_{22} \end{vmatrix}}{D} = E_1 \frac{W_{22}}{D} \,. \tag{3,1}$$

Daraus ergibt sich der Scheinwiderstand

$$W_1 = \frac{E_1}{I_1} = \frac{D}{W_{22}} \,. \tag{3,2}$$

Der Zähler D ist die Determinante (2,5) des gesamten Koeffizientensystems der Gl. (2,3) und (2,4), und W_{22} ist hier nur ein einzelnes Element. Wenn aber das Gleichungssystem mehr als 2 Unbekannte enthielte, so stünde statt dessen ebenfalls eine Determinante, nämlich eine Unterdeterminante oder Minor. Für uns ist dabei wichtig, daß beim Scheinwiderstand eine gebrochene Funktion von p auftritt. Im vorliegenden Fall hätten wir z. B. die Form

$$W_1 = \frac{p^4 + a_3 p^3 + a_2 p^2 + a_1 p + a_0}{b_3 p^3 + b_2 p^2 + b_1 p} \,. \tag{3,3}$$

Solche gebrochenen Funktionen erhält man in der Regel, wenn man irgendwelche Verhältnisse von 2 Größen der Art betrachtet, die ich *Vorgangs- oder Zustandsgrößen* nenne, also z. B. Verhältnisse von Spannungen, Strömen, Leistungen oder elektrischen Ladungen. Ein Scheinwiderstand ist das Verhältnis einer Spannung oder eines Stromes entweder an einer Stelle des Systems oder an verschiedenen Stellen des Systems. Man spricht daher z. B. vom örtlichen oder auch Quellpunktswiderstand und vom Übertragungswiderstand. Unter einem Übertragungsfaktor versteht man das Verhältnis zweier gleichartiger Vorgangsgrößen an verschiedenen Stellen eines Systems. In der Nachrichtentechnik betrachtet man z. B. gerne die Scheinleistungen am Ausgang und Eingang des Systems und bezeichnet die Wurzel aus ihrem Verhältnis als Übertragungsfaktor. Alle diese Verhältnisse nenne ich deutlicher „*Systemverhältnisse*". (Genaueres im Abschnitt 10.)

Die erste Frage ist also die, welches Systemverhältnis benutzt man am besten als Prüffunktion? Die Antwort kann recht verschieden ausfallen und richtet sich z. B. danach, welches Systemverhältnis man am bequemsten berechnen oder messen kann, oder auch danach, mit welchem Systemverhältnis man am weitesten kommt. Ich denke hauptsächlich an die Praxis, die es meistens vorzieht, von Messungen auszugehen, und bei komplizierten Problemen wird dies oft die einzige Möglichkeit sein. Beim Rechnen kann man sich die Aufgabe dadurch sehr erleichtern, daß man als Prüffunktionen gewisse Determinanten benutzt, die im engen Zusammenhang mit den Systemverhältnissen stehen. So tritt z. B. ein und dieselbe Determinante als Zähler der Quellpunkt- und Übertragungswiderstände des Systems auf. Die Determinante und die Systemverhältnisse verschwinden also gleichzeitig, aber die Determinante ist eine einfachere Funktion der Frequenz, nämlich ein Polynom (STRECKER [1]).

Man kann die Prüfgleichungen immer so umformen, daß die Eigenwerte gerade durch das *Verschwinden* der Prüffunktion bestimmt werden. Dieses „Auf-Null-Bringen" ist ja eine rein formale Umformung. Diese Form nenne ich *Grund- oder Normalform*. Desgleichen kann man die Gleichung so schreiben, daß irgendein beliebiger Wert A auf der rechten Seite steht. Bei der Ableitung der Gleichung kommt man manchmal ursprünglich auf solch eine Bedingung, die also besagt, daß die gewählte Eigenschaft einen bestimmten Wert annehmen soll, der oft „konstant", d. h. von der „Frequenz" unabhängig sein wird [s. Gl. (4,6)]. Diesen nenne ich den „kritischen Wert" oder mit Rücksicht auf die Darstellung in der komplexen Ebene den „*Prüfpunkt*". Physikalisch ist er der „*Pfeifpunkt*". Ihn kann man also beliebig wählen. Denn mathematisch ist er die rechte Seite der Gleichung. Ändert man ihn, so ändert man natürlich auch die linke Seite, d. h. die Prüffunktion; nicht aber die Prüfgleichung [s. Gl. (4,5), § 62].

Ändert man die Prüffunktion nicht, so ist der Pfeifpunkt durch das physikalische Problem bestimmt; aber welchen Wert hat er? Das ist nicht schwer zu sagen. In dem kritischen Wert muß sich ausdrücken, daß verschwindend kleine Ursachen mit nicht verschwindenden Wirkungen verträglich sind. Das Verhältnis von Ursache zu Wirkung muß unendlich klein, im Grenzfall Null sein. Am besten stellt man sich zunächst eine bestimmte Ursache vor und ebenso eine bestimmte Wirkung — um nämlich eine bestimmte Prüffunktion oder Prüfeigenschaft festzulegen — und läßt dann die Ursache verschwinden.

4. Typische und praktisch wichtige Beispiele für Prüfgleichungen.

§ 4. *a*) *Stammgleichung* (*Hauptdeterminante*). Die grundlegende und daher theoretisch wichtigste Form ist die Stammgleichung, von der wir in § 2 schon ein Beispiel kennengelernt haben. Wenn man die Gleichungen des Systems in analytischer Form aufstellen kann, ist sie am besten geeignet und wird auch in der Praxis am häufigsten benutzt; es ist aber umständlich, sie experimentell zu bestimmen (STRECKER [2]).

b) *Örtlicher Widerstand oder Übertragungswiderstand.* Wir betrachten als System das Netzwerk von Bild 4,1. Die Striche stellen die Zweige vor. Es ist eine Elektronenröhre angedeutet; es könnten auch mehrere darin sein. Wir denken uns als Ursache eine elektromotorische Kraft E_1 in einem beliebigen Zweige und als Wirkung den Strom I_1 im gleichen Zweige oder den Strom I_2 in einem anderen Zweige. Dann bestehen die Gleichungen

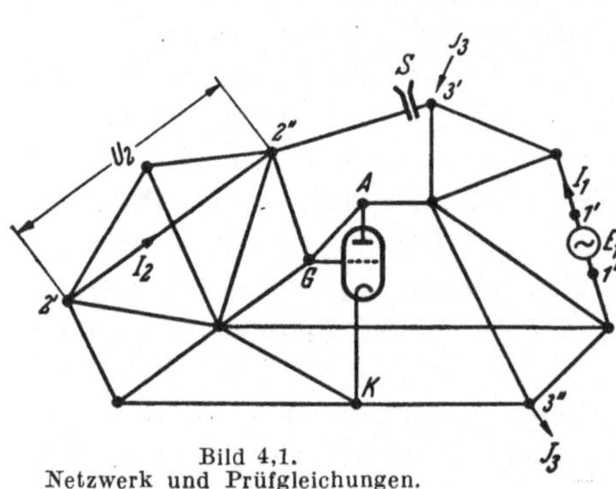

Bild 4,1.
Netzwerk und Prüfgleichungen.

$$I_1 W_{11} = E_1 \to 0, \qquad (4,1)$$
$$I_2 W_{12} = E_1 \to 0. \qquad (4,2)$$

Läßt man E_1 nach Null gehen, so lassen sich die Gleichungen immer noch mit nicht verschwindenden Strömen erfüllen, wenn nur

$$W_{12} = W_{11} = 0 \qquad\qquad (4,3)$$

ist. Eine mögliche Form der Prüfgleichung ist also die, daß ein örtlicher Scheinwiderstand oder ein Übertragungswiderstand verschwindet. W_{11} ist der Scheinwiderstand des als Zweipol aufgefaßten Netzwerkes zwischen den Klemmen 1′ und 1″ des Generators E_1. Die Prüffunktion ist ein Scheinwiderstand, und der kritische Wert ist 0.

c) *Leitwerte.* Widerstandsreziprok dazu ist folgende Auffassung: ein Paar von Einströmungen J_3 zwischen 2 beliebigen Knoten 3′ und 3″ als Ursache und z. B. die Spannung U_3 zwischen denselben Knoten als Wirkung. Dann besagt die Gleichung $J_3/U_3 = 0$, daß der Leitwert des Zweipols zwischen den beiden Klemmen verschwinden soll. Ebensogut kann man die Spannung U_2 als Wirkung von J_3 auffassen. Das Netzwerk erscheint dann als ein Vierpol.

d) *Übertragungsfaktor.* Wenn wir zu der ersten Betrachtungsweise zurückkehren, können wir das Netzwerk als „Vierpol" oder „Zweiklemmenpaar" auffassen mit den Eingangsklemmen 1′ 1″ und den Ausgangsklemmen 2′ 2″, zwischen denen die Ausgangsspannung U_2

liegt; dann kann man das Systemverhältnis U_2/E_1 als Übertragungsfaktor h bilden, und es gilt die Gleichung

$$U_2 = E_1 h. \qquad (4,4)$$

Wenn E_1 verschwindet, kann U_2 einen endlichen Wert behalten, sofern h unendlich groß wird:

$$h = \infty \quad \text{oder} \quad \ddot{u} = \frac{1}{h} = 0. \qquad (4,5)$$

Die Prüffunktion ist hier ein Übertragungsfaktor, und der kritische Wert ist unendlich groß. Damit läßt sich schwer arbeiten. Man wird also vorziehen, den Kehrwert $\ddot{u} = 1/h$ zu betrachten, den man übrigens manchmal ebenfalls als Übertragungsfaktor bezeichnet. Dann ist der kritische Wert wieder Null.

e) *Übertragungsfaktor eines umgeformten Systems.* Es würde hier zu weit führen, noch die vielen möglichen Formen der Prüfgleichungen zu besprechen; nur ein Sonderfall verdient wegen seiner praktischen Bedeutung hervorgehoben zu werden: die Ringschaltung oder einfache Rückkopplungsschaltung mit der Amplituden- und Phasenbilanz. In der Praxis betrachtet man bei selbsttätigen Reglern und Verstärkern nämlich gerne an Stelle des betriebmäßigen Systems ein anderes, nämlich das „aufgeschnittene System". Meistens zerlegt man das System in ein Hauptsystem H und ein Rückkopplungssystem R, die man sich beide als sog. Vierpole (das sind je nachdem Zweiklemmenpaare oder auch Dreipole) (Bild 4,2) vorstellt. Wenn man von einem allgemeinen Netzwerk ausgeht, kann man sich z. B. dadurch einen solchen aufgeschnittenen Dreipol herstellen, daß man an einer Stelle (S in Bild 4,1) die Verbindung zwischen dem Knoten $3'$ und den Scheinwiderstandselementen des Zweiges $3'\,2''$ durchschneidet. Dadurch bekommt man 2 freie Klemmen. Dazu wählt

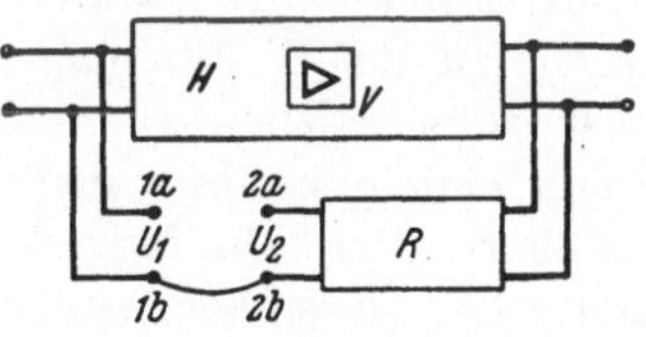

Bild 4,2. Ringschaltung offen und geschlossen.

man eine 3. Klemme, z. B. den Kathodenpunkt K (3-Punktverfahren, §§ 75, 77). Kehren wir wieder zu Bild 4,2 zurück, so finden wir die freien Klemmen als 1a und 2a wieder, während der 3. Punkt K jetzt den Klemmen 1b und 2b entspricht, die miteinander verbunden sind (s. aber § 75).

Durch die Tatsache, daß man hier zwei verschiedene Systeme miteinander in Beziehung bringt, nämlich das aufgeschnittene und das nichtaufgeschnittene, entstehen gewisse Schwierigkeiten, auf die wir später näher eingehen. Die Ausgangsspannung U_2 entspricht der Spannung U_2 des Netzwerkes von Bild 4,1. Anders ist es aber mit der Spannung U_1 in der Ringschaltung (Bild 4,2). Man darf U_1 nicht verschwinden lassen, wie man es vorher mit der EMK E_1 machte. Durch die Messung am aufgeschnittenen System will man eine Bedingung für das zusammengeschaltete festlegen. Beim Zusammenschalten werden aber doch U_1 und U_2 identisch gleich. Das führt nur dann zu keinem Widerspruch, wenn das Systemverhältnis

$$\frac{U_1}{U_2} = h = 1 \qquad\qquad (4,6)$$

ist. Der Übertragungsfaktor h des aufgeschnittenen Systems muß also identisch 1 sein. Man kann diesen Übertragungsfaktor bei verschiedenen Frequenzen im stationären Zustand messen; aber im allgemeinen wird er bei keiner dieser Frequenzen tatsächlich den Wert 1 annehmen. Die Gl. (4,6) ist wieder eine Bedingung für Eigenfrequenzen, und man wird sie im allgemeinen nur mit komplexen Werten für die Frequenz lösen können. Die Gl. (4,6) besagt, anders aufgefaßt, daß zwei Spannungen einander nach Betrag und Phase gleich sein sollen; sie ist also identisch mit der Amplituden- und Phasenbilanz. Die Prüffunktion ist in diesem Falle ein Übertragungsfaktor, und der kritische Wert ist 1. In der geschlossenen Ringschaltung wirkt das System am gleichen Klemmenpaar als Generator (2a, 2b) und Verbraucher (1a, 1b).

5. Die Eigenfrequenzen als komplexe Frequenzen.

§ 5. Die Bemerkung, daß der Übertragungsfaktor h in (4,6) den kritischen Wert meistens nicht für reelle Frequenzen annimmt, gilt sinngemäß auch für andere Prüffunktionen. Man wird dadurch zwangsläufig zu der Vorstellung komplexer Frequenzen geführt. Was man sich unter solchen vorstellen soll, ist ja nicht schwierig einzusehen, wenn man nur daran denkt, daß es sich hier um Eigenschwingungen handelt. Eine abklingende Schwingung kann man ja nicht in der Form $e^{j\omega t}$ darstellen, sondern man muß dazu die Form

$$e^{-\delta t} \cdot e^{j\omega t} = e^{(-\delta + j\omega)t} = e^{j\nu t} = e^{j(\omega + j\delta)t} \qquad (5,1)$$

wählen. Links in der Gleichung besagt der 1. Exponentialfaktor, daß die Schwingungen abnehmen, wenn δ positiv ist, und daß sie zunehmen, wenn δ negativ ist. Die linke Seite kann man nun so umformen, wie es in der Mitte und rechts in (5,1) geschehen ist. Im Augenblick ist es wohl am einfachsten, von der Form rechts auszugehen. An Stelle der Frequenz ω im Ausdruck für stationäre Schwingungen steht dort der komplexe Ausdruck $\omega + j\delta = \nu$. Dies ist eine komplexe Frequenz, und ihr Realteil ist die Frequenz im gewöhnlichen Sinne (genauer gesagt die Kreisfrequenz), während der Imaginärteil δ das Abklingen bestimmt. Ich nenne es daher das *Abklingmaß*. Zeichnet man ν in einer komplexen Ebene auf, so hat man die obenerwähnte *Frequenzebene*. Wenn δ negativ ist, bedeutet das ein Anklingen. Die Frage, ob ein System sich *selbst erregt*, d. h. ob unter den Eigenschwingungen mindestens eine anklingt, ist also auf die Frage zurückgeführt, ob eine der *komplexen Eigenfrequenzen negativen Imaginärteil* hat.

In den folgenden Betrachtungen werden unter den reellen Frequenzen auch „negative Frequenzen" gebraucht. Merkwürdigerweise stößt man bei den negativen Frequenzen noch öfter als bei den komplexen auf die etwas philosophische Bemerkung: „So etwas gibt es nicht!" Nun bedeutet aber eine negative Frequenz, also die Form $e^{-j\omega t}$, nur, daß der Drehzeiger im anderen Sinne rotiert, und viele benutzen geradezu grundsätzlich diese Form. Schließlich ist es ja auch gut bekannt, was man unter Kosinus- und Sinusfunktionen mit negativem Argument zu verstehen hat. Die Kosinusfunktion ist dieselbe, und die Sinusfunktion erhält nur das andere Vorzeichen wie beim positiven Argument.

6. Darstellung der Prüffunktionen; Abbildung einer Ebene auf eine andere.

§ 6. Komplexe Zahlen kann man als Zahlenpaare auffassen. Wenn wir also ein Systemverhältnis oder eine Determinante als komplexe Größe und auch die Frequenz als komplexe Größe betrachten, so haben wir ein Zahlenpaar als Funktion eines anderen Zahlenpaares oder auch zwei Veränderliche als Funktion zweier anderer Veränderlicher. Die anschauliche Darstellung solcher Abhängigkeiten ist nicht ganz leicht, weil ein Raum von 4 Dimensionen über die Vorstellungskraft hinausgeht. Ein geeignetes Verfahren in solchen Fällen ist die sog. „Abbildung". Allgemein kann man von einer Abbildung sprechen, wenn man jedem Punkt eines bestimmten Gebietes einen Punkt eines zweiten Gebietes durch eine bestimmte Vorschrift zuordnet. Die Gebiete können z. B. Stücke von Linien sein oder Stücke von Flächen. Die Abbildung ist also etwa aufzufassen als eine geometrische Deutung des Funktionsbegriffes. Alle Funktionsskalen, z. B. die Skalen eines Rechenschiebers oder in Bild 98,2, können als Abbildungen eines cm-Maßstabes aufgefaßt werden, und ein Atlas enthält Abbildungen der Erdkugel. Die Grundgedanken und zahlreiche Beispiele von Abbildungen findet man in Büchern über Graphische Darstellung, Zeichnerisches Rechnen, Nomographie, Konforme Abbildung und Funktionentheorie. Als Beispiele nenne ich die einfach gehaltenen Bücher von RUNGE [L], HILBERT und COHN-VOSSEN [L] und die etwas anspruchsvolleren von BIEBERBACH [L] und BETZ [L].

Jede Ortskurve läßt sich als krumme Funktionsskala auffassen oder als Abbildung einer Geraden mit gleichmäßiger Frequenzteilung auf den jeweiligen „Träger" der Ortskurve. In Bild 66,1 werden wir auch die Abbildung einer Ebene auf die Kugelfläche kennenlernen, die stereo-

graphische Projektion. Was wir am meisten brauchen, ist die Abbildung
der Frequenzgeraden (ω-Achse) in Bild 6,1 links auf die stark ausgezogene
„Ortskurve" rechts, wobei die Zuordnung durch die Funktion $h(j\omega)$
gegeben ist. Diese Funktion kann als analytischer Ausdruck vorliegen
oder durch Messung bestimmt sein. Die „Ortskurve" liegt als ebene
Kurve in der „Funktionsebene". Mathematisch gesprochen existiert
diese Kurve auch, wenn sie nicht gezeichnet ist oder wenn man sie sich
nicht einmal vorstellt. Es gibt mathematische Bücher über Kurven,
die fast gar keine Bilder enthalten. Wenn ich also von Stabilitätsprüfung
mittels Ortskurven spreche, so bedeutet das nicht, daß man zeichnerisch

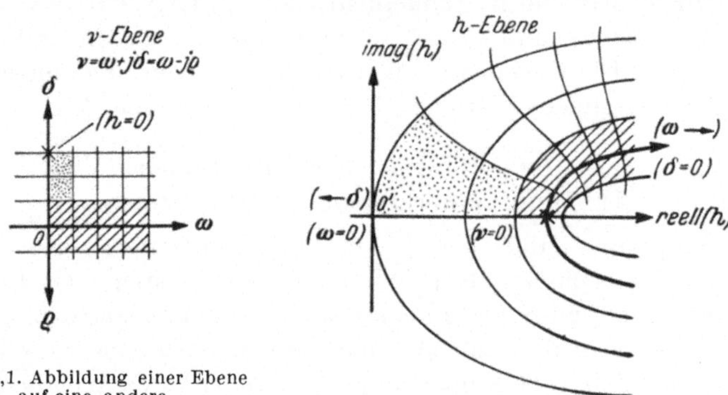

Bild 6,1. Abbildung einer Ebene
auf eine andere.

arbeiten muß. Man kann alle Überlegungen rein formelmäßig durchführen, und ich bringe auch viel über numerische Verfahren. Der
Ingenieur wird wahrscheinlich kaum auf anschauliche Darstellungen
verzichten; aber in der Regel genügt es in der Praxis, einige Teile der
Kurve darzustellen — weitaus weniger als in den meisten Bildern
hier — und sich den Rest vorzustellen.

Ganz etwas Ähnliches gilt nun auch für den Gedanken, daß wir
uns nicht nur für die ω-Gerade und die „Ortskurve" interessieren dürfen,
sondern für gewisse Flächengebiete der Frequenz- und Funktionsebene.
Bei der Frequenzebene ist das nach § 5 ganz klar, und dann ergibt es
sich ganz zwangläufig für die Funktionsebene: wenn wir uns von der
ω-Geraden entfernen, entfernen wir uns auch von der „Ortskurve",
und zwar in einer Art, mit der wir uns vorläufig nur ganz im allgemeinen
beschäftigen. Diese Art ist natürlich durch die Funktion h genau bestimmt und die Funktion h wiederum durch die Ortskurve. Die Beziehung von der Frequenz zur Funktion ist im allgemeinen umkehrbar,
und zwar meistens mehrdeutig. Innerhalb der Gebiete, die in Bild 6,1
dargestellt sind, ist sie in beiden Richtungen eindeutig oder, wie man
sagt, „eineindeutig". Zum Beispiel entsprechen die schraffierten Streifen
einander, ebenso die punktierten, und man erkennt so ohne weiteres,

wie die Linien des Quadratnetzes in der Frequenzebene und die Gitterlinie der Funktionsebene einander entsprechen. Alle diese Gitterlinien sind natürlich ebenfalls Ortskurven, unter denen die bisher mit Anführungsstrichen geschriebene eine ausgezeichnete Rolle spielt, weil sie für eingeschwungene sinusförmige Vorgänge gilt.

Wir wollen also *nie vergessen*, daß unsere Funktion nicht nur eine Beziehung zwischen der ω-Geraden und der „Ortskurve" für den eingeschwungenen Zustand vermittelt, sondern *auch zwischen komplexen Frequenzen und den zugehörigen Funktionswerten*. Es ist gut, wenn einen stets die Vorstellung begleitet, daß einem (dem schraffierten) Streifen längs der ω-Achse auch solch ein Streifen längs der „Ortskurve" entspricht; aber man soll sich mit solchen Vorstellungen auch nicht unnötig beschweren: soviel wie möglich soll dem Leser abgenommen werden. Im Grunde machen alle Stabilitätskriterien von diesen Zusammenhängen Gebrauch. Aber beim Kriterium I. Art kann man diese Tatsache verbergen: man benutzt dabei nur gewisse Eigenschaften der Ortskurve (in Zukunft können wir die Anführungsstriche wohl meistens entbehren) für sinusförmige Vorgänge. Beim Kriterium II. Art wäre es aber töricht, wollte man diese Tatsache verschleiern. Bei der formelmäßigen Behandlung drückt sie sich z. B. darin aus, daß man gewisse Interpolationsformeln für *komplexe* Argumente ausrechnen muß. Das ist vielleicht noch nicht sehr auffällig, aber ganz deutlich wird es bei der zeichnerischen Berechnung komplexer Eigenfrequenzen. Dann zeichnet man, wenn nötig, tatsächlich die Stücke der Kurvennetze, die man braucht. Man beschränkt sich dabei natürlich auf möglichst kleine Teile; um aber klar zu sehen, worauf es ankommt, wollen wir uns einmal vorstellen, daß wir das Kurvennetz der Funktionsebene vollständig kennen (das Netz der Frequenzebene können wir ja vorschreiben). Dann ist es kein Problem, die Eigenwertgleichung — z. B. $h(v) = h_c$ — „aufzulösen". Man denke zum Vergleich etwa daran, daß einem ein Tangensnetz (WALLOT [*L*] § 183,) gegeben ist — das übrigens mit Bild 6,1 Ähnlichkeit hat — und man zu einem komplexen Wert tg$z$ das komplexe Argument z bestimmt: man „liest" es einfach „ab". Ebenso braucht man in Bild 6,1 nur abzulesen, welche Kurven für $\omega = $ const und $\delta = $ const durch den kritischen Punkt in der h-Ebene gehen. Wäre z. B. $h_c = 0$ der kritische Punkt $0'$, so läse man in der h-Ebene ab, daß dieser Wert auf der reellen Achse der h-Ebene (die das Bild der imaginären Achse der v-Ebene: $\omega = 0$ darstellt), also für $\omega = 0$ und für einen Wert von δ gleich 3 Quadratseiten (z. B. $\delta = +3$) erreicht wird. Der entsprechende Punkt in der Frequenzebene auf der imaginären Achse ist mit „$(h = 0)$" bezeichnet.

Folgende Eigenschaften der meisten praktisch vorkommenden h-Funktionen sind wichtig:

1. Die δ-Achse der Frequenzebene ($\omega = 0$), die also aperiodische ab- oder anklingende Vorgänge bedeutet, bildet sich auf die reelle Achse in der h-Ebene ab.

2. Die Ortskurve für stationäre Schwingungen ist das Bild der ω-Achse ($\delta = 0$; $\nu = \omega = $ reell). Sie ist *symmetrisch* zur reellen Achse der h-Ebene, d. h. für eine negative reelle Frequenz $-\omega$ und für die entsprechende positive Frequenz $+\omega$ ergeben sich konjugierte Werte von h.

3. Eine für später sehr wichtige Eigenschaft ist, daß die Abbildung „*konform*" ist, abgesehen von der Umgebung sog. „singulärer" Punkte. Konform bedeutet: „in den kleinsten Teilen ähnlich" und „unter Erhaltung der Winkel". (Vgl. aber §§ 51, 52.)

Wenn man also das Quadratnetz in der Frequenzebene möglichst fein macht, bekommt man auch beim Bild in der h-Ebene ein Quadratnetz. Der Maßstab und die Verdrehung ist allerdings von Ort zu Ort verschieden. Wenn man die Quadrate größer werden läßt, verziehen sie sich: die Seiten stehen zwar nach wie vor senkrecht aufeinander, aber sie krümmen sich etwas. Überall aber schneiden sich 2 Kurven der einen Ebene unter dem gleichen Winkel wie die entsprechenden Kurven der anderen Ebene im entsprechenden Punkte.

4. Ortskurven haben einen „*Träger*" und eine „*Bezifferung*". Die Ortskurve in engerem Sinne, nämlich für die stationären Vorgänge, ist z. B. mit ω zu beziffern. Wenn man das Netz kennt, wie in Bild 6,1, ergibt sich die Bezifferung durch die Schnittpunkte mit den Kurven für konstantes ω.

7. Geschlossene Ortskurven; der Umlaufwinkel um den Prüfpunkt als Stabilitätskriterium.

§ 7. Die reelle Achse in der Frequenzebene (Bild 6,1) teilt diese Ebene in 2 vollkommen getrennte Teile, die obere und die untere Halbebene. Das sind gerade die für uns wichtigen Teile. Denn in der oberen Halbebene ist ja überall $\delta > 0$, und das bedeutet, daß die zugehörigen Schwingungen abklingen; oder auch anders gesagt, daß sie stabil sind. Dagegen ist in der unteren Halbebene überall $\delta < 0$, d. h. die Eigenschwingungen klingen an. Diese untere Halbebene ist das Gebiet der Unstabilität und (wegen stets vorhandener Störungen) gleichbedeutend mit dem Gebiet der Selbsterregung. Genauer gesagt haben wir eigentlich nicht die ganze Ebene in zwei Gebiete geteilt, denn die reelle Achse selbst, auf welcher $\delta = 0$ ist, gehört ja weder zu der oberen noch zu der unteren Halbebene. Sie stellt also ein selbständiges drittes Gebiet dar, das für uns von ganz besonderem Interesse ist, denn es bildet die Grenze zwischen dem Gebiet der Stabilität und dem Gebiet der Unstabilität.

Wir wollen uns jetzt noch einmal ganz klarmachen, auf welche Frage das Stabilitätskriterium, das jetzt behandelt wird (und das ich das Kriterium I. Art nenne), eine Antwort gibt. Das untersuchte System ist jetzt durch eine Gleichung gekennzeichnet, die ich eine Prüfgleichung nenne, und zwar besagt diese Gleichung, daß sich ein Eigenwert des Systems ergibt, wenn die Prüffunktion h einen bestimmten Wert, z. B. a in der komplexen Ebene, annimmt, den ich den Pfeifpunkt oder Prüfpunkt nenne. Die Frage, auf die uns das Kriterium eine Antwort geben soll, ist die, ob ein oder mehrere dieser Eigenwerte in der unteren unstabilen Halbebene liegen. Die Eigenart und der Sinn des Ortskurvenkriteriums liegt darin, daß man diese Antwort geben will, auch wenn man nur die Ortskurve in der h-Ebene kennt, welche der reellen ω-Achse entspricht. Nun ist die reelle ω-Achse in der Frequenzebene ja die *Grenze* des Gebietes, welches interessiert. Es kommt also darauf an, ob auch in der h-Ebene eine klare Beziehung zwischen der Grenzlinie, das ist also dort die Ortskurve der Funktion h, und dem von dieser Linie begrenzten Gebiet besteht.

Man wird vielleicht im ersten Augenblick fragen, wieso diese Beziehung eigentlich unklar sein kann. Im gewöhnlichen Leben ist es meistens ziemlich klar, welches Gebiet von einer Grenze berandet wird. Man zweifelt z. B. bei einer Fohlenkoppel, wenn man den Zaun sieht, der sie begrenzt, nicht daran, welche Pferde in der Koppel und welche Pferde außerhalb der Koppel sind. In unserem Fall ist selbst dann die Beziehung nicht so eindeutig, wenn die h-Kurve ganz einfach ist, nämlich eine geschlossene Kurve, die ganz im Endlichen verläuft und sich nicht selbst schneidet. Ein einfaches Beispiel dafür bietet schon die Abbildung durch die Funktion $1/p$, d. h. den Kehrwert. Diese Funktion kommt z. B. vor bei dem Scheinwiderstand eines Kondensators und beim Leitwert einer Spule. Durch diese Funktion wird (WALLOT [L, § 116]) das Innere des Einheitskreises auf das Äußere des Einheitskreises abgebildet. Dann kann man z. B. so definieren, daß die Kreislinie des Einheitskreises den Rand der Kreisfläche in der p-Ebene bildet, und es ist so wie im gewöhnlichen Leben, daß das begrenzte Gebiet im gewöhnlichen Sinne „innerhalb" der Kurve liegt; aber in der $1/p$-Ebene ist es dann gerade umgekehrt. Man sieht aus diesem primitiven Beispiel, daß es nicht von vornherein klar ist, was man hier unter innen und außen zu verstehen hat, und daß man das festlegen muß.

Wir wollen nun ein für allemal festlegen, daß der Rand orientiert werden muß, und zwar betrachten wir als positive Richtung die Richtung der wachsenden Frequenzen. Dann können wir sagen: das berandete Gebiet ist das Gebiet, in das man eintritt, wenn man von der Kurve nach rechts hin abweicht. Auf diese Weise kann man ein gewisses Gebiet

längs der ω Achse und ein gewisses Gebiet längs der entsprechenden
h-Kurve einander zuordnen, z. B. die beiden schraffierten Gebiete in
Bild 6,1. Wenn der Pfeifpunkt innerhalb des schraffierten Streifens
in der h-Ebene liegt, kann man mit großer Sicherheit feststellen, ob
er sich links oder rechts von der Ortskurve befindet, und dementsprechend
befindet sich auch der Eigenwert links oder rechts, d. h. oberhalb oder
unterhalb der ω-Achse in der ν-Ebene. Für Punkte, die weiter ab liegen,
ist aber dieses Kriterium, das ich als Kriterium II. Art bezeichne, nicht
immer brauchbar (Kap. G).

§ 8. Man kann nun eine andere Beziehung herstellen zwischen einem
Punkt, der in dem berandeten Gebiet liegt, und dieser Randlinie selbst,
und zwar führt man dazu den sog. *Umlaufwinkel* oder die *Drehzahl*
ein. Trotz einiger Schwierigkeiten, auf die wir noch eingehend zu
sprechen kommen, ist diese Beziehung wohl am besten von der Frequenzebene in die Ebene der Prüffunktion
übertragbar. Betrachten wir zunächst Bild 8,1: Dort ist das Achsenkreuz der ν-Ebene dargestellt und
ein spezieller Punkt ν_1. Wir betrachten nun einen Zeiger, den wir
als „*Prüfzeiger*" bezeichnen, der vom
Punkte ν_1 (dem „Prüfpunkt") bis
zu einem Punkt der Frequenzachse
geht, z. B. bis ω_1. Halten wir den

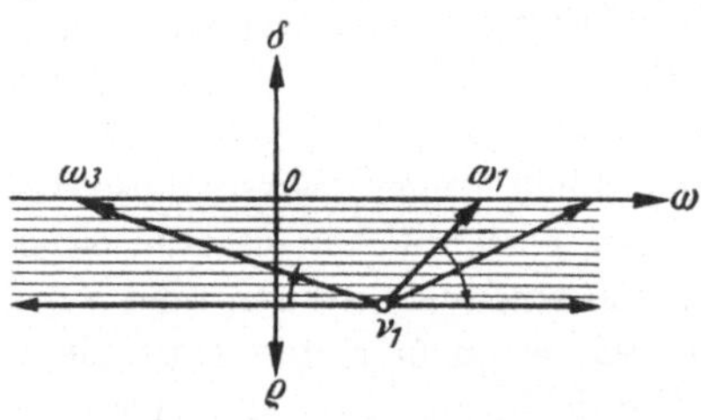

Bild 8,1. Sprung des Umlaufwinkels (ν-Ebene).

Fußpunkt des Zeigers im Prüfpunkt fest und lassen die Spitze längs
der ω-Achse mit wachsender Frequenz laufen, so dreht sich der Prüfzeiger, wie das durch den dünngezeichneten Pfeil angedeutet ist, bis
in die horizontale Lage. Da wir in der ν-Ebene nur einen unendlich
fernen Punkt haben, springt der Zeiger jetzt in die horizontale Lage
nach links hinüber, und wir kehren, uns rechts herum drehend, über
den negativen Frequenzpunkt ω_3 und den Punkt 0 zu dem Punkt ω_1
zurück. Man könnte nun sagen, daß der Prüfzeiger sich um 180° gedreht
hat, wenn nicht der *Winkel- oder Drehsprung* wäre von der horizontalen
nach rechts weisenden in die horizontale nach links weisende Lage. Man
kann ja nicht wissen, ob der Zeiger rechts oder links herum gesprungen
ist. [Da die Schwierigkeit beim unendlich fernen Punkt auftritt, könnte
man meinen, daß sie verschwände, wenn man diesen Vorgang auf der
komplexen Kugel betrachtete. Das ist nicht der Fall (§ 66).]

Ähnliche Schwierigkeiten können bei endlichen Frequenzen wieder-
kehren. Um sie aus der Welt zu schaffen, bedient man sich eines Kunst-
griffs (s. Bild 8,2) und schließt den unendlich fernen Punkt aus der
unteren Halbebene der Frequenzen aus. Dazu macht man am einfachsten
einen Kreisbogen um den Anfangspunkt 0 mit einem Radius R, der

groß ist gegen die Beträge $|\nu_k|, |\nu_l| \ldots$ aller in Betracht kommenden
Eigenfrequenzen. Dann ersetzt man die reelle Achse durch eine andere
geschlossene Kurve, nämlich das Stück der reellen Achse von $-R \cdots + R$
und den Kreisbogen. Dadurch, daß der Kreisbogen nur durch eine Halbebene gezogen wird, entsteht ein wesentlicher Unterschied zwischen
der oberen und unteren Halbebene, der für unsere Zwecke ausgenutzt
werden kann.

Die „Drehzahl" ist jetzt eindeutig definiert. Man betrachtet einen
Zeiger Z_k, dessen Fußpunkt im Umlaufpunkt ν_k liegt und dessen Spitze
auf der geschlossenen Kurve $(-R \cdots + R \cdots \text{Halbkreis} \cdots -R)$ ein-

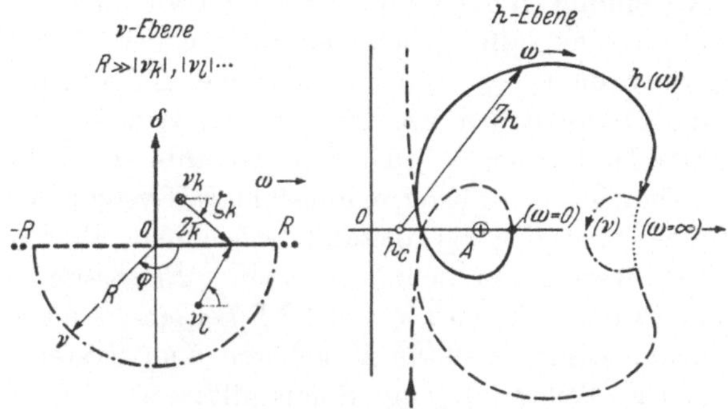

Bild 8,2. Stabilitätsprüfung durch geschlossene Ortskurve.

mal herumläuft. Beginnt man an irgendeinem Punkte der geschlossenen
Kurve, so hat der „*Prüfzeiger*" einen bestimmten Winkel ζ_k. Läuft
die Spitze von Z_k im Sinne wachsender ω auf der Kurve herum, so
wächst dieser Winkel zunächst von einem negativen Wert bis nahezu 0,
nimmt dann ab bis nahezu $-\pi$ und wächst wieder bis zum Anfangswert. Im ganzen genommen hat er nicht zugenommen oder abgenommen.
Anders ist es dagegen bei ν_l, das in der unteren Halbebene liegt. Hier
nimmt der Winkel dauernd ab, und zwar je Umlauf um 2π, d. h. er
wächst um eine Umdrehung im *negativen* Sinne. Als „*Umlaufwinkel*"
bezeichnet man nun diesen Zuwachs, also die Differenz der beiden
Winkel ζ in der End- und Anfangslage von Z. Für die ν_k in der oberen
Halbebene ist also der Umlaufwinkel 0; Z pendelt nur hin und her.
Für einen Eigenwert in der unteren Halbebene, also für eine anklingende
Eigenschwingung, ist dagegen der Umlaufwinkel -2π, das ist eine
Umdrehung im negativen Sinne: Die *Drehzahl* ist -1.

Durch den Halbkreis, den wir eingeführt haben, machen wir aus
dem unstetigen Winkelsprung einen sehr raschen Übergang, den wir
auch als *stetigen Sprung* auffassen können. Dadurch wird definiert,
ob der Sprung um $180°$ rechts oder links herum erfolgt oder sogar um
ungerade Vielfache von $180°$. Man kann diese Halbkreise als *Symbol*

auffassen, welches darstellt, wie der Winkel umspringt. Das genügt, wenn man sich gar nicht um den Beweis des Stabilitätskriteriums kümmern will. Wir werden aber sehen, daß man die Größe des Winkelsprunges einfach berechnen kann.

§ 9. Die nunmehr hergestellte Beziehung zwischen dem berandeten Gebiet und seiner Randkurve läßt sich auf die Prüffunktion ohne weiteres übertragen, wenn diese ein *Polynom* ist. Man kann in ganz entsprechender Weise, wie dies für die Frequenzebene gezeigt wurde, auch für die Prüffunktionen die Drehzahl bestimmen. Der Prüfzeiger hat dort seinen Fußpunkt im Prüfpunkt h_c, und die Spitze läuft auf der Ortskurve einmal ganz herum. Die Drehzahl in der h-Ebene ist, wie sich leicht zeigen läßt, gleich der Summe der Umlaufwinkel um alle Eigenfrequenzen v_k, v_l ... in der v-Ebene. Da nun dort die Drehzahlen für die abklingenden Eigenfrequenzen v_k verschwinden, bleibt die Summe der Drehzahlen um die v_l in der unteren Halbebene übrig. Die v_l kennzeichnen ein selbsterregungsfähiges System. Man kann das System und den Vorgang als unstabil bezeichnen, aber nicht. die zugehörigen Eigenwerte. Ich nenne sie kurz „*Pfeifwerte*". Sie hängen (im allgemeinen) nicht davon ab, welche Eigenschaft des Systems man als Prüffunktion wählt, sondern sie gehören dem System selbst (oder wenigstens einem Teilsystem) an. Somit gilt:

Die (stets negative) Drehzahl eines Polynoms (z. B. einer Stammfunktion oder Hauptdeterminante) mit entgegengesetztem Vorzeichen ist gleich der Anzahl der Pfeifwerte.

Wenn wir eine Ortskurve wie im Bild 8,2 rechts haben, die sich im Endlichen schließt, also auch für unendlich hohe Frequenzen endlich bleibt, macht es keinen Unterschied, ob man die reelle Frequenzachse durch den unendlich fernen Punkt hindurch schließt oder über den großen Kreisbogen, wenn man nur R groß macht gegen alle Frequenzen v, die man berücksichtigen muß, z. B. bei denen man noch messen kann. Bei Polynomen tritt das allerdings nicht ein, sondern sie werden unendlich groß; denn Polynome gehen ja für unendliche Frequenzen nach Unendlich:

$$h(p) \to a_n p^n = a_n (j\,v)^n, \tag{9,1}$$

wenn n die höchste vorkommende Potenz ist. Auf dem Kreisbogen in der v-Ebene ist aber

$$v = R \cdot e^{j\varphi}, \tag{9,2}$$

worin φ von $0 \cdots -\pi$ geht. Also nähert sich h dem Wert

$$h \to j^n a_n^n \cdot R^n \cdot e^{j\,n\varphi}. \tag{9,3}$$

Von dem Ausdruck (9,3) sind die ersten 3 Faktoren konstante Größen. Der letzte Exponentialfaktor stellt einen Dreher dar, und zwar ist der

Winkel n-mal so groß wie nach (9,2) der Winkel von v. Er geht also von $0 \cdots - n\pi$, d. h. h durchläuft n Halbkreisbögen mit sehr großem Halbmesser. Damit ist der Winkelsprung bei einem Polynom bestimmt. Ob man nun diese großen Kreisbögen zu dem Bilde der Ortskurven hinzuzeichnet oder einfach sagt: ihr Beitrag zur Drehzahl ist $-n/2$, das ist Geschmackssache. Es hängt davon ab, ob man auch das anschaulich vor sich sehen möchte oder es nur analytisch machen will. Wir sind also in der Lage, für Polynome aus dem Umlaufwinkel auf einfachste Weise und mit Sicherheit vorauszusagen, wieviel anklingende Eigenwerte vorhanden sind. Das ist für die praktische Anwendung sehr wichtig, weil die Polynome bei der rechnerischen Prüfung die Hauptrolle spielen (§ 32).

§ 10. Ist die untersuchte Prüffunktion ein Übertragungsfaktor oder Scheinwiderstand, so wird sie in der Regel eine gebrochene Funktion sein, d. h. wir haben ein Polynom im Zähler und ein anderes Polynom im Nenner (§ 3). Dann kann man für die Stabilitätsuntersuchungen das Zählerpolynom benutzen. Für andere Zwecke, z. B. um sich ein Urteil zu bilden, was man an dem untersuchten System ändern sollte, kann man außerdem noch die ganze Prüffunktion (den Übertragungsfaktor, Scheinwiderstand u. dgl.) berechnen und als Ortskurve aufzeichnen.

Durch Messungen wird man in der Regel auf Funktionen geführt werden, die gebrochen sind, so daß man die Regel für Polynome nicht anwenden kann, denn aus der Messung ist ja nicht zu ersehen, wie sich der Zähler der gebrochenen Funktion für sich und wie sich der Nenner für sich benimmt. Da der Nenner auch für endliche Frequenzen 0 werden kann, können diese Prüffunktionen leider nicht nur für $v = \omega = \infty$, sondern auch für endliche komplexe Frequenzen v unendlich groß werden. Man spricht dann von *Unendlichkeitsstellen* oder *Polen*. Auf diesen wichtigen Gegenstand werden wir ausführlich eingehen. Hier nur einige erläuternde Hinweise: Bei verlustfreien oder verlustarmen Schaltungen kann man von zwei verschiedenen Arten von Resonanz sprechen. Bei der einen wird das betrachtete Systemverhältnis sehr klein und bei der anderen wird es sehr groß. Man spricht manchmal von Resonanz und Gegenresonanz. Ähnlich wie diese Resonanzfrequenzen verhalten sich die Eigenfrequenzen, bei denen z. B. die Scheinwiderstände verschwinden, und die erwähnten Pole entsprechen dann den Gegenresonanzen. Bei verlustfreien Schaltungen werden die Eigenfrequenzen und „*Pole*" direkt identisch mit den Resonanzfrequenzen und Gegenresonanzfrequenzen. In Schaltungen mit Verlusten sind die Eigenfrequenzen und Pole gewissermaßen die komplexen Resonanz- und Gegenresonanzfrequenzen. Sie ergeben sich anders, wenn man eine andere Eigenwertbedingung benutzt, können somit nicht unmittelbar dem System zugeschrieben werden. Wenn der Imaginärteil δ einer komplexen Polfrequenz negativ ist, kann man ihr, d. h. dem Pol, rein formal einen anklingenden Vorgang zuordnen, und ich bezeichne ihn daher kurz als „*Pfeifpol*"; aber das *bedeutet keineswegs, daß sich dieser zugeordnete Vorgang selbst erregt*; vielmehr bedarf es einer unendlich großen Ursache, um den Vorgang zu erzwingen. Der Name *Pfeif*pol ist wegen der Kürze erwünscht und in gewissem Maße physikalisch berechtigt, weil dieselbe Spiralfrequenz bei einem umgeformten System ein Pfeifwert sein kann (§§ 62, 69).

Die Pole wirken nun auf die Drehzahl ähnlich, jedoch entgegengesetzt wie die Eigenfrequenzen. Pole mit positivem Abklingmaß δ haben auf den Umlaufwinkel keinen Einfluß, aber die Pfeifpole *erhöhen* jeweils den Umlaufwinkel um eine *positive* Umdrehung. Es gilt *allgemein* (nicht nur für rationale Funktionen):

Die Anzahl der Pfeifpole, vermindert um die Anzahl der Pfeifwerte, ist gleich der Drehzahl.

Man muß hier zwei Fälle unterscheiden. Ist die Drehzahl negativ, so sind mehr Pfeifwerte als Pfeifpole da. Das reicht hin, um festzustellen, daß mindestens ein Pfeifwert vorhanden und somit das System unstabil ist. Ist die Drehzahl Null oder positiv, so ist das Problem noch nicht geklärt. Wir wollen uns erst später mit der Frage befassen, wie man dann weiterkommen kann (§§ 34 $\cdots$ 36, 69 $\cdots$ 72).

8. Offene Ortskurven und deren Fortsetzung.

§ 11. Nun gibt es noch ein anderes Verfahren, mit dem man die Frage der Pole umgehen kann und das auch anwendbar ist, wenn man nicht die ganze Kurve kennt, sondern *nur ein Stück* für einen begrenzten Frequenzbereich. Dieser Fall liegt ja bei Messungen eigentlich immer vor. Das Verfahren ist stets anwendbar, mindestens wenn man sich darauf beschränkt, nur die Eigenfrequenzen festzustellen, die verhältnismäßig dicht bei der Stabilitätsgrenze liegen. Für die Praxis ist es besonders wichtig, gerade diese Frequenzen zu kennen. Ich nenne dieses Prüfverfahren das Ortskurvenkriterium II. Art oder das Kriterium für Ortskurvenstücke oder auch für offene Ortskurven. Es beruht darauf, daß man diejenigen Stücke der Ortskurve, die dicht am kritischen Punkt vorbeilaufen, näherungsweise darstellt und dann die Eigenfrequenzen unmittelbar berechnet. Das Verfahren liefert also nicht nur die Anzahl, sondern *auch die Werte* der Eigenfrequenzen. Wenn man nur entscheiden will, ob sie stabil sind oder nicht, genügt eine rohe Schätzung.

Nehmen wir an, daß wir gemäß Bild 11,1 im Bereich der positiven Frequenzen zwei komplexe Eigenfrequenzen ν_1 und ν_2 haben, deren Abklingmaße δ_1 und δ_2 klein sind gegen die Differenzen $|\omega_1 - \omega_2|$

und $2\omega_1$ der reellen (positiven oder negativen) Frequenzanteile ω_1 und ω_2. ν_1 und ν_2 mögen links und rechts von der reellen Frequenzachse liegen, wenn wir die Richtung wachsender ω einschlagen. Nach dem,

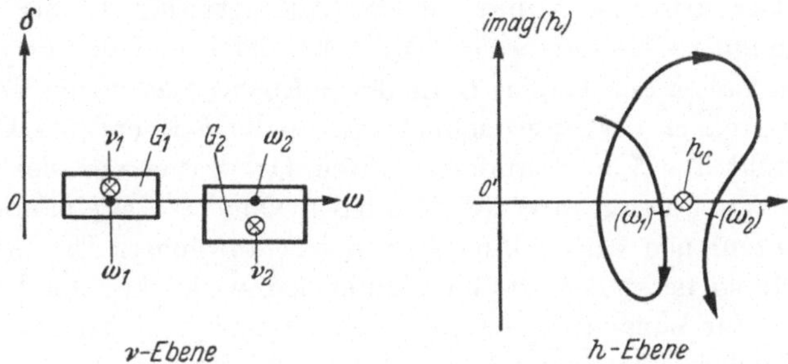

Bild 11,1. Stabilitätsprüfung durch offene Ortskurve.

was über die Ähnlichkeit in den kleinsten Teilen gesagt wurde, könnte die Ortskurve h etwa den in Bild 11,1 rechts gezeichneten Verlauf haben. Bei der Frequenz ω_1 läuft sie dicht am kritischen Punkt h_c vorbei, so daß h_c links von der Ortskurve liegt, während bei ω_2 derselbe kritische Punkt rechts von der Ortskurve liegt. Diese qualitative Feststellung kann man quantitativ verschärfen, indem man das Verhalten von h in der Umgebung der Ortskurve auf das Verhalten von ν in der Umgebung der reellen Achse zurückführt.

a) Zeichnerische Bestimmung der Eigenfrequenzen.

Wenn man das zunächst einmal ganz anschaulich auffaßt, heißt das, die Abbildung eines Gebietes G_1 um ν_1 herum auf der h-Ebene zu finden und ebenso das Gebiet G_2 um ν_2 herum auf die h-Ebene abzubilden.

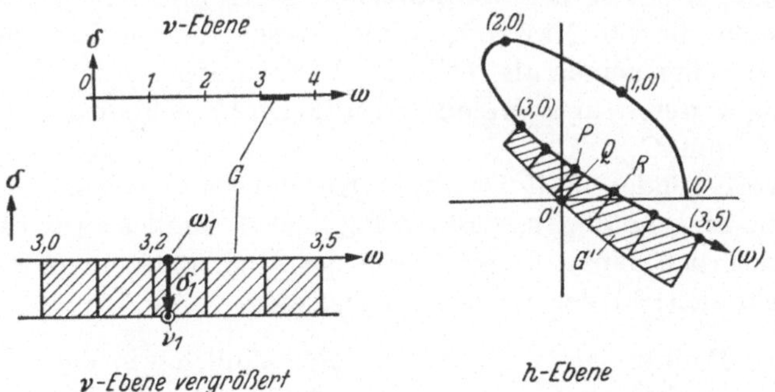

Bild 11,2. Berechnung eines unstabilen Eigenwertes.

Wir bleiben zunächst bei der zeichnerischen Darstellung und betrachten dazu nur eines dieser Gebiete, und zwar ein Gebiet, das einer anklingenden Eigenschwingung entspricht. Bild 11,2 zeigt einen solchen Fall, der aus der Praxis genommen ist (STRECKER [1]). Für die auf eine bestimmte Bezugsfrequenz bezogenen Frequenzen 0; 1; 2; 3 bis 3,5 haben sich für die Ortskurve der Prüffunktion h die eingezeichneten Punkte ergeben. Der kritische Punkt ist der Anfangspunkt $0'$ der h-Ebene und liegt dicht rechts neben der Kurve bei der Frequenz von etwa 3,2. Wir bilden daher das Gebiet G in der ν-Ebene, das unten links noch einmal vergrößert herausgezeichnet ist, in die h-Ebene als Gebiet G' ab. G besteht aus 5 aneinandergereihten Quadraten von der Kantenlänge 0,1. Wir müssen also für G' auch 5 Quadrate aneinanderreihen, deren Kantenlänge aber allmählich etwas anwächst. Die Abbildung können wir so herstellen, daß wir zunächst wirkliche Quadrate über den Sehnen für benachbarte Punkte wie P und R errichten und dann diese wirklichen Quadrate durch glatte, leicht gekrümmte Kurven ausgleichen. Aus dem sich ergebenden Bild lesen wir ab, daß der kritische Punkt $0'$ bei der komplexen Frequenz $= 3{,}22 - j\,0{,}10$ erreicht wird (s. Bild 11,2 links unten den Punkt ν_1). Wie man sieht, braucht man hierbei nicht nur den Träger der Kurve wie beim Kriterium I. Art, sondern auch die Bezifferung, dafür aber beides nur für ein Kurvenstück.

b) Analytische Verfahren, Interpolationspolynome und Interpolationskettenbrüche.

Auch dieses Verfahren kann man natürlich rein analytisch durchführen. Man wird aber finden, daß es oft einfacher ist, zu zeichnen, wie unter a) ausgeführt. Numerisch können wir die offene Kurve in der Umgebung der verdächtigen Frequenz 3,2 durch eine Näherungsfunktion darstellen. Als solche eignet sich zunächst ein Interpolationspolynom. Das ist ein Gegenstück aus der Differenzenrechnung zu der TAYLOR-Reihe in der Differentialrechnung. Es gibt eine ganze Anzahl von Formen, die von NEWTON, GAUSS, BESSEL und anderen herrühren. Sie sind im allgemeinen als reelle Funktionen angeschrieben, sind aber auch ohne weiteres für komplexe Funktionen brauchbar. (Ausführliches in Kap. C und G.)

Im vorliegenden Fall ist die h-Kurve wenig gekrümmt und die Teilung fast regelmäßig, so daß ein Polynom 1. Grades ausreicht. Dieses besagt natürlich genau dasselbe wie die Ähnlichkeit in den kleinsten Teilen, nämlich: in der h-Ebene liegen die

$$
\begin{array}{llllll}
\text{Punkte} & P & Q & 0' & R & \text{ähnlich wie die}\\
\text{Punkte} & 3{,}2 & \omega_1 & \nu_1 & 3{,}3 & \text{in der } \nu\text{-Ebene.}
\end{array}
$$

Man findet also:

$$
\frac{\omega_1 - 3{,}2}{3{,}3 - 3{,}2} = \frac{\omega_1 - 3{,}2}{0{,}1} = \frac{\overrightarrow{PQ}}{\overrightarrow{PR}} \left(= \frac{0{,}40}{1{,}65} = 0{,}24 \right). \tag{11,1}
$$

Die Längen PQ und PR mißt man in der Kurve nach; wir setzen ja voraus, daß man nur die Kurve kennt. Daraus ergibt sich $\omega_1 = 3{,}224$. Auf dieselbe Weise findet man:

$$\frac{v_1 - \omega_1}{3{,}3 - 3{,}2} = \frac{j\,\delta_1}{0{,}1} = \frac{\overrightarrow{QO'}}{\overrightarrow{PR}} \left(= \frac{-j\,1{,}50}{1{,}65} = -j\,0{,}9 \right). \tag{11,2}$$

In der Klammer muß $-j$ stehen, weil man aus der Richtung $\overrightarrow{PR}$ um $-90°$ drehen muß, damit man in die Richtung $\overrightarrow{QO'}$ gelangt. Die komplexe Eigenfrequenz ergibt sich ähnlich wie vorher zu

$$v_1 = \omega_1 + j\,\delta_1 = 3{,}22 - j\,0{,}09. \tag{11,3}$$

Da der Realteil *negativ* ist, ist diese komplexe Eigenfrequenz oder Spiralfrequenz ein Pfeifwert.

Kapitel B.

Begriffe und Namen der Systemtheorie, insbesondere Netzwerktheorie.

§ 12. Uns interessieren hier die aktiven Systeme oder Gebilde. Sehr viele dieser Gebilde lassen sich als *Netzwerke* darstellen. Unter einem Netzwerk verstehe ich ein System, bei dem man sich die Felder der einzelnen Bestandteile auf begrenzte und voneinander getrennte Raumteile beschränkt denkt. Zum Beispiel denkt man sich das Magnetfeld einer Spule auf den Spulenkern beschränkt, so daß es mit dem elektrischen Feld eines Kondensators, das man sich seinerseits auch in einem abgeschlossenen Raumteil vorstellt, nicht durcheinander kommt. Gelegentlich denkt man sich die Felder mehrerer Bauteile auch in dem gleichen Raum, z. B. bei den magnetisch gekoppelten Spulen eines Übertragers. Elektronenröhren und Leitungen eignen sich nicht ohne weiteres dazu, daß man sie als Netzwerkbestandteile auffaßt, weil sich z. B. die Felder der Röhrenkapazitäten durchdringen. Für beide Bauteile kennt man aber Ersatzschaltungen, die sich der Netzwerkauffassung unterordnen lassen und die in gewissen Frequenzbereichen gut brauchbar sind. Ähnliches gilt von Streufeldern, z. B. von sog. Erdkapazitäten usw. Man muß sich dessen bewußt bleiben, daß in manchen Fällen die Netzwerkdarstellung nur ein Ersatz ist, so daß man z. B. einen Kondensator, der die Gitter-Anoden-Kapazität einer Röhre darstellt, in Wirklichkeit nicht an seinen „Klemmen" fassen kann. Im folgenden beschäftigen wir uns zunächst mit der Erläuterung von Begriffen. Es sollen das keine Definitionen im eigentlichen Sinne des Wortes sein, die doch erst feste Gestalt gewinnen, wenn man gelernt hat, damit zu arbeiten. Auch sehe ich die Begriffe und die Namen dafür als etwas Lebendiges an, was sich im Laufe der Zeit ändert. Aber die Bemühung um treffende Ausdrücke ist sehr notwendig, denn ich glaube, daß ein großer Teil der Mißverständnisse und schiefen Ausdrucksformen für die Stabilitätsbedingungen daher rührt, daß man sich unangemessener Bezeichnungen bedient, die aus der Theorie der Wechselströme stammen. Es wird daher nützlich sein, daß die Begriffserläuterungen hier zunächst einmal zusammengestellt werden, so daß man später nachschlagen kann.

Die beschriebenen Verfahren sind streng genommen nur anwendbar, wenn die Systeme sich linear verhalten. Bei vielen Systemen gilt das, solange die Vorgänge klein genug sind; es gibt aber auch solche, die erst nach einem kräftigen Anstoß „hart" mit Schwingungen einsetzen. Weitere Bemerkungen über nichtlineare Systeme enthält Teil III.

9. Vorgänge in elektrischen Systemen (Gebilden), insbesondere Netzwerken.

§ 13. Bei den Vorgängen interessieren uns hauptsächlich die veränderlichen Größen und der zeitliche Verlauf ihrer Änderung.

a) Vorgangsgrößen.

Als Vorgangsgrößen bezeichne ich diejenigen elektromagnetischen Größen, die bisher meistens Systemgrößen genannt wurden. Aber zu den Größen des Systems gehören ja auch solche, die den Aufbau und die Eigenschaften des Systems kennzeichnen. Vorgangsgrößen sind also z. B.: Spannung, Strom, Leistung, Ladung, magnetischer Fluß usw. Hervorzuheben brauche ich höchstens, daß ich die EMK meistens als Urspannung bezeichne und das duale Gegenstück dazu als Urstrom. Diese Ausdrücke bürgern sich ja wohl langsam ein. Unter einem *Urstrom* verstehe ich ein Paar, bestehend aus einer Einströmung und einer gleich großen Ausströmung. Dieses Paar kann man sich zu einer Stromquelle ergänzt denken, und zwar über eine leitwertlose Verbindung, also mit dem inneren Widerstand unendlich.

b) Zeitlicher Verlauf der Vorgänge.

Auf dem Wege vom Gleichstrom oder, allgemeiner gesagt, von „Gleichvorgängen" zu ganz beliebig verlaufenden Vorgängen ist allen ein Schritt vollkommen geläufig geworden, nämlich der Schritt vom Gleichstrom zum Wechselstrom. Man darf aber dabei nicht stehenbleiben. Es ist jetzt wohl an der Zeit, daß man sich mit dem nächsten Schritt vertraut macht, der sich nun anschließt. Er ist an sich naheliegend und geschichtlich gesehen schon vor Jahrzehnten gemacht worden.

Die nächst allgemeinere Form, die ich meine und von der wir eine
Vorstellung haben müssen, um das Folgende physikalisch gut zu ver-
stehen, nenne ich „*Wuchsvorgänge*", das sind Vorgänge, deren zeitlicher
Verlauf durch die Exponentialfunktion

$$\varphi(t) = e^{pt} \tag{13,1}$$

beschrieben werden kann. Im praktischen Falle muß dazu natürlich
noch ein Faktor kommen, der angibt, welchen Wert die Größe zur
Zeit $t = 0$ hat. Dann ist ja $e^{pt} = 1$. Diesen Anfangswert bezeichne ich
als *Anfangsamplitude*. Die Zahl p im Exponenten ist von der Dimen-

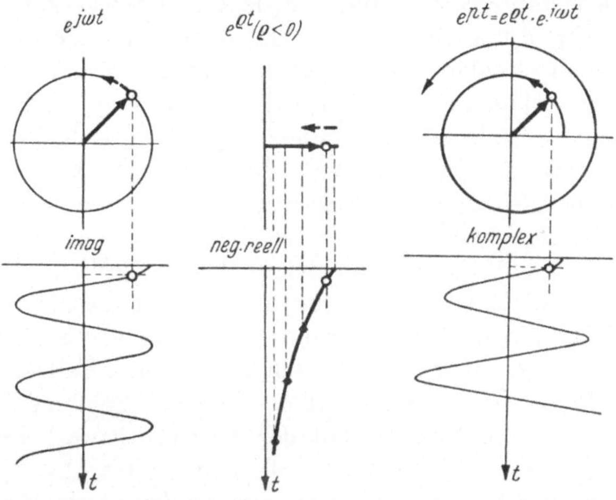

Bild 13,1. Wuchsvorgänge (Sonderfall: rein imaginär = Wechselvorgang).

sion: Kehrwert einer Zeit und ist ein Maß für die Änderungsgeschwindigkeit der Exponentialfunktion, also ein „*Änderungsmaß*". Den Namen
für eine Größe wählt man zweckmäßig so, daß er sinnvoll ist, wenn die
Größe reell und positiv ist; sonst muß man zu oft umdenken. Ist nun p
reell und positiv, so wächst $\varphi(t)$ im Laufe der Zeit an. Daher nenne
ich p das „**Wuchsmaß**", und zwar auch dann, wenn p komplexe Werte
annimmt. Für p müssen wir auf jeden Fall komplexe Werte zulassen,
nämlich zunächst einmal reine imaginäre Werte $p = j\omega$, nämlich dann,
wenn wir zu Wechselvorgängen übergehen wollen. Auch die Gleichvorgänge lassen sich als Sonderfall der Exponentialvorgänge erfassen,
nämlich dadurch, daß man $p = 0$ setzt. Wenn wir uns nun einige
typische Fälle veranschaulichen wollen, so wählen wir außerdem noch
den allgemeinen Fall, daß $p = \varrho + j\omega$ ist, und die beiden ausgezeich-
neten Grenzfälle, nämlich $p = j\omega$ und $p = \varrho$. Hierin ist ϱ eine (positive
oder negative) reelle Zahl. Der Fall $p = 0$ ist so einfach, daß es nicht
lohnt, ihn besonders darzustellen. In allen Fällen können wir nun —

so, wie wir es bei Wechselströmen gewöhnt sind — $\varphi(t)$ als einen Zeiger auffassen (Bild 13,1), dessen Betrag durch $e_{\varrho t}$ gegeben ist und der sich mit der Kreisfrequenz oder Winkelgeschwindigkeit ω dreht. In Wirklichkeit meint man allerdings mit $\varphi(t)$ nicht den Zeiger selbst, sondern seine Projektion auf irgendeine Richtung, z. B. auf die reelle Achse. Daher ist also eine Gleichung wie (13,1) nicht richtig. Man hat sie oft als „symbolisch" bezeichnet, aber im Grunde ist sie nur *„unvollständig"* oder *„abgekürzt"* und müßte eigentlich heißen:

$$\varphi(t) = e^{p\,t} \pm e^{p^*t}, \qquad\qquad (13,2)$$

worin p^* den konjugierten Wert bedeutet. Ebensowenig wie beim Wechselstrom wird man sich aber an die ausführliche Form (13,2) statt (13,1) gewöhnen, sondern so gut wie immer nur mit (13,1) rechnen. Man darf aber niemals den eigentlichen Sinn von (13,1) vergessen, weil man sonst — wie es leider auch in der Wechselstromtheorie oft genug vorkommt — schwerwiegende Fehler machen kann, z. B. wenn man solch eine Gleichung bei Leistungsbetrachtungen oder bei nichtlinearen Problemen bedenkenlos anwendet.

Aus dem Zeigerbild kann man sich leicht den Verlauf in Abhängigkeit von der Zeit ableiten, wie das in Bild 13,1 geschehen ist. Dort haben wir links einen Wechselstrom, in der Mitte einen exponentiell abklingenden Vorgang und rechts den allgemeinen Fall einer Wuchsschwingung. Es ist angenommen, daß der Zeiger zu Beginn der Bewegung reell ist. Bei Wechselstrom erreicht der Augenblickswert des Vorgangs jedesmal, wenn der Zeiger wieder reell wird, seinen Höchstwert, d. h. die Amplitude ist gleich dem Scheitelwert. In den anderen Fällen kann man sinngemäß außer von einem *Augenblickswert* auch von einer *Augenblicksamplitude* sprechen. Bei dem mittleren Fall sind beide miteinander identisch. Beim allgemeinen Fall treten die Extreme des Augenblickswertes, also die Scheitelwerte, nicht in den Augenblicken ein, wenn der Zeiger reell wird, und sie sind auch verschieden von den gleichzeitig vorhandenen Beträgen der Zeiger, d. h. von den Augenblicksamplituden (§ 47).

<h3 align="center">c) Änderungsmaße.</h3>

§ 14. Wir haben hier die zeitliche Änderung durch das „Wuchsmaß" p gekennzeichnet. Dagegen bin ich im Kap. A von einer anderen anschaulichen Vorstellung, nämlich von den Eigenschwingungen ausgegangen und habe daher als Änderungsmaß ν „komplexe Frequenzen" oder *„Spiralfrequenzen"* eingeführt. Das sind aber nur zwei Auffassungen für dieselbe Sache, die man jedoch durchaus nicht durcheinanderwerfen darf. Jeder dieser Begriffe hat gewisse Vorteile vor dem anderen voraus, daher ist es am besten, man gewöhnt sich von vornherein daran, mit beiden umzugehen. Von der Exponentialfunktion her kann man natürlich auch zur Spiralfrequenz kommen, indem man die reelle Frequenz ω durch eine entsprechende komplexe Größe v ersetzt. Das heißt, man schreibt statt $e^{j\omega t}$:

$$\varphi(t) = e^{j\nu t}. \tag{14,1}$$

Die Beziehung zwischen dem Wuchsmaß und der Spiralfrequenz ist also höchst einfach, nämlich

$$p = \varrho + j\omega = j\nu \tag{14,2}$$

oder

$$\nu = \omega + j\,\delta = -jp = \omega - j\varrho. \tag{14,3}$$

Das Anwachsen im eigentlichen engeren, also „reellen" Sinne (der „aperiodische Fall") wird durch ϱ allein bestimmt. Da wir aber die komplexe Größe p schon als Wuchsmaß bezeichnet haben, nennen wir ϱ das *Anklingmaß* und dementsprechend δ (welches $= -\varrho$ ist) das *Abklingmaß*.

Verglichen mit dem Wuchsmaß, hat die Spiralfrequenz den Nachteil, daß man im Exponenten einen komplizierteren Ausdruck bekommt, wenn man die Spiralfrequenz ausführlich einführt, nämlich:

$$j\nu = j\omega + j \cdot j\,\delta = -\delta + j\omega.$$

Das ist gewiß einfach zu berechnen, aber der Faktor $j \cdot j$ bedeutet zweimaliges Drehen um 90°, und das ist für die Vorstellung etwas unbequem. Dagegen hat die Spiralfrequenz einen Vorteil, wenn wir von der Ortskurve im engeren Sinne, nämlich von der Ortskurve für Wechselstrom (rein imaginäres p oder rein reelles v) ausgehen und irgendwie auf komplexe p schließen wollen. Gehen wir von der Spiralfrequenz aus, so erscheint uns diese Ortskurve als Funktion einer *reellen Veränderlichen*, nämlich der Kreisfrequenz. Dagegen müssen wir sie als Funktion der imaginären Veränderlichen $j\omega$ ansehen, wenn wir das Wuchsmaß $p = j\omega$ zugrunde legen.

Bei allgemeinen Überlegungen hat das Wuchsmaß Vorteile. Man führt daher sehr oft sogar bei reinen Wechselvorgängen p statt $j\omega$ ein, z. B. um Scheinwiderstände, Übertragungsmaße und ähnliche Systemverhältnisse äußerlich *in reeller Form* anzuschreiben. Reelles Wuchsmaß p bedeutet ein Wachsen oder Schwinden der Zeigergröße, d. h. der Augenblicksamplitude. Dagegen entspricht der Drehung ein Wuchsmaß, das weder positiv noch negativ ist, sondern „dazwischen" liegt. Die Drehung, der ja ein Hin- und Herschwanken des Augenblickswertes entspricht, erscheint demnach als „imaginäres Wachsen". Man empfindet das in gewissem Maße als eine sinnvolle Deutung des Imaginären: Das Schwingen ist kein reelles, sondern ein imaginäres Wachsen. Dagegen scheint es weniger sinnvoll zu sein, wenn man ein „reelles" Abklingen als eine „positiv imaginäre" Drehung, Winkelgeschwindigkeit oder Schwingung deuten soll. Es empfiehlt sich auch, sich daran zu gewöhnen, sowohl das Wuchsmaß als auch die Spiralfrequenz zu verwenden. Im folgenden benutzen wir zunächst hauptsächlich das Wuchsmaß.

d) Besondere Formen von Eigenvorgängen.

§ 15. Es soll nur kurz erwähnt werden, daß gelegentlich Eigenvorgänge auftreten, deren zeitlicher Verlauf sich nicht durch eine einfache Exponentialfunktion darstellen läßt, sondern in der Form

$$(a_0 + a_1 t + a_2 t^2 + \cdots a_m t^m)\, \epsilon^{pt}. \tag{15,1}$$

Hierin ist eine Wuchsfunktion also noch multipliziert mit einem Polynom von der Zeit t. Solche Eigenvorgänge kommen vor, wenn mehrere Eigenwerte zu einem mehrfachen Eigenwert zusammenrücken. Dieser Fall wird in der Praxis selten sein. Er tritt z. B. auf, wenn mehrere genau gleiche Vierpole, etwa Verstärkerstufen, in Kette geschaltet sind. Andererseits erhält man auch bei erzwungenen Vorgängen die Form (15,1), z. B. wenn der aufgedrückte Vorgang ein Wuchsmaß hat, das mit einem Eigenwuchsmaß identisch ist. Eine passende Benennung für diese Funktionen habe ich bisher nicht gefunden, man könnte sie vorläufig als „polynome Wuchsvorgänge" bezeichnen.

10. Systeme (Gebilde).

Wir befassen uns jetzt mit den elektrischen Gebilden selbst. Sie interessieren uns also nunmehr als „Dinge" oder „Gegenstände" mit ihren „Bauteilen". Weiter sind uns ihre „Eigenschaften" wichtig. Aus rein praktischen Gründen unterscheide ich noch zwischen „Konstanten" und Eigenschaften im engeren Sinne.

a) Bauteile.

§ 16. Über die Bauteile kann ich mich kurz fassen. Bild 16,1 zeigt als Beispiel das Schaltschema eines Netzwerkes. Unter „*Stücken*" verstehe ich die kleinsten Bauteile; der Ausdruck wird also ähnlich angewendet, wie es in den Stücklisten der Fall ist, welche man für die Konstruktion und Fertigung herstellt. Allerdings muß man berücksichtigen, daß Bauteile, die als Gegenstand nur ein Stück bilden, also z. B. Übertrager und Röhren, in der Theorie durch Ersatzschaltungen erfaßt werden. Infolgedessen bleiben im wesentlichen als Stücke nur übrig: der Widerstand als Gegenstand, die Spule, der Kondensator und die elektrische Quelle. Gewöhnlich rechnet man mit Widerständen und nicht mit Leitwerten und faßt dann meistens solche Stücke, die vom gleichen Strom durchflossen werden, zu einem „*Zweig*" zusammen,

z. B. die Stücke S_1 und S_2 zum Zweig Z_1 oder S_3 und S_4 zum Zweig Z_2. Seltener rechnet man mit Leitwerten. Dann kann man solche Stücke zusammenfassen, die gleiche Spannungen haben, also z. B. Z_4 und Z_5

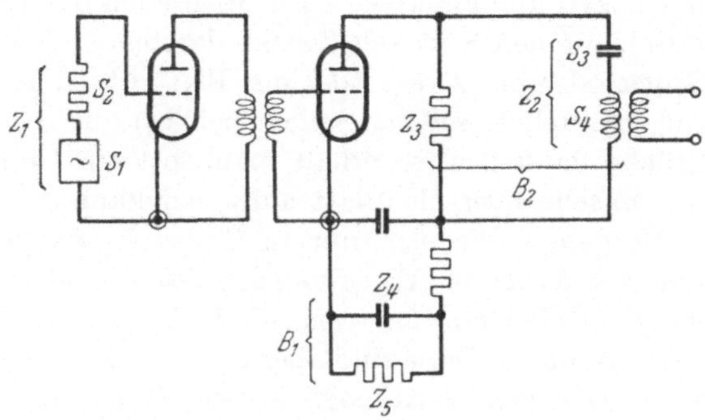

Bild 16,1. Netzwerk mit Stücken (S), Zweigen (Z) und Blättern (B).

in Bild 16,1 zu einem „*Blatt*" B_1. Dies ist hier möglich, weil die beiden Zweige nur aus je einem Stück bestehen. Als Gegenbeispiel sei erwähnt, daß B_2 kein Blatt ist, weil der Zweig Z_2 aus 2 Stücken besteht, an denen also verschiedene Spannungen liegen.

b) Teilsysteme.

§ 17. Oft betrachtet man Teilsysteme. Darunter verstehe ich ein System oder Netzwerk, das übrigbleibt, wenn man aus dem ursprünglichen eine Anzahl von Stücken entfernt denkt. Bild 17,1 zeigt bei a)

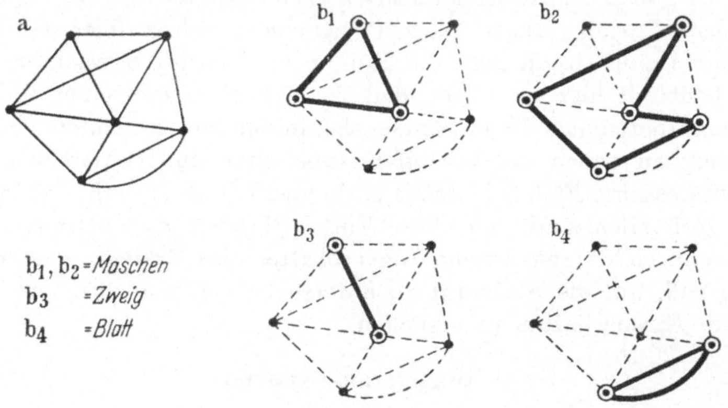

Bild 17,1. Netzwerk (a) und Teilnetzwerke (b).

ein Netzwerk schematisch als Streckenkomplex dargestellt, d. h. aus Punkten und Strecken zusammengesetzt. Die Strecken brauchen nicht geradlinig zu sein. Jede Strecke kann z. B. ein Stück darstellen, unter

Umständen aber auch einen Zweig oder ein Blatt. Im Teilbild b) soll man sich jeweils die gestrichelten Strecken (z. B. Stücke) wegdenken. Bei b_1) und b_2) entstehen dann sog. „*Maschen*", das sind geschlossene Folgen von Stücken und Punkten. Es bleiben auch dann noch Maschen, wenn die durchlaufenen Strecken Zweige darstellen. Bei b_3) bleibt ein einzelnes Stück oder ein Zweig oder ein Blatt übrig, je nachdem was die Strecken darstellen sollen. Sollen bei b_4) die hervorgehobenen Strecken Stücke darstellen, so erhält man dort ein Gebilde, das man entweder als Masche oder als Blatt auffassen kann.

Es gibt Vorgänge, die sich nur in Teilsystemen auswirken, und zwar kann es sich dabei um Eigenvorgänge, aber auch um erzwungene Vorgänge handeln. Bei erzwungenen *Wechsel*vorgängen kennt man ja gewisse Filterwirkungen. Diese sind aber doch immer mehr oder weniger unvollkommen. Dagegen ist es möglich, bei *Wuchs*vorgängen z. B. den „Widerstand" bestimmter Zweige genau zu Null zu machen, so daß sich für bestimmte Wuchsmaße vollkommene Sperrwirkungen erreichen lassen (§ 49). Ebenso kann es sein, daß ein Eigenvorgang wirklich vollständig auf ein Teilnetz beschränkt bleibt. Ich möchte hier nur kurz auf einige Beispiele hinweisen. Gewisse Schaltungen haben die Eigenschaft, daß Teilsysteme für ganze Frequenzbänder „entkoppelt" sein können. Das gilt also auch für Wechselvorgänge und tritt bekanntlich ein, wenn gewisse „Brückenschaltungen" vorhanden sind. Das ist z. B. der Fall für den symmetrischen Teil und den unsymmetrischen Teil einer Gegentaktverstärkerschaltung (soweit die Teile nicht über die Speisung verkoppelt sind) oder bei den Stamm- und Phantomkreisen eines gut gebauten Kabelviererseiles. Sehr interessant sind weiter die einseitigen Entkopplungen, die z. B. bei einem mehrstufigen Verstärker vorhanden sind, wenn man die Röhren als „ideal" betrachten kann. Ideal bedeutet hier vor allem, daß sie wirklich nur in einer Richtung Leistung übertragen. Dann können sich in den letzten Stufen Vorgänge abspielen, an denen die Vorstufen unbeteiligt sind. Daneben gibt es noch interessante Fälle, bei denen entkoppelte Teile für einzelne Wuchsmaße vorhanden sind. Alle diese Entkopplungen muß man beachten, wenn man sich fragt, welche Eigenschaften des Systems man heranziehen will, um die Stabilität zu untersuchen. Wenn nötig, muß man mehrere Eigenschaften untersuchen.

c) Umgeformte Systeme.

§ 18. Von den Teilsystemen unterscheide ich als einen ganz anderen Begriff die „umgeformten" oder „transformierten" Systeme. Das Bild 18,1 zeigt bei a) wieder den Streckenkomplex des vorigen Bildes. Der stark gezeichnete Punkt ist nun bei b) „getrennt" worden. Man kann den beiden Teilpunkten verschieden viele Strecken zuordnen, im gezeichneten Fall ist dem linken Teilpunkt nur eine Strecke zugeteilt, während der Rest der Strecken bei dem rechten Teilpunkt geblieben ist. Es entsteht dann ein Stück (oder auch ein Zweig) mit einem *„Endpunkt"*. Solch einen Zweig nenne ich einen *„Stiel"* s. Derartige Gebilde

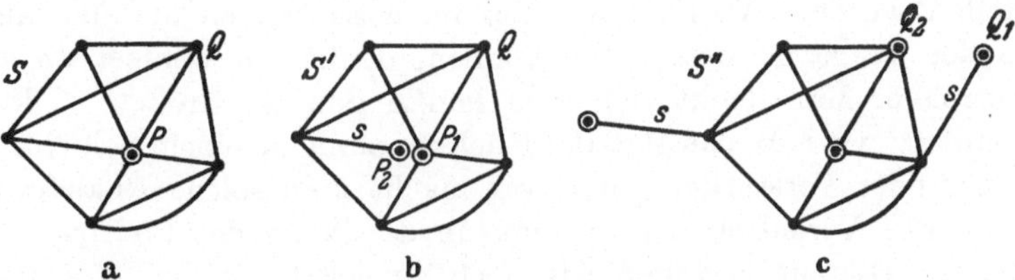

Bild 18,1. Umformung eines Netzwerks durch Trennung eines Punktes; s Stiel.

kommen übrigens auch bei ursprünglichen, d. h. nicht umgeformten Netzwerken oft vor, z. B. als Gitterwicklung eines Vorübertragers (§ 36).

Eine andere Art der Umformung oder Transformation zeigt das Bild 18,2. a) ist wieder das gleiche Netzwerk wie vorher, aber jetzt sind die beiden stark gezeichneten Punkte „zusammengelegt" oder *„gedeckt"* worden. In dem umgeformten Netzwerk S' tritt in diesem Fall ein Stück (oder ein Zweig) auf, das in sich selbst geschlossen ist. Solch ein Gebilde nennt man eine „Schlinge" s. Auch Schlingen kommen häufig vor, z. B. die Ausgangswicklung

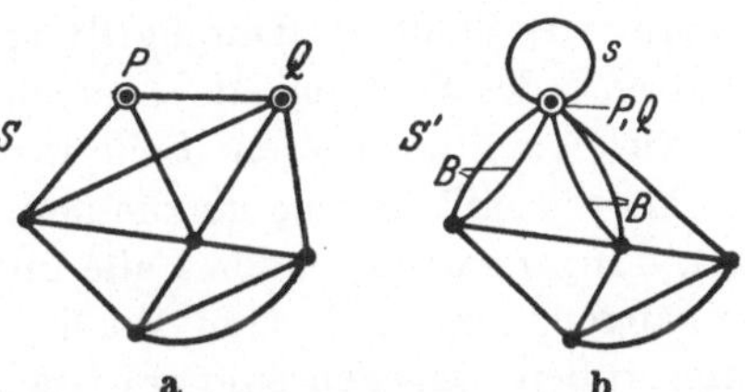

Bild 18,2. Umformung eines Netzwerks durch Deckung zweier Punkte. s Schlinge; B Blatt.

eines Nachübertragers, die mit einem Widerstand belastet ist. Durch die Punktdeckung entstehen außerdem zwei Blätter B (jedoch nur, wenn die Strecken einzelne Stücke darstellen).

Umformungen der erwähnten Art werden bei Stabilitätsbetrachtungen mit großem Vorteil angewendet, z. B. wenn man eine rückgekoppelte Verstärkerschaltung aufschneidet und dann wieder als Ringschaltung zusammenschließt. Es ist leicht zu sehen, daß die erwähnten Umformungen nur einfache Beispiele sind. Zum Beispiel kann man natürlich einen Punkt in mehrere Punkte auftrennen oder mehrere Punkte decken (STRECKER [1], Abschn. 20b).

d) Umbemessene Systeme.

§ 19. Von den umgeformten Systemen unterscheide ich noch die *„umbemessenen Systeme"*, und zwar verstehe ich darunter solche Systeme, bei denen am Schaltungsschema gar nichts geändert wird, sondern nur gewisse Konstanten oder Eigenschaften abgeändert werden. Streng genommen gehören die Systeme, die man bei der Selbsterregung betrachten muß, in die Gruppe der Systeme, die „sich selbst umbemessen" (s. Teil III), nämlich durch die Nichtlinearitäten, ohne welche sich anklingende Schwingungen gar nicht selbst auf bestimmte Amplituden einstellen würden. Aber da wir hier im wesentlichen nur die linearen Teile der Vorgänge betrachten können, denke ich weniger an solche Änderungen. Man denkt sich aber häufig gewisse Größen willkürlich abgeändert, wie z. B. das Maß der Rückkopplung an einem Schwingungserzeuger oder Verstärker, und zwar macht man solche Abänderungen oft, um das Verhalten der Systeme in der Nähe des Pfeifpunktes zu studieren. Hierauf kommen wir noch zurück [z. B. bei Besprechung der „Amplituden- und Phasenbilanz" (§§ 23, 61)].

e) Konstanten.

§ 20. Wir wenden uns jetzt den „*Konstanten*" des Systems zu. Hierunter verstehe ich die einfachen Kennzeichen, wie Widerstand, Induktivität, Gegeninduktivität und Kapazität; ferner Steuerungsgrößen, wie Steilheit, Durchgriff usw. Sie verdienen, von den „Eigenschaften" des Systems als besondere Gruppe abgetrennt zu werden, und verdienen in unserem Falle insbesondere auch ihren Namen. Denn die Theorie gilt streng genommen nur, wenn diese Größen konstant sind, d. h. im vorliegenden Falle unabhängig von der Zeit und von den Vorgängen, also z. B. vom Wuchsmaß und den Amplituden der Vorgangsgrößen. Dagegen sind gewisse Frequenzabhängigkeiten, z. B. durch Wirbelströme, Hautwirkung, auch in linearen, zeitlich unveränderlichen Systemen möglich.

f) Eigenschaften.

§ 21. Das Wort „*Eigenschaften*" verwende ich in ziemlich engem Sinne, nämlich für Größen, welche die Beziehungen zwischen zwei (oder mehr) Vorgangsgrößen eines Systems bestimmen. Man kann sie nach verschiedenen Gesichtspunkten in Gruppen teilen. Eine wichtige Gruppe bilden die

Systemverhältnisse. Unter einem einfachen Systemverhältnis $V_i/V_k = h$ verstehe ich das Verhältnis der Zeiger von zwei Vorgangsgrößen V_i und V_k an einer oder an zwei bestimmten Stellen des Systems, die man also in „*örtliche*" und in „*Übertragungsverhältnisse*" einteilen kann. Sie haben bestimmte physikalische Dimensionen. Eine Einteilung nach einem anderen Gesichtspunkt ist die für uns wichtige in „*Gleich*verhältnisse" (für Gleichströme), „Wechselverhältnisse" oder „*Schein*verhältnisse" und „*Wuchs*verhältnisse". Hier kommt es also darauf an, ob wir das Verhältnis als Funktion von $p = 0$, $p = j\omega$ oder von einem komplexen p betrachten.

Die Wuchsverhältnisse haben ebensoviel oder ebensowenig *physikalische Bedeutung* wie die Scheinverhältnisse (für Wechselstrom). Als Beispiel soll Bild 21,1 das Wesen eines Scheinwiderstandes und eines Wuchswiderstandes veranschaulichen. Links finden wir das bekannte Bild für Wechselstrom. Der Spannungszeiger und der Stromzeiger drehen sich mit gleicher Geschwindigkeit, wobei die Länge des Zeigers konstant bleibt. Wir können aus dem Spannungs- und Strom-

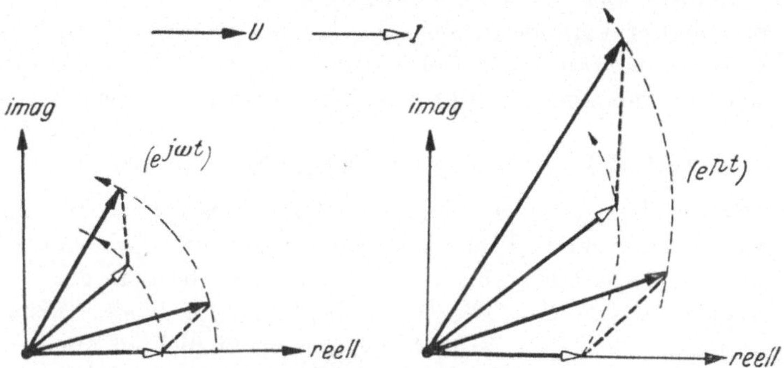

Bild 21,1. Physikalische Bedeutung des Schein- und Wuchswiderstandes.

zeiger zu einem bestimmten Zeitpunkt (durch die gestrichelte Linie) ein Dreieck bilden, und dieses Dreieck dreht sich um den Anfangspunkt, wobei es kongruent bleibt. Auch bei einem Wuchsvorgang drehen sich der Spannungs- und Stromzeiger mit der gleichen Kreisfrequenz, nur ändern sie dabei ihre Größe, jedoch beide in gleichem Verhältnis, nämlich entsprechend dem Anklingmaß ϱ. Der Unterschied besteht also nur darin, daß das Dreieck seine Größe ändert (wobei es die Form behält). Die Dreiecke zu bestimmten Zeitpunkten sind einander stets ähnlich. Ähnliches wie für die Widerstände und Leitwerte gilt auch für die dimensionslosen Systemverhältnisse, also Übertragungsfaktoren oder z. B. den Durchgriff (§ 25 usw.). Oft verwendet man an Stelle der Übertragungsfaktoren mit Vorteil deren Logarithmen, die sog. Übertragungsmaße, die man natürlich auch als Funktion eines Wuchsmaßes auffassen kann.

Mehrfachverhältnisse. Bei den Anwendungen kommen auch Verhältnisse vor, bei denen im Zähler und Nenner je ein Produkt aus mehreren Vorgangsgrößen steht. Als solch ein Produkt kann man z. B. eine sog. *Hauptdeterminante* des Systems darstellen (STRECKER [2]). Unter einer Hauptdeterminante hat man folgendes zu verstehen: Wenn man alle Vorgangsgrößen eines Systems bestimmen will, so braucht man eine bestimmte Anzahl von linearen Gleichungen. Diese Anzahl ist gerade hinreichend, aber auch notwendig. Solch ein Gleichungssystem ist ein Hauptsystem (§ 2). Ein Gegenbeispiel dazu entsteht, wenn man ein komplizierteres System, z. B. einen mehrstufigen Verstärker, als Zweiklemmenpaar betrachtet. Die zwei Gleichungen, die man dann hat, reichen nur aus, um den Verstärker äußerlich zu berechnen, nicht aber, um die Vorgänge im Innern zu bestimmen. Aus den Koeffizienten (also den Beiwerten, die bei den unbekannten Veränderlichen stehen) eines Hauptsystems kann man eine Hauptdeterminante bilden. Sie hat die Eigenschaft, daß aus ihr *sämtliche* Eigenwerte bestimmt werden können. Bei passender Behandlung der Gleichungen kann sie als ein Polynom der Veränderlichen p geschrieben werden. Dann bezeichne ich sie als „*Stammfunktion*". Gelegentlich werden aber in der Literatur auch etwas allgemeinere Funktionen als Stammfunktionen bezeichnet.

g) Zuordnung der Systemverhältnisse zum System.

§ 22. Die Beziehungen, von denen jetzt gesprochen werden soll, betreffen hauptsächlich Widerstände oder Leitwerte. Wir sprechen im folgenden hauptsächlich von Widerständen. Es besteht ein wichtiger Unterschied zwischen „*Teilwiderständen*" und „*Gesamtwiderständen*". Man kann, um sich diese Begriffe leichter zugänglich zu machen, z. B. an Teilkapazitäten und Betriebskapazitäten oder ähnliche geläufige Begriffe denken. Ein *Teilwiderstand ist der Widerstand eines Teilsystems* (§ 17). Er kann also ein Stückwiderstand, Zweigwiderstand oder Blattwiderstand sein. Eine wichtige Rolle spielt der *Maschenwiderstand*. Bei den *Gesamtwiderständen* sind sowohl solche wichtig, die am ursprünglichen System gebildet werden, als auch solche, die man an umgeformten Systemen feststellen kann. Im allgemeinen tragen sämtliche Stücke des Systems irgendwie dazu bei. Ausnahmen bilden solche Fälle, bei denen gewisse Teile unbeteiligt sind (vgl. § 17). Besonders wichtig sind die beiden folgenden Begriffe:

Der „*Netzwiderstand*" („Systemwiderstand") oder genauer der Netzwiderstand zwischen zwei Punkten. — In Bild 22,1 sehen wir bei a)

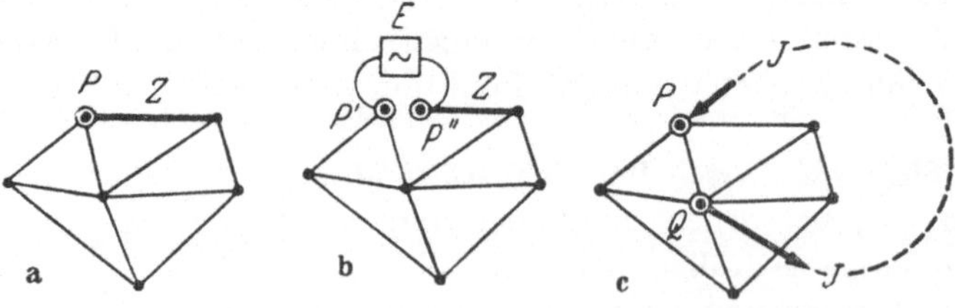

Bild 22,1. Netzwiderstände und Netzleitwerte. *a* Netzwerk; *b* Trennwiderstand (im Zweig Z); *c* Netzleitwert (zwischen 2 Punkten).

und c) dasselbe Netzwerk, aber bei c) sind die beiden Punkte P und Q hervorgehoben; zwischen ihnen kann mit Hilfe eines Urstroms J eine Spannung U erzeugt werden. Dann ist J/U der *Netzleitwert*, d. h. der

Kehrwert eines Netzwiderstandes. Sachlich gut, aber etwas zu lang ist der Name „*Punktpaarleitwert*".

Der „*Trennwiderstand*". Trennt man beim Netzwerk (Bild 22,1a) den Punkt P, so erhält man die beiden Punkte P' und P'' bei b). Mit Hilfe einer Urspannung E kann man zwischen P' und P'' einen Strom I erzeugen. Dann ist E/I ein Trennwiderstand, und zwar im gezeichneten Falle, wo dem einen Teilpunkt P'' nur ein Zweig Z zugeordnet ist, kann man insbesondere von einem Trennwiderstand im Zweige Z sprechen. Am ursprünglichen Netzwerk läßt sich der Trennwiderstand nicht messen. Man mißt ja im allgemeinen Widerstände an Netzwerken, die keine Quellen enthalten. Der Trennwiderstand kann daher oft besser als *Netzwiderstand des umgeformten Systems* aufgefaßt werden.

11. Prüffunktionen und Prüfgleichungen.

a) Wesen einer Prüfgleichung.

§ 23. Unter einer Prüfgleichung verstehe ich eine Gleichung, die geeignet ist, als Ausgangspunkt zur Untersuchung der Stabilität zu dienen. Die *Stabilitätsbedingung* selbst kann aber *nicht in die Form einer Gleichung* für die Spiralfrequenz oder das Wuchsmaß als unbekannte Veränderliche gebracht werden. (Dies könnte höchstens in der Form einer Ungleichung geschehen.) Wir gehen vielmehr aus von einer *Eigenwertbedingung*, die sich als Gleichung für das Wuchsmaß schreiben läßt. Der Grundgedanke ist der, daß ein System stabil ist, wenn alle Eigenvorgänge abklingen, die auf irgendeine Weise, z. B. beim endgültigen Zusammenschalten des Systems, entstehen. Sind dagegen anklingende Eigenvorgänge möglich, so muß man damit rechnen, daß einer dieser Vorgänge auf alle Fälle entsteht, und zwar *sozusagen* „von selbst"; z. B. ebenfalls durch einen Anstoß beim endgültigen Zusammenschalten des Systems oder — wenn man das System vorsichtig und stetig in den Pfeifpunkt bringt — durch ständig vorhandene Störungen, etwa das Wärmerauschen oder den Schroteffekt. Da diese Ursachen meistens unbeabsichtigterweise vorhanden sind, spricht man von „Selbsterregung".

Der Grenzfall, daß eine Eigenschwingung vorhanden ist, die weder anklingt noch abklingt, sondern einem reinen Wechselvorgang entspricht, läßt sich streng genommen nicht praktisch verwirklichen. Er spielt aber bei der theoretischen Untersuchung eine besonders wichtige Rolle, weil er einen verhältnismäßig leicht zu untersuchenden Grenzfall darstellt. Die ältere Stabilitätstheorie hat fast ausschließlich mit diesem Grenzfall gearbeitet, und man könnte sie deswegen als eine *Theorie der Stabilitätsgrenze* bezeichnen. Man denke z. B. an die Selbsterregungsformeln, die sich aus der sog. „Amplituden- und Phasenbilanz" ergeben

(§ 61). Diese Theorie der Stabilitätsgrenze ist sehr wertvoll, und man wird sie natürlich auch heute noch benutzen, immer dann, wenn es sinngemäß und vorteilhaft ist. Aber sie hat insofern etwas Unbefriedigendes, als die wirklichen Systeme sich ja praktisch nie gerade genau an dieser Stabilitäts- oder Pfeifgrenze befinden. Man muß daher das zu untersuchende System abändern; die Frage teilt sich dann in zwei Teile auf, nämlich 1.: Wie muß ich das System *abändern*, insbesondere umbemessen, z. B. eine Rückkopplung einstellen, damit es gerade an die Pfeifgrenze kommt? und 2.: Bei welcher Frequenz — also reellen Frequenz eines Wechselvorganges — wird nach dieser Änderung die Pfeifgrenze erreicht?

Hier betreiben wir eine *Theorie des ungeänderten Systems*. In der Praxis wird man übrigens zur Ergänzung auch sehr oft Änderungen der besprochenen Art heranziehen, um den Sachverhalt aufzuklären (STRECKER [1], S. 64). Grundsätzlich jedoch haben wir eine *Theorie der Eigenwerte. Praktisch* sind diese Eigenwerte immer komplexe Frequenzen, d. h. Spiralfrequenzen; sie haben also nicht die Form $p = j\omega$. Wenn wir uns des Wuchsmaßes bedienen, drückt sich diese Tatsache darin aus, daß das Wuchsmaß so gut wie nie rein imaginär ist. Bei *theoretischen* Überlegungen macht man allerdings sehr oft *schematische* Vereinfachungen oder idealisiert den Fall, etwa durch Nichtbeachtung von Verlusten, so daß auch rein imaginäre Wuchsmaße, d. h. reelle Kreisfrequenzen als Eigenwerte, auftreten. Im allgemeinen müssen wir aber die Eigenwertbedingung als eine Bedingung für das komplexe Wuchsmaß auffassen. Daher können wir sagen:

Eine Prüfgleichung ist eine Gleichung für das Wuchsmaß p (oder die Spiralfrequenz v) als unbekannte Veränderliche, durch welche die Eigenwuchsmaße (oder Eigenwerte) des Systems bestimmt sind.

Dazu ist zu bemerken, daß es durchaus nicht immer notwendig ist, diese Eigenwuchsmaße wirklich zu bestimmen, sei es genau oder auch nur angenähert. Der Sinn des Stabilitätskriteriums I. Art ist gerade der, diese Bestimmung von Eigenwerten zu vermeiden. Nur wenn man das Kriterium nicht ganz durchführen kann, z. B. wenn einem die Kurve der Prüffunktion nicht für alle reellen Frequenzen (Wechselströme) bekannt ist, muß man u. U. das Kriterium II. Art heranziehen, das sich mit der näherungsweisen Bestimmung der Eigenwerte befaßt. Die Eigenwerte können meist als Wurzeln einer Gleichung höheren Grades aufgefaßt werden, und durch die Gleichung sind die Wurzeln bestimmt, gleichgültig, ob man sie berechnet oder nicht. Gewisse Aussagen über die Wurzeln lassen sich machen, wenn man sie selbst gar nicht kennt.

§ **24.** Der Gedanke, die Stabilitätsprüfung auf die Untersuchung der Eigenvorgänge zurückzuführen, erweist sich insofern fruchtbar, als es leicht ist, *zahlreiche Formen* der Eigenwertbedingung aufzustellen. Es führen zwar *nicht alle Formen* zum Ziel, z. B. weil gewisse Teilsysteme an bestimmten Eigenvorgängen unbeteiligt sind oder weil gewisse Eigenschaften degenerieren; z. B. überträgt ein Verstärker mit sog. idealen Röhren nur in einer Richtung. Der Übertragungsfaktor in der umgekehrten Richtung verschwindet also für jeden beliebigen Wert der Frequenz; daraus kann man natürlich keine Schlüsse ziehen. Man kann aber davon ausgehen, daß man verschiedenartige Ursachen hat, z. B. Urspannungen oder Urströme, und kann weiter annehmen, daß eine dieser Ursachen an dieser oder jener Stelle wirke. Schließlich kann man ebenso die Art und den Ort der betrachteten Wirkung verschieden annehmen. Aus jeder der möglichen Annahmen ergibt sich (falls nicht eine der obenerwähnten Besonderheiten auftritt) eine andere brauchbare Beziehung zwischen der Ursache und der Wirkung (Abschn. 4, 16). Wenn man z. B. ein Netzwerk rechnerisch untersuchen will, liegt es nahe, als Ursache irgendwo eine Urspannung anzunehmen und als Wirkungen die im Netzwerk fließenden Ströme. Wir können also mehrere Wirkungen gleichzeitig betrachten. Die Beziehung zwischen diesen Wirkungen und der Ursache besteht dann — mathematisch gesprochen — in einem System von linearen Gleichungen, wenn diese Ströme als Funktion der Urspannung ausgedrückt sind (§ 2). Das können u. U. z. B. auch die sog. Vierpolgleichungen sein.

Aber auch wenn man die Untersuchung auf Messungen aufbauen will, muß man von solch einer bestimmten Beziehung ausgehen. Nur wird man sich bei der Messung meistens auf eine Ursache und eine Wirkung beschränken. Man legt z. B. eine bekannte Urspannung irgendwo an, mißt an einer anderen Stelle die entstehende Klemmenspannung und bildet ihr Verhältnis. Dieses „Systemverhältnis" wäre dann ein Übertragungsfaktor. Es gibt natürlich auch bekannte Verfahren, um solche Systemverhältnisse, z. B. Scheinwiderstände oder Übertragungsfaktoren, unmittelbar zu messen.

Der nächste Schritt — wenn wir den Gedankengang in einzelne Schritte zerlegen — ist dann der, daß man sich fragt, unter welchen Umständen ist es möglich, daß eine Wirkung der betrachteten Art auch dann nicht verschwindet, wenn die Ursache unendlich klein wird oder weggenommen wird. Dann hat man nicht mehr einen *erzwungenen* Vorgang (wie man ihn zum Messen natürlich braucht), sondern einen *freien* Vorgang. Diese freien Vorgänge können aber nicht beliebige Frequenzen haben und werden, wie erwähnt, im allgemeinen nicht *Wechselvorgänge* sein. Beliebige Frequenzen kann man im Netzwerk nur bei erzwungenen Vorgängen haben.

Aus einer einfachen Überlegung ergibt sich dann eine Bedingung für die Wuchsmaße der freien Vorgänge oder *Eigenvorgänge*. Daß diese

Überlegung einfach ist, zeigten schon §§ 3 und 4, und das werden die Beispiele noch klarer machen, denen wir uns jetzt zuwenden wollen.

b) Physikalische Bedeutung von Wuchsfunktionen.

b_1) *Beispiel: Das Urbild eines schwingungsfähigen Systems.*

§ 25. Die Beziehung für die Eigenwerte läßt sich darstellen als eine Gleichung, die sich auf eine „Funktion des Wuchsmaßes" bezieht. Ich nenne sie daher kurz eine „*Wuchsfunktion*". Die Gleichung kann man immer auf Null bringen (Grundform): $\varphi(p) = 0$. Wir wollen uns nun mit der Frage beschäftigen, was solch eine Wuchsfunktion physikalisch bedeutet und wie man sie ermitteln kann, sei es durch Berechnung oder durch Messung. Zu diesem Zweck beschäftigen wir uns mit dem Urbild eines schwingungsfähigen Systems, nämlich einem verlustfreien Schwingungskreis aus Induktivität und Kapazität (Bild 25,1). (Man verwechsle nicht: „schwingungsfähig", „selbsterregungsfähig" und „zu selbsterregten Schwingungen fähig".) Das Verhalten dieser einfachen Schaltung ist allen so vertraut, daß alle unnötigen Schwierigkeiten beseitigt sind und wir uns mit der verallgemeinerten Auffassung bekannt machen können, die notwendig ist, wenn man dieses einfache Gebilde von einem etwas höheren Standpunkte betrachtet. Dies besonders einfache Beispiel zeigt immerhin schon viele Eigentümlichkeiten und wesentliche Eigenschaften, die bei komplizierten Schwingungssystemen auftreten können. Der Eigenwert des Netzwerks ist nach der bekannten Thomson-Formel $\omega_0 = 1/\sqrt{LC}$. Infolge der Idealisierung ist das eine reelle Frequenz oder ein rein

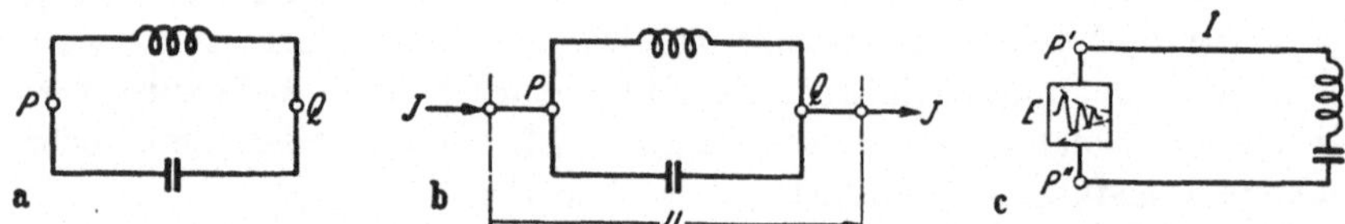

Bild 25,1. Verlustloser Schwingkreis (a) als Blatt (Netzleitwert) (b) und Zweig (c).

imaginäres Wuchsmaß. Wir können noch den Wellenwiderstand $Z = \sqrt{L/C}$ einführen und alle Größen auf diese beiden Werte beziehen. Dann haben wir zunächst das bezogene Wuchsmaß

$$q = \frac{p}{\omega_0} = \frac{\varrho + j\omega}{\omega_0} = \sigma + j\eta. \tag{25,1}$$

Wir betrachten nun das Netzwerk als ein „Blatt" zwischen den Punkten P und Q (Bild 25,1 b) und berechnen den „Netzleitwert" $K = J/U$ zwischen P und Q. Das macht man genau wie für Wechselstrom, nur setzt man p statt $j\omega$ (s. § 56 usw.). Beziehen wir ihn auf Z und das Wuchsmaß auf ω_0, so haben wir

$$k = KZ = q + \frac{1}{q}\,. \tag{25,2}$$

Genau denselben Wert erhalten wir für den Trennwiderstand $W = E/I$, wenn wir den Schwingungskreis als Schlinge betrachten (Bild 25,1c). Beziehen wir ihn ebenfalls auf Z, so wird

$$w = \frac{W}{Z} = q + \frac{1}{q}\,. \tag{25,3}$$

Wir brauchen uns also nur mit dem bezogenen Trennwiderstand zu beschäftigen. Dieser hat Pole bei $q = 0$ und $q = \infty$.

Mit den verschiedenen Prüfgleichungen, die wir in diesem einfachsten Beispiel aufstellen können, werden wir uns erst später beschäftigen (Abschn. 16). Jetzt wollen wir uns das Wesen eines ,,Wuchsverhältnisses'' vertraut machen, indem wir damit arbeiten. Handelte es sich um Wechselströme, so wäre K ein Scheinleitwert und W ein Scheinwiderstand, beides gutbekannte Dinge. Wenn aber q auch komplex sein kann, werden wir K als ,,*Wuchsleitwert*'' und W als ,,*Wuchswiderstand*'' auffassen. Die Frage ist nun, wie man W oder seinen bezogenen Wert w bestimmen kann.

b_2) *Die Ermittlung von Wuchsverhältnissen. (Erster Teil.)*
Numerische oder zeichnerische Berechnung.

§ 26. Grundsätzlich lassen sich Wuchsverhältnisse in derselben Art berechnen wie Scheinverhältnisse, sei es numerisch, sei es zeichnerisch. Die Berechnungen sind natürlich komplizierter, weil p nicht rein imaginär ist, sondern beliebige komplexe Werte haben kann. Auch muß man bedenken, daß die rein imaginären p-Werte, die Wechselstrom kennzeichnen, nur eine gerade Linie erfüllen (nämlich die imaginäre Achse der p-Ebene), während das Wuchsmaß im allgemeinen Falle in jeden beliebigen Punkt der p-Ebene fallen kann. Dadurch wird es natürlich umständlicher, die Berechnungen in der hier gemeinten Art und Weise wirklich praktisch durchzuführen. Es ist aber zum Verständnis des Ganzen nützlich, sich den Gang dieses Rechenverfahrens klarzumachen, und bei unserem einfachen Beispiel geht das auch ohne erheblichen Aufwand. Es sei nochmals darauf hingewiesen, daß diese komplizierteren Rechnungen bei der praktischen Stabilitätsprüfung möglichst vermieden werden sollen.

Um einen einfachen Ausgangspunkt zu haben, wollen wir zunächst noch einmal den *Schein*widerstand (für Wechselstrom) (Bild 26,1) betrachten. Dieser ist eine Reaktanz

$$w = j\left(\eta - \frac{1}{\eta}\right). \tag{26,1}$$

Das Bild 26,1 zeigt, wie durch diese Funktion ein Stück der imaginären Achse in der q-Ebene (entsprechend reellen positiven Frequenzen) auf ein anderes Stück der imaginären Achse in der w-Ebene abgebildet wird. Wenn wir nun wie in (4,1) die *Ursache E gleich Null setzen*, und wenn außerdem noch $W = w = 0$ wird, so ist die Gl. (4,1) erfüllt, auch wenn die Wirkung I von Null verschieden ist. Die Prüfgleichung ist also $w = 0$. Diese Gleichung ist für die Eigenfrequenz ω_0 erfüllt, denn für die bezogene Frequenz 1, d. h. für das Wuchsmaß $p = j\,\omega_0$, fällt w mit dem „Prüfpunkt" oder „Pfeifpunkt" zusammen, nämlich mit dem Anfangspunkt 0 in der w-Ebene.

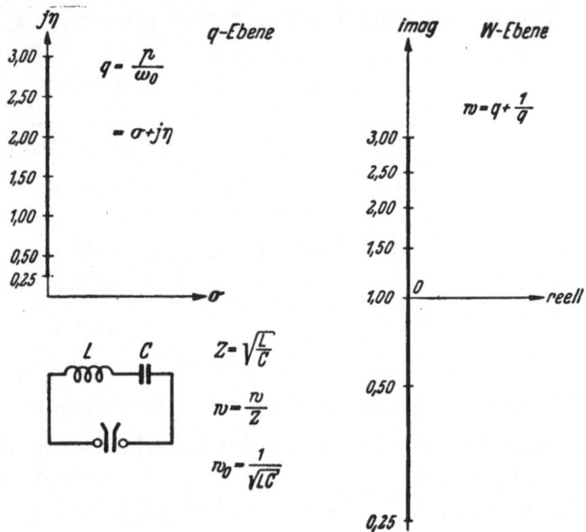

Bild 26,1. Scheinwiderstand (Trennwiderstand) eines verlustfreien Schwingkreises.

Mit Hilfe der einfachen Gl. (25,3) läßt sich w auch leicht für beliebige komplexe Werte von q numerisch berechnen. Ebenso leicht kann man das zeichnerisch machen, wie das in Bild 26,2 gezeigt ist. Links ist wieder das Stück einer Geraden in der Wuchsmaß oder q-Ebene gezeigt, für welches die Berechnung durchgeführt werden soll. Der im vorigen Bild benutzte Bereich von η ist beibehalten worden, aber das Stück der Geraden nach rechts parallel verschoben um $\sigma = 0,5$. Das heißt, wir berechnen jetzt den Widerstand des Schwingungskreises für Schwingungen mit verschiedenen Frequenzen, die aber alle mit derselben Zeitkonstanten anklingen. Das abzubildende Stück der Geraden in der q-Ebene liefert uns unmittelbar die Werte von q, die wir in Gl. (25,3) brauchen. Die Kehrwerte $1/q$ kann man in bekannter Weise durch Inversion gewinnen, wie das in der Mitte von Bild 26,2, nämlich in der $1/q$-Ebene gezeigt ist. Es ergibt sich als Ortskurve ein Kreis. Nun brauchen wir nur noch die Zeiger des mittleren und linken Teilbildes für gleiche q zusammenzusetzen und erhalten rechts die Ortskurve des Schwingungskreises für in bestimmter Weise anklingende Schwingungen. Dies ist also nunmehr eine Ortskurve für einen bezogenen „*Wuchs-widerstand*". Man sieht, daß die Kurve von der imaginären Achse aus nach rechts verschoben ist, und zwar oberhalb der Eigenfrequenz ziemlich gleichmäßig, dagegen unterhalb der Eigenfrequenz stark abgebogen.

Auch das Kurvenstück in der q-Ebene, das wir abgebildet haben, ist von der imaginären Achse aus nach rechts verschoben. Diese beiden

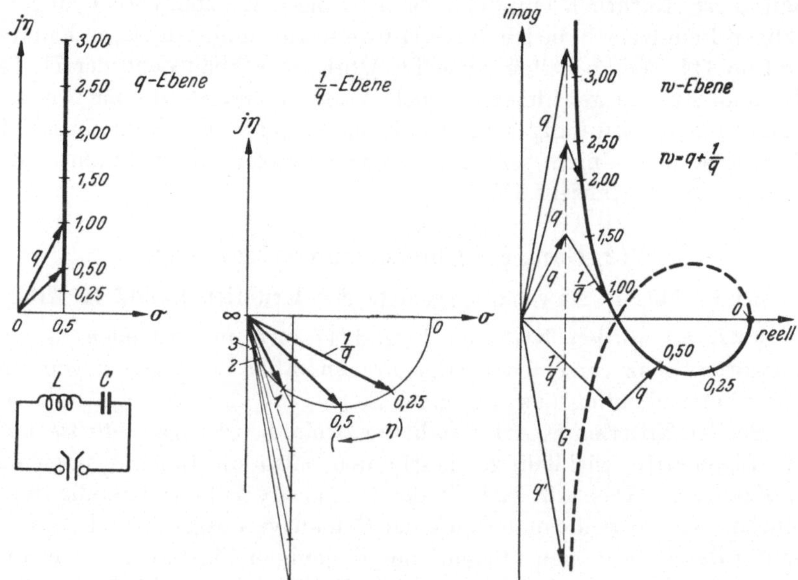

Bild 26,2. Wuchswiderstand (Trennwiderstand) eines verlustfreien Schwingkreises (Konstruktion).

Verschiebungen stehen in einem bestimmten einfachen und anschaulichen Zusammenhang (Kap. A und G, § 46). Diese Beziehung ist sehr ausbaufähig. Wir können darauf ein ganz neues Berechnungsverfahren begründen, das erlaubt, *den Wuchswiderstand aus dem Scheinwiderstand zu bestimmen*. Wenn man den Scheinwiderstand (in unserem Falle also Bild 26,1) auf gewöhnliche Art und Weise bestimmt (berechnet oder gemessen) hat, kann man also davon sprechen, daß man daraus *mittelbar den Wuchswiderstand bestimmt*. Wir werden ferner prüfen, ob und wie man solche Wuchsverhältnisse (also für komplexe Wuchsmaße) *unmittelbar messen* kann. Diese Untersuchungen sollen aber auf den Teil II verschoben werden. Denn die Vorstellungen von *Wuchs*vorgängen, -maßen, -verhältnissen dürften nun so weit klar sein, daß wir uns der praktischen Handhabung unserer Verfahren zuwenden können.

Kapitel C.

Anleitung zur praktischen Durchführung der Untersuchungen.

Das Kapitel C ist so abgefaßt, daß es möglichst für sich allein verstanden und praktisch angewandt werden kann. Es wurde daher in knapper Form vieles wiederholt, was in den Kapiteln A und B enthalten ist. Natürlich empfiehlt es sich, diese Kapitel vorher zu lesen. Eiligen Benutzern habe ich durch Hinweise auf Stellen in diesen Kapiteln und im III. Teil zu helfen versucht. Übrigens enthält auch der II. Teil, der dem Ausbau gewidmet ist, viele Wiederholungen, die nach meinen Erfahrungen notwendig sind, damit jeder Leser einen ihm passenden Zugang zu der — nicht schwierigen, jedoch vielen ungewohnten — Auffassung des Verfahrens findet.

12. Gang des Untersuchungsverfahrens.

a) Praktische Anwendungsgebiete der Kriterien I. und II. Art.

§ 27. Es werden Kriterien I. und II. Art unterschieden. Sie beantworten ganz verschiedenartige Fragen; aber beide gehen von einer Eigenwertbedingung aus: der erste Schritt ist also beiden gemeinsam.

Bei den Kriterien II. Art besteht der zweite Schritt *grundsätzlich* darin, die Eigenwerte wirklich zu bestimmen, also die Eigenwertgleichung „aufzulösen“. Das läßt sich in der Praxis oft nicht vollständig durchführen. Gerade wenn man von einer Ortskurve ausgeht, wird man sich häufig damit begnügen müssen, nur diejenigen Eigenwerte angenähert zu bestimmen, für welche das untersuchte System in „Pfeifnähe“ liegt. Das sind aber meistens die Fälle, für die man sich hauptsächlich interessiert, nämlich solche, bei denen langsam anklingende oder abklingende Eigenvorgänge auftreten. Der dritte Schritt besteht darin, daß man nachsieht, ob sich unter den Eigenwerten ein Pfeifwert (§§ 9, 10) befindet. Genau genommen wird das Stabilitätsproblem erst beim dritten Schritt untersucht, und der zweite Schritt bedeutet einen Umweg; aber die Frage, wie rasch und mit welchen Kreisfrequenzen ein System beginnt, sich selbst zu erregen oder zum Ruhezustand zurückzukehren, ist an und für sich in manchen Fällen interessanter (Abschn. 23).

Die Kriterien I. Art können zwei Probleme behandeln: das Selbsterregungsproblem — ein *Ja-Nein*-Problem — und die Frage, wieviel Pfeifwerte vorhanden sind — ein *Anzahl*-Problem. Es gibt ein *hinreichendes* Kriterium, das nur die erste Frage beantwortet, und eines, das hinreichend und *notwendig* ist und im Grunde beide Fragen beantwortet, obwohl man es auch in die Form einer reinen Stabilitätsbedingung bringen kann. Auch hier finden wir einen zweiten Schritt, nämlich die *Feststellung* einer sog. „*Drehzahl*", und einen dritten Schritt, nämlich die *Deutung* der Drehzahl. Bei den Kriterien I. Art bleiben die Eigenwerte zahlenmäßig unbestimmt, d. h. man stellt nicht fest, wie groß ihre Abklingmaße und Frequenzen sind.

Vom rein praktischen Standpunkt aus können wir den Stabilitätskriterien folgende Anwendungsgebiete zuweisen:

Tafel 1.

Kriterium	Art des Problems	Frage des Problems
I. Art	Ja-Nein	Selbsterregungsfähig oder nicht?
	Gegebenenfalls: Anzahl	Wieviel Pfeifwerte?
II. Art	Lösung einer Gleichung	Bestimmung der Eigenwerte in Pfeifnähe. Sind darunter Pfeifwerte? Wie viele?

b) Das Kriterium I. Art.

Die Drehzahl irgendeiner Kurve um irgendeinen Punkt.

§ 28. Vorausgesetzt ist eine Kurve K in der komplexen Ebene mit einem bestimmten Fortschreitungssinn und ein „kritischer" Punkt P

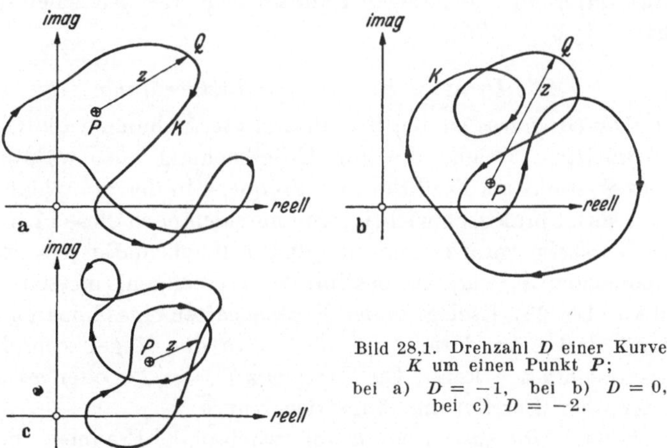

Bild 28,1. Drehzahl D einer Kurve
K um einen Punkt P;
bei a) $D = -1$, bei b) $D = 0$,
bei c) $D = -2$.

(Bild 28,1). Dann läßt sich eine Drehzahl D der Kurve um den Punkt feststellen; zunächst unter folgenden einschränkenden Bedingungen:

1. die Kurve ist geschlossen;

2. sie verläuft ganz im Endlichen (geht nicht durch den „unendlich fernen Punkt");

3. sie geht nicht durch den kritischen Punkt;

4. der kritische Punkt liegt im Endlichen.

Zur Feststellung der Drehzahl denkt man sich einen Zeiger z, dessen Fußpunkt in P festgehalten wird und dessen Spitze von einem beliebigen Kurvenpunkt Q aus die Kurve im vorhandenen Fortschreitungssinn durchläuft. Diesen Fortschreitungssinn kann man bei einer geschlossenen Kurve auch „Umlaufsinn" nennen. Nach Durchlaufen der Kurve ist der Zeiger scheinbar in die Ausgangslage zurückgekehrt, aber sein Winkel hat sich im allgemeinen geändert, und zwar um ein ganzes Vielfaches von 2π („Umlauf"- oder „Drehwinkel"), also um $k \cdot 2\pi$, worin k eine ganze Zahl oder Null ist. Diese Zahl k ist die „*Drehzahl*" der Kurve um den kritischen Punkt.

Der Winkel von z braucht sich nicht monoton (d. h. nicht stets im gleichen Drehsinn) zu ändern (s. Bild 28,1); aber die Anzahl k der vollen Umdrehungen läßt sich eindeutig feststellen, weil sich der Winkel stetig ändert. Es kann vorkommen, daß der Winkel einige positive und einige negative Umdrehungen macht; als Drehzahl ergibt sich dann die algebraische Summe. Man kann die Drehzahl auch feststellen, wenn der Fußpunkt des zur Prüfung benutzten Zeigers nicht fest ist, sondern sich ebenfalls auf einer Ortskurve K' bewegt. Dann muß man aber im allgemeinen wissen, welche Punkte von K und K' zusammengehören. Schneiden sich K und K' nicht, so ist das unnötig; man kann dann einen beliebigen Punkt von K' als kritischen Punkt P betrachten (§§ 69 ··· 75).

Die Drehzahl bei der Stabilitätsprüfung.

§ 29. Die *Ortskurve* ist bei Stabilitätsuntersuchungen die Ortskurve der *Prüffunktion*, welche die zur Untersuchung ausgewählte Eigenschaft des Systems als Funktion der Frequenz in der komplexen Ebene darstellt. Das ist praktisch wichtig, weil man demnach diese Prüffunktion nur für *Wechsel*vorgänge (rein imaginäre Wuchsmaße $p = j\omega$; reelle Spiralfrequenzen $v = \omega$) zu bestimmen (berechnen, messen) braucht (s. aber Abschn. 23). Es liegt in den Eigenschaften eines linearen Systems begründet, daß man daraus auf die — in der Regel komplexen — Eigenwerte schließen kann. Die Frequenz ($f = \omega/2\pi$ oder ω) dient als Parameter oder Bezifferung längs der Kurve.

Der *Fortschreitungssinn* ist durch wachsende Frequenz bestimmt.

Der *kritische Punkt* ist identisch mit dem Pfeifpunkt. In der Eigenwertgleichung bildet die Prüffunktion die „linke" und der Pfeifpunkt die „rechte" Seite. Man kann also die Eigenwertgleichung so umformen, daß der Pfeifpunkt im Endlichen liegt, insbesondere so, daß er Null ist. Man kann z. B. den Kehrwert der zunächst gewählten Prüffunktion nehmen oder auf beiden Seiten der Gleichung dieselbe Größe addieren usw. [s. Gl. (4,5), (35,1) und (35,2)]. Durch solche rein formalen Änderungen der Eigenwert*gleichung* ändern sich sowohl die Prüffunktion als auch der Pfeifpunkt und damit die äußere Gestalt der Gleichung. Sie sagt aber nichts anderes aus: die Eigenwert*bedingung* bleibt dieselbe.

Von den *Bedingungen* des § 28 kann man also die 4. stets erfüllen. Ebenso erfüllen die Prüfkurven (= Ortskurven der Prüffunktion für „alle Frequenzen") die Bedingung 1. Das sieht man ohne weiteres, wenn auch die Bedingung 2 erfüllt ist. Für den Fall, daß diese oder die Bedingung 3 nicht erfüllt ist, s. §§ 30 · · · 33.

Manchmal *schließt sich scheinbar* die Ortskurve bereits, wenn nur ein (u. U. endlicher) Teil des gesamten Frequenzbandes durchlaufen wird. Das ist aber so aufzufassen, daß derselbe Kurventräger *mehrfach durchlaufen* wird, wenn die Bezifferung ihren Bereich, nämlich alle reellen Zahlen durchläuft. In Bild 29,1 ist das dadurch veranschaulicht, daß zwei Kurventräger gezeichnet sind, die man sich unendlich

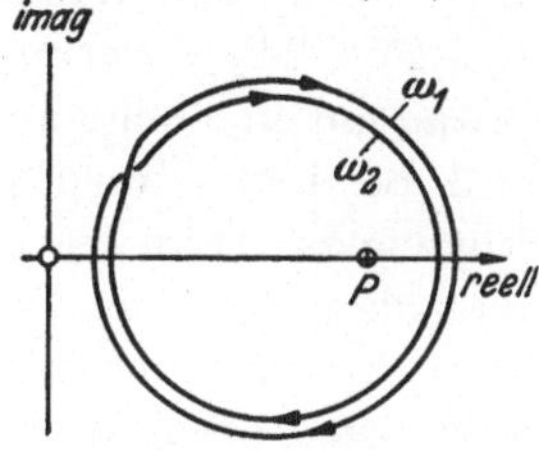

Bild 29,1.
Doppelt durchlaufene Kurve.

dicht neben- oder besser übereinander denkt. Da der Umlauf erst vollendet ist, wenn der Träger zweimal durchlaufen wurde, ist die Drehzahl doppelt so groß, wie sie bei einfachem Umlauf um den Träger wäre, also —2 in Bild 29,1.

Feststellung der Drehzahl (Winkelsprünge, Drehsprünge).

§ 30. Zur Feststellung der Drehzahl um den Pfeifpunkt A wird die Ortskurve für „alle Frequenzen" durchlaufen. Die Frequenz ändert sich also von ∞ durch den Bereich der negativen Frequenzen, geht durch 0 und ändert sich weiter durch den Bereich der positiven Frequenzen bis zurück zur Frequenz ∞. Sie durchläuft also eine *geschlossene* Kurve, die ω-Achse in der komplexen Ebene der Spiralfrequenz ($v = \omega + j\,\delta$, Bild 6,1) oder des Wuchsmaßes ($p = \varrho + j\omega$; vgl. das bezogene Wuchsmaß $q = \sigma + j\eta$ in Bild 26,1 u. 2). Wenn man kurz sagt, die Frequenz durchläuft den Bereich von $-\infty \cdots +\infty$, so ist das eine abgekürzte und in mancher Beziehung ungünstige Darstellung. Ebensowenig wie der Zahl 0 sollte man der Zahl ∞ ein Vorzeichen oder einen bestimmten Zeigerwinkel zuordnen, wenn man sie als komplexe Zahl auffaßt.

Da die Prüffunktionen stetig von der Frequenz abhängen, sind sie genau genommen ebenfalls stets geschlossene Kurven, erfüllen also immer die Bedingung 1 von § 28. Dies ist auch im Kurvenbild deutlich zu sehen, wenn die Kurve im Endlichen bleibt. Geht die Kurve aber längs einer geraden oder krummen Asymptote ins *Unendliche*, so geht das aus dem Kurvenbild nicht hervor. Bei einer graden Asymptote G in Bild 26,2 zeigt sie ein ähnliches Verhalten, wie es eben für die Frequenz beschrieben wurde, wenn die Frequenz ∞ wird. Die Kurve *erscheint* offen, und der Winkel des Prüfzeigers q ändert sich nicht mehr stetig, so daß sich die Drehzahl nicht ohne weiteres feststellen läßt (Bild 8,1). Die Zeiger q in Bild 26,2 drehen sich in die Richtung der positiv-imaginären Halbachse, wobei sie sich ausdehnen, und kommen dann als Zeiger q' aus der Richtung der negativ-imaginären Halbachse zurück, wobei sie sich zusammenziehen. Zur positiv-imaginären Halbachse gehören aber die Winkel $(\pi/2) + 2k_1\pi$ und zur negativ-imaginären $-(\pi/2) + 2k_2\pi$, worin k_1 und k_2 ganze Zahlen sind. Es tritt ein *Winkelsprung* um eine ungerade Zahl mal π auf. Der entsprechende *Drehsprung* muß bestimmt werden (§ 32). Ähnlich verhält sich der Winkel des Prüfzeigers, wenn die Ortskurve *durch den Prüfpunkt* geht (Bild 68,1). Auch dann tritt ein Drehsprung auf, nur zieht sich in diesem Fall der Zeiger auf Null zusammen und dehnt sich dann wieder aus (§ 31). Ehe dieser Drehsprung besprochen wird, soll noch auf einen Fall hingewiesen werden, bei dem die Betrachtung einer *offenen* Kurve genügt.

Die meisten praktisch vorkommenden Prüffunktionen haben die Eigenschaft, daß der Punkt für die negative Frequenz $-\omega$ mit Bezug auf die reelle Achse spiegelbildlich zu dem Punkt für die positive Frequenz ω liegt (Bild 8,2, Zweig für positive Frequenzen ausgezogen, für negative gestrichelt). [Ausnahmen sind z. B. bei mehrfachen Eigenwerten möglich (§ 15).] Es ist also $h(-j\omega) = h^*(+j\omega)$, worin der Stern den konjugierten Wert bedeutet. Liegt der Pfeifpunkt auf der reellen Achse (oder kann man ihn durch einen solchen ersetzen: § 29), so genügt es, den Zweig der Ortskurve für positive Frequenzen zu betrachten, der in der Regel offen ist. Wenn die Spitze des Prüfzeigers diesen Zweig durchwandert hat, so hat man gerade die halbe Drehzahl bestimmt (§ 70). In Bild 8,2 wird längs des positiven Zweiges eine negative Umdrehung um den Punkt A beschrieben; die Drehzahl ist also -2.

Der Drehpunkt beim Durchgang durch den Pfeifpunkt.

§ 31. Die folgenden Betrachtungen gelten für den gewöhnlichen Fall (Ausnahmen § 33). Wenn die Ortskurve für eine Kreisfrequenz ω_1 genau durch den Pfeifpunkt geht (Bild 31,1a), so bedeutet das physikalisch, daß ω_1 ein Eigenwert ist. Das System befindet sich dann genau an der *Grenze* der Selbsterregung, und der Eigenvorgang ist ein *Wechsel*vorgang (eingeschwungen, mit konstanter Amplitude). Diesen Fall betrachten wir als etwas Besonderes: das System ist weder stabil noch unstabil. Das kann aber nur theoretisch, z. B. bei rechnerischen Untersuchungen, eintreten. Denn es handelt sich um eine Bedingung, die mathematisch genau erfüllt sein muß. Das untersuchte System wird sich aber unter äußeren Einflüssen (Temperaturänderungen, Schwankungen der Speisespannungen usw.) dauernd ein klein wenig ändern (*sich selbst ,,umbemessen``*). Gemessene Kurven werden nicht so genau bekannt sein, daß man sagen kann, ob die Kurve wirklich durch den Pfeifpunkt geht. Dieser Sachlage wird man am einfachsten gerecht, wenn man die Kurve K durch zwei Kurven K_l und K_r in Bild 31,1b ersetzt, die zu beiden Seiten des Pfeifpunktes A vorbeigehen. Für jede Kurve ergibt sich eine Drehzahl, die zu deuten ist. Das System wird sich zeitweise entsprechend der einen, zeitweise entsprechend der anderen Drehzahl verhalten.

Bei theoretischen Untersuchungen kann man auch so vorgehen, daß man sich denkt, die Kurve bestehe aus einem linken Ufer L und einem rechten Ufer R, und der Pfeifpunkt liege dazwischen (im Kanal zwischen den Ufern). Das ist in Bild 31,1c grob

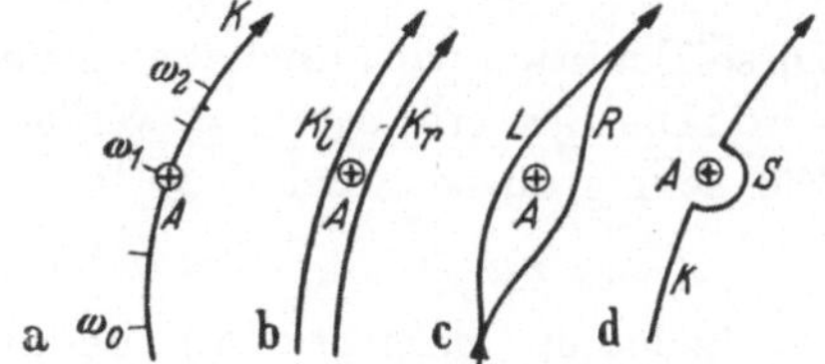

Bild 31,1. Winkelsprung beim Durchgang durch den Pfeifpunkt.

angedeutet: man muß sich L und R unendlich dicht nebeneinander denken. Nun wollen wir den Eigenwert ω_1 nicht zu den *Pfeif*werten rechnen. Das geschieht, wenn die *Kurve längs des rechten Ufers R* fortgesetzt wird. Statt dessen kann man den Pfeifpunkt auch durch einen kleinen Sprungbogen S in Bild 31,1d umgehen, der von der Ortskurve *nach rechts abbiegt* und (z. B. wie ein kleiner Kreisbogen) den Pfeifpunkt „zur Linken liegen läßt".

Der Drehsprung beim Durchgang durch den unendlich fernen Punkt.

§ 32. Hier betrachten wir zwei Fälle, die beide ganz gewöhnlich sind (Ausnahmen § 33).

Der erste Fall ist gewöhnlich für Prüffunktionen von der Art der Systemverhältnisse (§ 21). Wenn man mißt, so werden die Prüffunktionen fast immer von dieser Art sein. Gemessene Kurven können schwerlich durch ∞ gehen; es sei denn, daß man sie mittelbar gemessen hat, z. B. indem man den Kehrwert mißt. In dem ersten Fall hat die Ortskurve wie in Bild 26,2 eine zur imaginären Achse parallele Asymptote G (Bild 32,1). Hier können

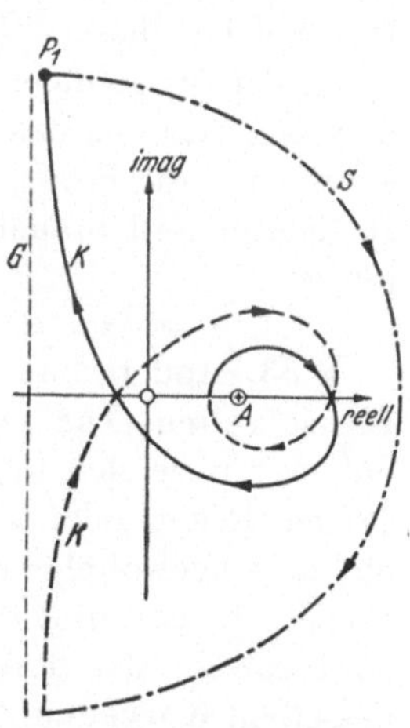

Bild 32,1. Winkelsprung beim Durchgang durch den unendlich fernen Punkt (insbesondere bei Systemverhältnissen).

wir uns ähnlich wie beim Durchgang durch den Pfeifpunkt (§ 31) einen (strichpunktierten) Sprungbogen S denken, der von der Ortskurve bei P_1 nach *rechts abbiegt* und den unendlich fernen Punkt *links liegen läßt*. Dann können wir die Drehzahl feststellen: in Bild 32,1 ist sie z. B. $D = -3$.

Der zweite Fall tritt stets ein, wenn die Prüffunktion ein Polynom von höherem als dem 1. Grade ist: also z. B. bei Hauptdeterminanten und Stammfunktionen. Polynome 1. Grades kann man hierzu oder zum ersten Fall rechnen. Der zweite Fall wird bei gemessenen Kurven kaum eintreten; man wird daher meist einen analytischen Ausdruck kennen:

$$h(j\omega) = a_0 + a_1 j\omega + a_2 (j\omega)^2 + \cdots + a_n (j\omega)^n. \tag{32,1}$$

Diese Funktion wird unendlich groß, wenn die Frequenz unendlich groß wird. Die Beiwerte $a_0 \ldots a_n$ werden in praktischen Aufgaben reell sein. Für sehr große ω wird dann

$$h(j\omega) \sim j^n \omega^n \tag{32,2}$$

($\sim$ bedeutet: proportional), und beim Durchgang durch ∞ beträgt der *Drehsprung*: $-n/2$ (§ 9).

Ist die Prüffunktion nicht in analytischer Form gegeben, sondern nur als Ortskurve, so ergibt sich n zunächst bis auf Vielfache von 2 aus der Richtung, in welcher die Kurve ins Unendliche geht, weil ja zu $\pm j^n$ der Winkel $[(n/2) \pm 2k]\pi$ gehört. Geht die Kurve z. B. längs der negativen reellen Halbachse ins Unendliche, so muß $n = 2; 4; 6;$ oder so weiter sein, je nachdem, ob a_n in (32,1) positiv oder negativ ist. Welcher dieser Werte richtig ist, erkennt man aus dem Frequenzgang, der für genügend große Werte von ω eintritt. Zeichnet man z. B. den Logarithmus des Betrages $|h|$ als Funktion von $\ln|\omega|$ auf, so erkennt man die Potenz n aus der Steigung der Asymptote dieser Kurve. In diesem Fall braucht man somit teilweise die Bezifferung der Ortskurve.

Ausnahmefälle.

§ 33. Andere Fälle als die in §§ 31 und 32 behandelten sind in der Praxis selten. Die Ortskurven werden gelegentlich Ausnahmepunkte haben, wo sie sich ungewöhnlich verhalten. Zum Beispiel können beim Träger Ecken oder Rückkehrpunkte auftreten, oder der Träger zeigt nichts Ungewöhnliches, aber die Frequenzbezifferung wird an einer Stelle sehr eng und dehnt sich dann rasch wieder aus; und manchmal wird sowohl der Träger als auch die Bezifferung in der Umgebung desselben Kurvenpunktes ein ungewohntes Bild zeigen. Aber sehr selten wird der Fall eintreten, daß solch ein Ausnahmepunkt der Kurve identisch ist mit dem Pfeifpunkt oder dem unendlich fernen Punkt. Tritt der Fall wirklich ein, so kann man den Winkelsprung dadurch bestimmen, daß man das erste frequenzabhängige Glied der Reihenentwicklung in dem betreffenden Punkt feststellt. (Weiteres im Teil II.)

Die Deutung der Drehzahl.

§ 34. *Wenn die Drehzahl negativ ist, ist das System unstabil. Diese Bedingung ist hinreichend,* aber nicht notwendig. Ist die Drehzahl Null oder positiv, so läßt sich aus der Drehzahl allein nichts Endgültiges sagen. Man kann dann das Kriterium II. Art heranziehen und damit unter Umständen eine Entscheidung herbeiführen. Will man das Kriterium I. Art weiter verfolgen, so kann man ausgehen von der „**Anzahlgleichung**":

$$\boxed{\begin{aligned} P - N &= D \\ N &= -D + P \end{aligned}} \qquad \text{oder} \qquad (34,1)$$

Hierin ist D die Drehzahl, N die gesuchte Anzahl der Pfeifwerte des Systems. Außerdem tritt leider noch die Anzahl P der Pfeifpole der ausgewählten Prüffunktion (§ 10) auf. Man muß also (wenn D positiv oder Null ist) P bestimmen oder auf irgendeine Weise aus der Anzahlgleichung entfernen (§ 62).

Bestimmung von P durch eine Folge umbemessener Systeme.

§ 35. Man versucht, das System in Stufen oder stetig so zu ändern — was oft nur in Gedanken gemacht wird —, daß die Anzahl der Pfeifpole ungeändert bleibt, aber $N = 0$ wird. $N = 0$ bedeutet, daß keine Pfeifwerte da sind, daß demnach das System mit Sicherheit stabil ist. Die Umbemessung (§ 19) kann etwa darin bestehen, daß man die Verstärkung oder das Maß der Rückkopplung verkleinert. Meistens [nicht immer! (§ 72)] kann man das auch erreichen durch Vergrößerung oder Verkleinerung eines Verlustwiderstandes. Die Vergrößerung wirkt *unter Umständen* ähnlich wie eine Punkttrennung, die Verkleinerung ähnlich wie eine Punktdeckung (vgl. § 36). Ob das System stabil wird, ist experimentell in der Regel leicht festzustellen; bei bloß qualitativen Überlegungen kann man Überraschungen erleben; man muß das durchrechnen oder genau durchdenken.

Die zweite Frage ist, ob die Pole bei der Änderung erhalten bleiben. Das trifft z. B. in folgenden Fällen zu:

1. *Sämtliche* Pole einer Funktion ändern sich nicht, wenn man eine frequenzunabhängige Größe addiert. Beispiele sind: Reihenschaltung eines Ohmschen Widerstandes zu einem Trennwiderstand [§ 22; vgl. Gl. (4,3)] und Parallelschaltung eines Ohmschen Leitwertes zu einem Netz- oder Punktpaarleitwert (§ 22).

2. Die *Pfeif*pole ändern sich nicht, wenn man eine Funktion *ohne* Pfeifpole addiert. Man kann daher statt der Ohmschen Widerstände unter 1 irgendwelche passiven Zweipole einschalten.

3. *Sämtliche* Pole einer Funktion bleiben unverändert, wenn man die Funktion mit einer frequenzunabhängigen Größe multipliziert. Zum Beispiel: Man ändert in einer Ringschaltung den Betrag der Verstärkung,

ohne ihren Winkel zu ändern. Die Eigenwertbedingung (4,6) geht dadurch in

$$nh = 1 \tag{35,1}$$

über. In der Zeichnung ändert man dann besser den Pfeifpunkt entsprechend der Bedingung

$$h = \frac{1}{n} \, . \tag{35,2}$$

Erfüllt ein umbemessenes System $\bar{S}$ die oben aufgestellten Bedingungen, so gilt dafür die Anzahlgleichung

$$-\bar{D} + P = 0, \tag{35,3}$$

worin $\bar{D}$ die Drehzahl von $\bar{S}$ ist. Hieraus und aus (34,1) folgt für das ursprüngliche System S:

$$\boxed{N = -\bar{D} + D} \, . \tag{35,4}$$

Damit ist das Anzahlproblem gelöst. Die Selbsterregungsbedingung muß besagen, daß N positiv ist; sie heißt somit:

$$\boxed{D - \bar{D} < 0} \, . \tag{35,5}$$

Systematische Lösung des Stabilitätsproblems durch eine Folge umgeformter Systeme.

§ 36. a) **Umformung durch Punkttrennung und Bestimmung der Trennwiderstände.** Man trennt nacheinander eine Masche nach der anderen auf, bis man zu einem System kommt, das stabil ist. Durch Trennung des Punktes P in Bild 18,1a u. b entsteht aus dem ursprünglichen System S das umgeformte System S', bei dem die beiden Punkte P_1 und P_2 ausgezeichnet sind. S' kann als 2-Pol mit den Polen P_1 und P_2 aufgefaßt werden. Der Scheinwiderstand dieses 2-Pols wird festgestellt. Er kann (nach § 22) als Trennwiderstand W des ursprünglichen Systems S oder als Kehrwert vom Netzleitwert K des umgeformten Systems S' aufgefaßt werden. Die Eigenwertgleichung ist dann $W = 0$, und der Prüfpunkt fällt in den Anfangspunkt 0. Auf gleiche Weise kann S' umgeformt werden, z. B. indem man gemäß Bild 18,1b u. c den Punkt Q in Q_1 und Q_2 trennt. Damit erhält man ein zweites umgeformtes System S'', das wieder eine Masche weniger enthält. Zwischen den Klemmen Q_1 und Q_2 stellt man den Scheinwiderstand W' fest. In dieser Art kann man eine Folge bilden, bei der die Maschenzahl sinkt. Zu dieser Folge von umgeformten Systemen gehört eine Folge von Trennwiderständen: $W, W', W'', \ldots$, deren Ortskurven und Drehzahlen $D \equiv D^{(0)}, D', D'', \ldots$ um den Anfangspunkt man feststellt.

Bei diesem Verfahren braucht man keine besonderen Voraussetzungen zu machen über die Art des untersuchten Systems. Es braucht also insbesondere keine Ringschaltung zu sein (§ 75).

Die Systemfolge kann man fortsetzen, bis sämtliche Maschen aufgelöst sind. Man gelangt zu einem System, das stromlos und sicher stabil ist. Wenn man die Folge günstig wählt, wird man jedoch bereits früher die Verstärkungen unwirksam machen können, so daß von einem gewissen System ab sämtliche folgenden stabil sind. Diese Teilfolge am Schluß braucht man daher nicht weiter zu untersuchen. Die zugehörigen Prüffunktionen werden weder Pfeifwerte noch Pfeifpole haben, und somit werden ihre Drehzahlen Null sein. Die Anzahl $N = N^{(0)}$ der Pfeifwerte des ursprünglichen Systems ist dann gegeben durch die Summe über die Drehzahlen der ersten Teilfolge mit entgegengesetztem Vorzeichen. Wenn zur ersten Teilfolge n umgeformte Systeme gehören, besteht für das ursprüngliche System die Anzahlgleichung

$$N = -(D^{(0)} + D' + D'' + \cdots + D^{(n)}) = -\sum_{k=0}^{n} D^{(k)} \, . \qquad (36,1)$$

Das ursprüngliche System S ist unstabil, wenn mindestens ein Pfeifwert vorhanden ist, also wenn N positiv ist. Daher ergibt sich die Selbsterregungsbedingung:

$$\sum_{k=0}^{n} D^{(k)} < 0 \, . \qquad (36,2)$$

b) Umformung durch Punktdeckung und Bestimmung der Netzleitwerte. Es lassen sich die entsprechenden dualen Überlegungen durchführen: Man mißt den Netzleitwert $K \equiv K^{(0)}$ zwischen 2 Punkten P und Q des ursprünglichen Systems S (Bild 18,2), legt die Punkte P und Q zusammen und erhält so das erste, durch Punktdeckung umgeformte System S'. Hier mißt man den Netzleitwert K' zwischen irgend 2 Punkten, die man dann wieder zusammenlegt. Das Verfahren endet spätestens, wenn alle Punkte zusammengelegt sind. Die Punktpaarspannungen sind dann verschwunden. Das Netzwerk geht im Lauf der Umformung mehr und mehr in eines über, das aus ,,Schlingen‘‘ besteht, die man als degenerierte Maschen ansehen kann, weil sie von einem Punkte zu diesem selbst zurückführen, ohne andere Punkte zu berühren. Die Formeln (36,1) und (36,2) lassen sich sinngemäß auch für diesen Fall benutzen.

Durch Folgen umgeformter Systeme läßt sich das Selbsterregungsproblem lösen und außerdem die Anzahl der Pfeifpole bestimmen, und zwar *für jedes System der Folge*, wenn man die Summe mit $k = 1; 2; \ldots$ beginnen läßt.

c) Das Kriterium II. Art.

Wesen des Kriteriums II. Art.

§ 37. Das Kriterium II. Art beruht darauf, daß man ein kritisches Stück der gegebenen Funktion oder Ortskurve durch Näherungen ersetzt und die kritische Wurzel der Gleichung: Näherungsfunktion = Pfeifpunkt bestimmt. Dazu eignen sich z. B. die Verfahren, welche die Differenzenrechnung entwickelt hat. Man spricht dort gewöhnlich von Interpolation. Hier handelt es sich eher um etwas Ähnliches wie eine Extrapolation. Man geht von Punkten auf der Ortskurve aus und will daraus etwas entnehmen über den Pfeifpunkt, von dem wir gerade voraussetzen, daß er im allgemeinen nicht auf der Kurve, sondern daneben, wenn auch in der Nähe der Kurve liegt. Die Näherungskurve (nicht die ursprüngliche Kurve) wird in die komplexe Ebene hinein „fortgesetzt". Das läßt sich numerisch oder zeichnerisch — z. B. durch Konstruktion und Zahlenrechnung kombiniert — rechnen.

Die Übertragung der Interpolationsverfahren von reellen Größen ins Komplexe geschieht am einfachsten so, daß man zwei einander entsprechende „Gitter", Bild 37,1 (vgl. Bild 11,2) bestimmt; eines der Gitter liegt in der Ebene der Prüffunktion, das andere in der Ebene der Spiralfrequenz. Jeder Eigenwert ν' in der Frequenzebene entspricht dem Pfeifpunkt A in der Prüfebene. Die ω-Achse entspricht der Orts-

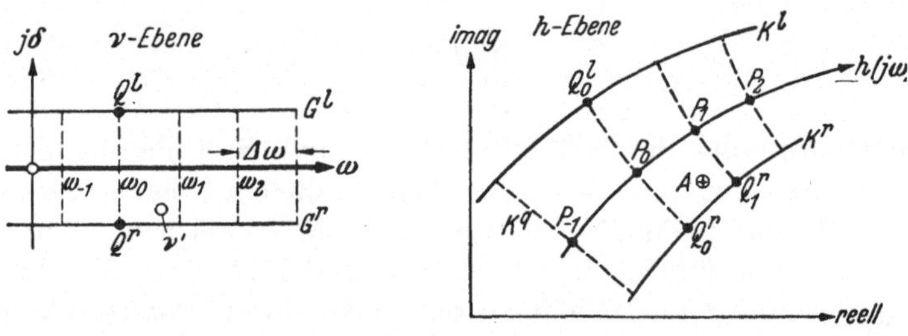

Bild 37,1. Gitternetze in der Ebene der Eigenwerte ν und der Prüffunktion h.

kurve $h(j\omega)$. Beide Gitter haben dieselben Eigenschaften wie „ebene" elektrostatische Felder. Man kann die ausgezogenen Kurven, welche die ω-Achse oder die Ortskurve „begleiten", als Äquipotentiallinien und die „Querlinien" als Feldlinien deuten oder umgekehrt und demnach 2 Begleitkurven (G^l und G^r oder K^l und K^r) als Schnittlinien von zylindrischen Leiterflächen ansehen, die senkrecht zur Zeichenebene stehen und zwischen denen sich das Feld erstreckt. Man kann daher die Verfahren anwenden, die zur Zeichnung von Feldbildern empfohlen werden (z. B. KÜPFMÜLLER [2]). Da die analytische Behandlung oft schwierig ist, wird dafür meistens das Zeichnen empfohlen. Man kann von freihändig entworfenen Gittern ausgehen. Es kommt darauf an, in der h-Ebene „verzerrte Quadrate" herzustellen, wobei die Verzerrung um so kleiner wird, je feiner man das Gitter unterteilt. Wenn wir von Näherungsfunktionen ausgehen, ist die *strenge* Fortsetzung dieser *Näherungs*funktionen um so einfacher möglich, je einfacher die Näherungsfunktion ist. Dennoch hat die gefühlsmäßige freihändige Zeichnung oder Verbesserung von Näherungskonstruktionen der besprochenen Art Vorteile vor den „genauen" Funktionen. Denn oft werden die Näherungsfunktionen gestückelt, oder sie passen nicht besonders gut zu den Besonderheiten der ursprünglichen Kurven.

Es sei hier eine *Warnung* eingefügt: das Gesagte gilt nur dann, wenn man wirklich die *Prüffunktion selbst* in der komplexen Ebene darstellt. Man darf für das Kriterium II. Art z. B. die Komponenten (Real- und Imaginärteil, Betrag und Dreher) der Funktion nicht verschieden behandeln (§ 51).

Einige einfache Verfahren zur näherungsweisen Fortsetzung.
Normierte Frequenzschritte.

§ 38. Besonders bequeme Formeln und Konstruktionen erhält man, wenn man auf der Ortskurve Punkte mit gleicher „Spanne", also hier gleichem Frequenzschritt $\Delta\omega$ hat. Sie werden als Gitterpunkte benutzt, die unmittelbar auf der Ortskurve liegen. Sind sie nicht vorhanden, sind also die Spannen zunächst ungleich, so wird man sie zunächst einschalten (Interpolation im engeren Sinn).

Diese Interpolation „*auf* der Ortskurve" kann man so machen, daß man sich reelle Bestimmungsstücke als Funktion der Frequenz herauszeichnet, also etwa den Realteil von h, oder den Betrag der Sehnenlänge, von einem bestimmten Kurvenpunkt aus gemessen, und auf gewöhnliche Art mit Hilfe einer gezeichneten Kurve interpoliert (Bild 81,2). Das Ganze läßt sich natürlich auch numerisch machen (§ 40, Kap. G).

Hat man Punkte mit gleichem Frequenzschritt, so führt man für die numerische Behandlung (für zeichnerische Rechnungen und Konstruktionen ist es kaum nötig) eine normierte Frequenz $x = (\omega - \omega_0)/\Delta\omega$ ein, worin die Bezugsfrequenz ω_0 zweckmäßig möglichst dicht beim Pfeifpunkt gewählt wird. Für die Eigenwerte brauchen wir eine entsprechende bezogene oder normierte *komplexe* Spiralfrequenz

$$z = x + jy = \frac{\omega - \omega_0}{\Delta\omega} + j\frac{\delta}{\Delta\omega} . \tag{38,1}$$

Die Gitterpunkte entsprechen dann ganzzahligen Werten: $x = 0; \pm 1;$ $\pm 2; \ldots$ und die Spannen der normierten Frequenz sind gleich 1.

Differenzenrechnung.

§ 39. Die Differenzenrechnung gibt für die Annäherung sowohl durch Polynome (Schulz [*L*], Nörlund [*L*], Hütte [*L*]) als auch durch

Kettenbrüche oder gebrochene rationale Funktionen (NÖRLUND [L]) eine ganze Reihe von Formeln, von denen jede für einen bestimmten Zweck günstig ist. Die folgende Tafel ist nur als Beispiel anzusehen. Sie führt auf Polynome. Ein ausgeführtes Beispiel für die lineare *gebrochene* Näherung enthält STRECKER [2]. Dieses Thema wird fortgeführt in Kap. G.

Tafel 39,1. Differenzenschema.

Punkt in Bild 37,1	Reelle unabh. Veränderl.	Funktion	Erste Differenz	Zweite Differenz	Dritte Differenz	Vierte Differenz
P_{-2}	-2	h_{-2}				
			$\varDelta_{-2}$			
P_{-1}	-1	h_{-1}		$\varDelta^2_{-2}$		
			$\varDelta_{-1}=h_0-h_{-1}$		$\varDelta^3_{-2}=\varDelta^2_{-1}-\varDelta^2_{-2}$	
P_0	0	h_0	$\boxed{M_1}$	$\varDelta^2_{-1}=\varDelta_0-\varDelta_{-1}$	$\boxed{M_3}$	$\varDelta^4_{-2}=\varDelta^3_{-1}-\varDelta^3_{-2}$
			$\varDelta_0=h_1-h_0$		$\varDelta^3_{-1}=\varDelta^2_0-\varDelta^2_{-1}$	
P_1	$+1$	h_1		$\varDelta^2_0$		
			$\varDelta_1$			
P_2	$+2$	h_2		$\boxed{\text{Hier } h_k \equiv h\,(z_k)}$		

Die Differenzen werden in Tafel 39,1 so gebildet, daß der obenstehende Wert von dem darunterstehenden abgezogen wird, wie in den mittleren Zeilen angegeben ist. Die in der mittelsten Zeile eingerahmten Größen M_1 und M_3 sind die arithmetischen Mittelwerte aus der unmittelbar darüber und darunter stehenden Differenz. Für die als Beispiel dienende Formel

$$h(\pm j) = h_0 \pm jM_1 - \frac{D_2}{2} \mp j\,\frac{M_3}{3} + \frac{D_4}{4} + \cdots \tag{39,1}$$

braucht man die Größen in der mittleren Zeile von Tafel 39,1. Hierbei ist D_2 statt $\varDelta^2_{-1}$ und D_2 statt $\varDelta^4_{-2}$ geschrieben worden. Sie liefert die beiden Gitterpunkte Q^l_0 und Q^r_0 (für $+j$ und $-j$), in denen sich die Querlinie durch P_0 und die Begleitkurven K^l und K^r schneiden. Man versucht natürlich mit möglichst wenigen Gliedern der Reihe (39,1) auszukommen. Um weitere Gitterpunkte zu berechnen, verschiebt man die Bezugsfrequenz ω_0. Dabei kann man jeweils einen Teil des alten Differenzenschemas weiter benutzen. Hat man einige Gitterpunkte berechnet — bei Bild 37,1 genügen etwa Q^r_0 und Q^r_1 —, so sucht man das verzerrte Quadratnetz oder das einzelne Quadrat zu zeichnen, in dem der Pfeifpunkt A liegt, und vergleicht es mit dem entsprechenden Teil der Frequenzebene. Dort zeichnet man den Punkt v' ein, der in seinem Quadrat ähnlich liegt wie A in dem seinigen. v' ist ein Näherungswert für den gesuchten Eigenwert. Bei unserem Beispiel (Bild 37,1) ist ungefähr

$$v' = \omega_0 + 0{,}6\,\varDelta\omega - j\,0{,}7\,\varDelta\omega. \tag{39,2}$$

Das Abklingmaß $\delta = -0{,}7\,\Delta\omega$ ist negativ, also das zugehörige System unstabil.

Man kann das auch unmittelbar in der h-Ebene ablesen oder unter Umständen den „Umweg" über die Zeichnung des Gitternetzes vermeiden und die Lösung der *Näherungs*gleichung nach bekannten algebraischen Verfahren berechnen (s. aber § 87). Dazu kann man die allgemeinere Formel für komplexes Argument

$$h(z) = h_0 + \frac{z}{1!}\,M_1 + \frac{z^2}{2!}\,D_2 + \frac{z\,(z^2-1)}{3!}\,M_3 + \frac{z^2\,(z^2-1)}{4!}\,D + \cdots \qquad (39,3)$$

benutzen, aus der (39,1) folgt, wenn man $z = j$ oder $-j$ setzt. Der Eigenwert ergibt sich angenähert, wenn man (39,3) abbricht und nach z auflöst. Gegebenenfalls kann man die Potenzreihe nach z bilden und „umkehren" (EMDE [L], HÜTTE [L]).

Zeichnerische Konstruktionen.

§ 40. Man kann die Größen M_1, D_2, M_3, D_4 auch der Zeichnung entnehmen und dann weiter numerisch rechnen oder die Punkte Q_0^l und Q_0^r durch Zusammensetzen von Zeigern konstruieren. Selbstverständlich lassen sich auch beliebige andere Punkte bestimmen, wenn man von (39,3) statt (39,1) ausgeht und dort willkürliche komplexe z einsetzt. Für die Beiwerte bestehen folgende Beziehungen:

$$M_1 = \frac{h_1 - h_{-1}}{2}, \qquad (40,1)$$

$$\frac{D_2}{2} = \frac{h_1 + h_{-1}}{2} - h_0, \qquad (40,2)$$

$$\frac{2\,M_3}{3} = \frac{h_2 + 2\,h_{-1}}{3} - \frac{2\,h_1 + h_{-2}}{3}, \qquad (40,3)$$

$$\frac{D_4}{8} = \frac{1}{4}\left(\frac{h_2 + h_{-2}}{2} + 3\,h_0\right) - \frac{h_1 + h_{-1}}{2}. \qquad (40,4)$$

Diese Gleichungen sind so geschrieben, daß man daraus leicht Konstruktionen in der Zeichnung angeben kann [auf Grundlage der „Punktrechnung" durch Schwerpunktkonstruktionen (§ 83)]. Die Konstruktionen werden an einem Beispiel gezeigt, bei dem auch die Beiwerte (40,3) und (40,4) hinreichend groß sind; aber die Aussicht, übersichtliche Gitter in der h-Ebene zu erhalten, ist nur dann gegeben, wenn die Glieder der 3. und der folgenden Potenzen nur relativ kleine Korrekturen ergeben. Sind die Glieder höheren Grades noch sehr groß, so haben die Gitterkurven komplizierten Verlauf. Man kann dann den Frequenzschritt verkleinern, z. B. halbieren. Das hat natürlich nur dann Zweck, wenn das Gitter dennoch genügende „Breite" hat, um etwa bis zum Pfeifpunkt zu reichen (§§ 87, 95).

Um die Zeiger, welche den beiden ersten Beiwerten entsprechen, zu finden, braucht man nur drei Punkte. Bild 40,1a zeigt die Konstruktion. B_1 ist der Mittelpunkt von P_{-1} und P_1. Zur Konstruktion des dritten Beiwerts teilt man die Strecken $P_{-1}P_2$ und $P_{-2}P_1$ je in 3 Teile und erhält die in Bild 40,1b eingezeichneten Punkte B_2 und B_3. Der Zeiger von B_2 nach B_3 ist $2M_3/3$. Für den vierten Beiwert zeichnet man zum schon vorhandenen Mittelpunkt B_1 noch den Mittelpunkt B_4 von P_{-2} und P_2; dann teilt man $^1/_4$ von der Strecke P_4B_0 ab und erhält dadurch den Punkt B_5. Der Zeiger B_1B_5 ist $D_4/8$. Diese Schwerpunktkonstruktionen haben den Vorteil, daß man keine Hilfslinien zu ziehen braucht; man kann z. B. das Meßlineal anlegen, die gemessene Streckenlänge teilen und sofort den Teilpunkt markieren.

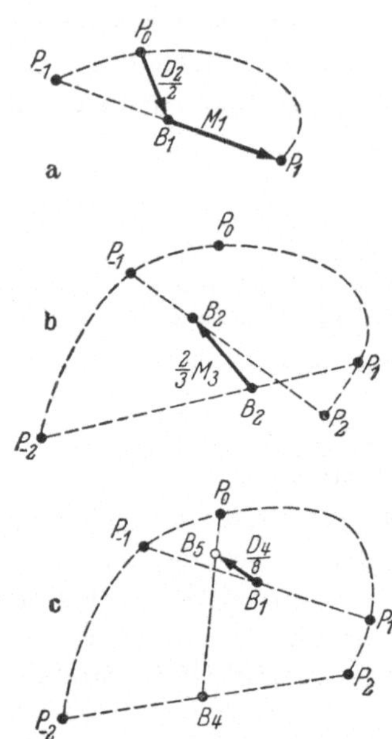

Bild 40,1. Konstruktion der Beiwerte M_1, D_2, M_3, D_4.

Nach Bestimmung der Beiwerte kann man die einzelnen Glieder von (39,1) oder allgemeiner von (39,3) als Zeiger bilden und addieren. Für reelle Werte von $z = x$ kann man z. B. *auf der Kurve* selbst interpolieren. Um den *Frequenzschritt zu halbieren*, setzt man $z = x = \pm 0,5$; $\pm 1,5 \ldots$ ein. Gitterpunkte in der Nähe ergaben sich für $z = \pm 1 \pm j$; $2 \pm j$ usw. Dabei führt man zweckmäßig die Zeiger ein, die man der Zeichnung unmittelbar entnimmt. Zur Bestimmung von Q_0^l und Q_0^r schreibt man (39,1) also in der Form:

$$h(\pm j) = h_0 \pm jM_1 - \frac{D_2}{2} \mp j \cdot \frac{1}{2}\left(\frac{2M_3}{3}\right) +$$

$$+ \frac{2}{3}\left(\frac{D_4}{8}\right) + \cdots . \quad (40,5)$$

Bild 40,2 zeigt eine besonders einfache Konstruktion der Näherung 2. Ordnung, die als Näherungskurven für die ursprüngliche und die Querkurve Parabeln ergibt. Man verlängert B_1P_0 über P_0 um die eigene

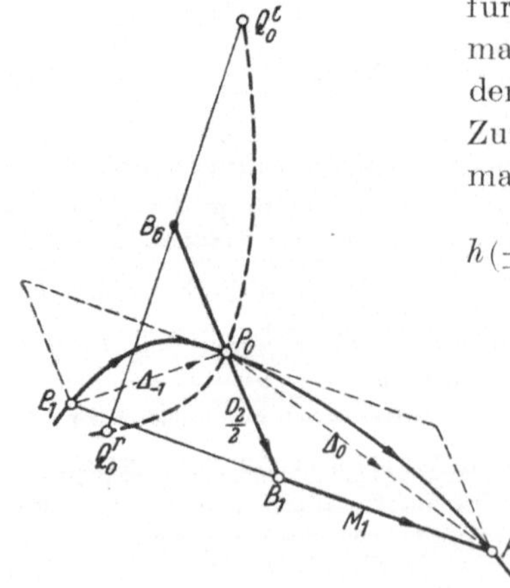

Bild 40,2. Konstruktion von Gitterpunkten in zweiter Näherung (Parabelnäherung).

Länge bis B_6 und trägt von dort aus die Länge der Strecke B_1P_1 senkrecht zu B_1P_1 ab. Das gibt die zweiten Näherungswerte für Q_0^l und Q_0^r (§ 83).

Allgemeinere Verfahren.

§ 41. Man ersieht aus dem Gesagten leicht, wie man zu höheren Potenzen weitergehen kann. Das Verfahren hat den Vorteil, daß die bereits berechneten Glieder sich durch Hinzunahme weiterer Punkte nicht mehr ändern. Für die vorliegende Aufgabe bringt das vielleicht weniger Nutzen; es kann aber für andere Probleme von Bedeutung sein. Die wirkliche Prüffunktion entspricht in der Regel nur dann einem Polynom, wenn sie eine Stammfunktion ist; sonst wird man meistens Prüfkurven haben, die gebrochenen rationalen Funktionen entsprechen. Das gilt besonders für gemessene Prüfkurven. Man kann nun auch gebrochene Funktionen als Näherungen verwenden (Abschn. 22). Sie passen sich häufig den ursprünglichen Ortskurven besser an. Die numerischen Rechnungen und Konstruktionen sind komplizierter, aber die gebrochenen Funktionen liefern einfachere Gleichungen für ihre Nullstellen. Das ist wichtig, wenn der Pfeifpunkt Null ist, was sich ja immer erreichen läßt; man braucht die Funktionswerte nur vom Pfeifpunkt aus zu messen.

Aus 3 Kurvenpunkten für gleiche normierte Frequenzschritte ergibt sich die folgende Formel für die Nullstelle solch einer „kreisförmigen" Näherung (STRECKER [2])

$$z' = \frac{h_{-1}h_0 - h_0 h_1}{h_{-1}h_0 - 2h_{-1}h_1 + h_0 h_1} = \frac{(1/h_1) + (1/h_{-1})}{(1/h_1) - (2/h_0) + (1/h_{-1})} \ . \tag{41,1}$$

Dies rechnet sich mit komplexen Zahlen etwas unbequem; aber wenn man bei den Polynomen ebenfalls bis zum 2. Grade geht, wird die Auflösung noch unübersichtlicher. Zähler und Nenner von (41,1) in der zweiten Form erhält man am bequemsten durch ein Differenzenschema für $1/h$. Weiteres bringt der Teil II.

13. Schema der Untersuchung.

Gemeinsamer erster Schritt: Eigenwertbedingung.

§ 42. 1. Aussuchen der Eigenwertbedingung und Festlegung der Prüffunktion und des Pfeifpunktes. Beachte, daß die Prüffunktionen untereinander nicht vollständig gleichwertig sind (unbeteiligte Teilsysteme § 17; Pfeifpole § 10).

2. Bestimmen (Berechnen, Messen) der Prüffunktion $h(j\omega)$ für Wechselvorgänge (eingeschwungene Vorgänge, ω reell).

3. Aufzeichnen der Prüffunktion als Ortskurve und des Pfeifpunktes in der komplexen Ebene.

Kriterium I. Art.

§ 43. 1. Zweiter Schritt: Feststellung der Drehzahl. Hierzu braucht man die „geschlossene" Kurve für alle positiven und negativen Frequenzen (§ 30). Ferner muß man wissen, in welchem Sinn die Kurve bei wachsender Frequenz durchlaufen wird und wie oft (§ 29).

a) Feststellung des Drehsprungs in gewöhnlichen Fällen. Bei *Systemverhältnissen* ist der Drehsprung (§§ 30 $\cdots$ 32) beim Durchgang durch den Pfeifpunkt $+1/2$ und beim Durchgang durch den unendlich fernen Punkt $-1/2$, wenn der Kurventräger einmal durchlaufen wird. Bei *Polynomen* (Hauptdeterminanten, Stammfunktion) gilt das gleiche im Pfeifpunkt; dagegen ist der Drehsprung beim Durchgang durch den unendlich fernen Punkt $-n/2$ (für jeden Umlauf längs des Trägers), wenn n der Grad des Polynoms ist (§ 32).

b) Feststellung des Drehsprungs in Ausnahmefällen. Man stellt das erste frequenzabhängige Glied in der Reihenentwicklung von h fest (mit Hilfe der bekannten Entwicklungsverfahren für analytisch gegebene Funktionen oder dadurch, daß man die Änderung von h als Funktion der Frequenzänderung aufträgt, am besten in einem doppelt logarithmischen Koordinatensystem). Dann benutzt man die Tafel 67,1.

§ 44. 2. Dritter Schritt: Deutung der Drehzahl. Es gilt die Anzahlgleichung:

$$N = P - D. \tag{44,1}$$

$N =$ Anzahl der Pfeifwerte der Prüffunktion und damit im allgemeinen auch des Systems. N ist Null oder eine positive ganze Zahl. $P =$ Anzahl der Pfeifpole der Prüffunktion. P ist Null oder eine positive ganze Zahl.

I. Fall: $\qquad D < 0$; hinreichend für Unstabilität. $\tag{44,2}$

II. Fall: $\qquad D \geqq 0$. $\tag{44,3}$

Man benutzt das Kriterium II. Art zur Klärung oder eines der folgenden Verfahren a) oder b). Das Verfahren a) führt meist rascher zum Ziel, aber man findet manchmal keinen zuverlässigen Weg dafür. Dann führt das Verfahren b) zum Ziel.

Verfahren a): Bilde — ausgehend vom ursprünglichen System S — eine stetige oder unstetige Folge umbemessener Systeme ohne Änderung von P (§ 35) bis zu einem sicherlich stabilen System $\bar{S}$ (mit der Drehzahl $\bar{D}$ und der Anzahl $\bar{N} = 0$ von Pfeifwerten). Man versuche z. B. die Parallelschaltung oder Reihenschaltung eines passiven 2-Pols, etwa eines Ohmschen Widerstandes, die Verkleinerung der Verstärkung oder der Rückkopplung od. dgl. Dann ergibt die Anzahlgleichung

$$N = \bar{D} - D \tag{44,4}$$

die Anzahl der Pfeifwerte von S; und

$$D - \overline{D} < 0 \qquad (44{,}5)$$

ist die notwendige und hinreichende Bedingung für die Unstabilität (Selbsterregungsfähigkeit) des ursprünglichen Systems S.

Verfahren b): Bilde eine Folge $S\,[\equiv S^{(0)}]$, S', S'', ..., $S^{(k)}$ von umgeformten Systemen (§ 36). Geschieht die Umformung durch Punkttrennung (Verminderung der Maschenzahl), so bestimmen die Ortskurven der zugehörigen Trennwiderstände und deren Drehzahlen $D\,[\equiv D^{(0)}]$ (für das ursprüngliche System), D', D'', ..., $D^{(k)}$, ... das Verhalten der ganzen Folge. Es genügt, bis zu einem System $S^{(n)}$ zu gehen, wenn dieses und alle folgenden Systeme sicherlich stabil sind. Beim dualen Verfahren der Punktzusammenlegung (Verminderung der Punktpaarzahl) bedeutet $D^{(k)}$ die Drehzahl des zugehörigen Netzleitwertes (Gesamtleitwertes). Der Pfeifpunkt ist in jedem Fall 0. Es gilt dann

$$N = - \sum_{k=0}^{n} D^{(k)} \qquad (44{,}6)$$

für die Anzahl der Pfeifwerte des ursprünglichen Systems S, und

$$\sum_{k=0}^{n} D^{(k)} < 0 \qquad (44{,}7)$$

ist die notwendige und hinreichende Bedingung für die Unstabilität des ursprünglichen Systems S. (Für andere Systeme der Folge s. § 36.)

Kriterium II. Art.

§ 45. 1. Zweiter Schritt: Feststellung langsam an- oder abklingender Eigenwerte. Man braucht ein Stück der Kurve in der Nähe des Pfeifpunktes A und die Frequenzbezifferung auf dem Kurvenstück. Man ersetzt die Prüffunktion h durch eine Näherungsfunktion h' und löst entweder die Näherungsgleichung $h' = A$ nach algebraischen Verfahren auf [z. B. Gl. (41,1)] oder man zeichnet ein „verzerrtes Quadratnetz" mit Gitterlinien und Gitterpunkten. Dann braucht man für die Bezifferung gleiche Frequenzschritte. Diese kann man sich durch Interpolation *auf* der Kurve verschaffen (§§ 38, 40). Von den gegebenen Gitterpunkten auf der Ortskurve geht man aus, um das Gitternetz zu bestimmen

a) durch freihändige Zeichnung (§§ 37, 54),
b) durch Differenzenrechnung (§§ 38, 39), $\Big\}$ (Kap. G)
c) durch zeichnerische Konstruktionen (§ 40).

Das verzerrte Gitternetz in der h-Ebene entspricht einem unverzerrten Quadratnetz in der Ebene der Spiralfrequenz. Man überträgt den Pfeifpunkt aus seinem „Quadrat" in der h-Ebene auf einen oder gegebenenfalls mehrere Punkte der Frequenzebene. Die entsprechenden Spiralfrequenzen sind die Eigenwerte.

2. Dritter Schritt: Untersuchung der Eigenwerte. Man stellt fest, ob sich unter den so gefundenen Eigenwerten Pfeifwerte befinden. (Pfeifwerte mit verhältnismäßig großen positiven oder negativen Abklingmaßen sind so nicht immer zu finden, weil dann der Pfeifpunkt A von den entsprechenden Teilen der h-Kurve „weit" abliegen kann.)

Zweiter Teil.

Weiterführung auf Grund praktischer Anwendungsbeispiele.

Kapitel D.

Wuchsverhältnisse und ihre Bestimmung.

14. Dauervorgänge von begrenzter Dauer.

a) Der Wirkanteil von Wuchswiderständen, dauernde und flüchtige Vorgänge.

§ 46. Während der Vorträge wurde die Frage aufgeworfen, wie es möglich sei, daß bei einem ausdrücklich als verlustlos bezeichneten System in der Ebene des Wuchsmaßes q und auch in der Ebene des Wuchswiderstandes w Wirkkomponenten auftreten (§ 26). Der Wuchswiderstand spielt ebenso wie andere Wuchsverhältnisse eine Rolle sowohl für die freien Vorgänge als auch für erzwungene Vorgänge, wenn die Ursache dem Zeitgesetz einer Wuchsschwingung folgt. Die Anzahl der Eigenwerte ist aber bei den meisten Systemen beschränkt. Allen Eigenwerten entspricht außerdem immer nur der kritische Punkt oder Pfeifpunkt (manchmal hat man auch mehrere Pfeifpunkte, wie die späteren Beispiele zeigen). Bei Eigenvorgängen haben also in den Ebenen des Wuchsmaßes und der Prüffunktion nur einzelne Punkte physikalische Bedeutung. Alle anderen Punkte der beiden ganzen Ebenen haben nur Bedeutung für erzwungene Vorgänge. Bei der eingangs erwähnten Bemerkung ist sicherlich ein Gedankengang maßgebend, der noch ganz aus der Theorie der Wechselströme stammt, nämlich die an sich sehr richtige Meinung, die Eigenschwingungen eines verlustfreien Systems müssen reine Wechselvorgänge sein und der Scheinwiderstand eines solchen Systems eine Reaktanz, ein Blindwiderstand. Es wäre aber falsch, diese Meinung auf den allgemeineren Fall zu übertragen, daß das System mit Hilfe von anklingenden oder abklingenden Vorgängen als Ursache erregt wird. Im einzelnen ist zu den beiden Realteilen folgendes zu bemerken:

Der Realteil σ in der q-Ebene hat allgemein bei verlustfreien Systemen nur Bedeutung bei *erzwungenen* Vorgängen, und zwar dann, wenn die *Ursache* aus einem vor unbestimmt langer Zeit oder zu einem bestimmten

Zeitpunkt ($t = 0$) plötzlich einsetzenden Wuchsvorgang besteht. Die Wirkung läßt sich dann immer durch zwei Teilvorgänge darstellen: den ersten wollen wir den erzwungenen Anteil nennen, der zweite besteht aus *freien* Vorgängen. Unter dem erzwungenen Anteil des Vorgangs verstehe ich denjenigen, der dasselbe Zeitgesetz befolgt wie die Ursache. Er ist also z. B. eine ebenfalls bei $t = 0$ plötzlich einsetzende Wuchsschwingung. Dazu kommen nun freie Vorgänge, deren Zeitgesetz durch die Eigenwerte bestimmt ist. Bei verlustfreien Schaltungen sind diese Eigenwerte natürlich rein imaginäre Wuchsmaße, d. h. reelle Frequenzen. Die Anfangsamplituden der freien Vorgänge ergeben sich daraus, daß bestimmte Anfangsbedingungen erfüllt werden müssen, z. B. daß der Strom an einer bestimmten Stelle keinen Sprung machen darf, sondern stetig mit dem Werte Null beginnen muß (KÜPFMÜLLER [2]). Die Größenordnung der Anfangsamplituden bei den freien Vorgängen wird etwa der Anfangsamplitude des plötzlich einsetzenden erzwungenen Anteils entsprechen. Sie können kleiner, sie können aber auch größer sein. Die Bezeichnung des ersten Anteils als erzwungener Anteil hat insofern eine gewisse Berechtigung, als ja freie Schwingungen solche sind, die fortbestehen, auch wenn die Ursache verschwunden ist. Insofern sieht es so aus, als ob sie gar keine Ursache hätten. In Wirklichkeit sind sie (vermöge der Anfangsbedingungen) natürlich mit dem sog. erzwungenen Anteil verknüpft und auf dieselbe Ursache zurückzuführen wie dieser Teil. Die Unterscheidung in einen erzwungenen und freien Anteil ergibt sich mathematisch von selbst. Sie ist sicher sehr zweckmäßig, und durch geeignete Filtereinrichtungen oder andere Apparaturen könnte man bestimmt auch nachweisen, daß ihnen im gewissen Sinn physikalische Realität zukommt. Das Verhältnis ist also ähnlich wie zwischen der FOURIER-Analyse durch mathematische Hilfsmittel und der Spektralanalyse durch physikalisch verwirklichbare Filter, wie sie z. B. durch ein Tonfrequenzspektrometer gemacht werden kann.

Man kann den Wuchswiderstand natürlich für jeden beliebigen Punkt der q-Ebene berechnen. Es sollten aber nicht willkürlich irgendwelche einzelnen Werte zusammenhanglos herausgegriffen werden. So wurde als willkürliches Beispiel in Bild 26,2 eine gerade Linie in der q-Ebene zugrunde gelegt, die durch Parallelverschiebung der entsprechenden Strecke von Bild 26,1 entsteht; und zwar dadurch, daß zu jeder Frequenz immer derselbe Realteil $\sigma = 0{,}5$ zugefügt wurde. Da σ proportional ist zu ϱ, bedeutet das, daß das Anklingmaß für alle betrachteten Ursachen dasselbe ist.

§ 47. Wir können uns den physikalischen Sinn dieser Annahme noch auf andere Weise klarmachen, und zwar an Hand von Bild 47,1 und der dort veranschaulichten Gleichung

$$e^{(\varrho + j\omega)t} = e^{\varrho t} \cdot e^{j\omega t}. \qquad (47{,}1)$$

Der erste reelle Faktor rechts ist das zeitliche Gesetz, mit dem sich die Augenblicksamplitude ändert. Der zweite Faktor ist ein Wechselvorgang, den man als einen Träger betrachten kann, dessen Amplitude gemodelt wird, so wie es der erste Faktor besagt. Ich bezeichne diesen modelnden Faktor als den „Saum" des Gesamtvorgangs. (Er wird meistens als Umhüllende oder Einhüllende bezeichnet, aber dieses Wort hat mathematisch eine ganz andere Bedeutung.) Das Bild 47,1 zeigt die beiden Faktoren für sich, nämlich den zeitlichen Verlauf des Saums S und der Trägerschwingung T. Beim Gesamtvorgang V spielt sich die Schwingung zwischen dem Saum und seinem Spiegelbild an der Zeitachse ab. Die Scheitelwerte fallen dann übrigens nicht mit den Maxima des Trägers zeitlich zusammen, also mit den Berührungspunkten zwischen der Gesamtkurve und der Saumkurve, sondern sind dagegen verschoben. Dies zeigt das gestrichelte und strichpunktierte Kreuz rechts oben an der Kurve.

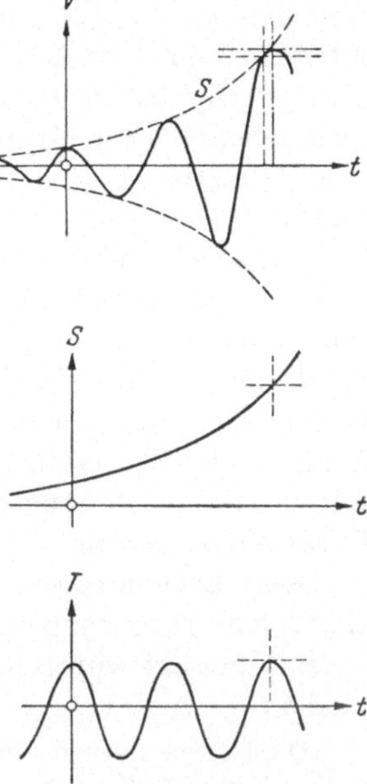

Bild 47,1. Wuchsvorgang als amplitudengemodelter Vorgang V. S Saum; T Träger.

Bei Wechselstrommessungen kann man den erzwungenen Vorgang einen *Dauervorgang* nennen, während der freie Vorgang meistens als *flüchtiger* Anteil bezeichnet wird. Schon in diesem Fall ist die zweite Benennung nicht immer richtig, nicht einmal bei passiven Systemen, wenn man den Grenzfall der verlustfreien Systeme betrachtet. Bei aktiven Systemen können aber die freien Schwingungen auch anklingen, und dann ist die Unterscheidung nicht mehr in der beabsichtigten Weise möglich. Umgekehrt kann man sagen, daß auch bei Wuchsvorgängen unter Umständen der erzwungene Anteil als Dauervorgang bezeichnet werden kann, und zwar dann, wenn der Realteil seines Wuchsmaßes größer ist als die Realteile der freien Schwingungen. Wenn man stabile Systeme hat, also abklingende Eigenvorgänge, ist das also immer der Fall, sofern bei der Ursache ϱ *größer oder gleich Null* ist. Die Unterscheidung wird aber unmöglich, wenn die Ursache und die Eigenvorgänge ungefähr gleiche Ankling- (oder Abkling-) Konstanten haben. Außerdem kann man bei An- und Abklingvorgängen nur von einer *beschränkten Dauer* sprechen. Der *Beginn* dieser Zeit ist ja immer mehr oder weniger unbestimmt, denn der Dauervorgang kann sich erst abheben, wenn die freien Vorgänge genügend weit abgeklungen sind. Im

Gegensatz zu Wechselvorgängen muß man aber bei an- oder abklingenden Vorgängen auch das Ende dieser „Dauer" begrenzen (abklingende Vorgänge verschwinden allmählich in den Störungen) (§§ 48, 96).

Wir wenden uns jetzt dem Realteil zu, der in der w-Ebene von Bild 26,2 aufgetreten ist. Wenn das unerwartet ist, so zeigt das die schon erwähnte Befangenheit im Wechselstromdenken, wonach in verlustfreien Gebilden nur Blindleistungen, aber keine Wirkleistungen vorhanden sind: die Energie wandert von einem Speicher in einen anderen, entweder von einer Induktivität in eine Kapazität oder auch in einem gewissen Zyklus in einer Reihe von Kapazitäten usw. Auf die Dauer wird jedenfalls im Mittel weder Wirkleistung aufgenommen noch abgegeben. Das ist aber natürlich anders, wenn die Schwingungen allmählich anwachsen oder abklingen. Die Energie in einem bestimmten Energiespeicher wird ja beim Anklingen von einer Periode zur nächsten immer größer, und diese wirkliche Energie muß vom System aufgenommen werden. Dies drückt sich darin aus, daß beim *Wuchswiderstand* (auch eines *verlustfreien* Systems) ein *positiver Wirkanteil* auftritt. Wenn die Schwingungen abnehmen, gibt das System im zeitlichen Mittel Energie ab. Ein verlustfreies System verhält sich unter diesen Umständen wie ein Erzeuger und wird dementsprechend auch eine *negative Wirkkomponente* im Wuchswiderstand haben.

Diese Erkenntnisse sind nicht ganz neu; denn sie lassen sich durch „komplexe Frequenztransformationen" begründen, wie in einem älteren Aufsatz gezeigt wurde (Strecker [8]). Ich gebe daraus folgende Sätze wieder:

„Die Kurven für konstantes ϱ haben nicht nur den Sinn, daß sie die Impedanz für eine komplexe Frequenz geben, sondern auch den Sinn, daß sie die Kurven darstellen, die man erhält, wenn man für alle reinen Reaktanzen Elemente setzt, die einen Dämpfungswiderstand haben. Bei Spulen liegt der Dämpfungswiderstand in Reihe und bei Kondensatoren parallel, weil dafür das widerstandsreziproke Schema anzuwenden ist. Der Wert von $\varrho = w_l/L_l$ (oder bei Kondensatoren g_k/C_k, wenn g_k der zu addierende Leitwert ist) ist konstant, und man kann die Blindwiderstandselemente mit ihren Dämpfungswiderständen zusammenfassen zu Schaltelementen mit Verlusten, die sämtlich gleiche Zeitkonstante haben. Die Kurven für konstantes ϱ sind die Kurven für das dem Ausgangsnetzwerk entsprechende Netzwerk, das statt reiner Blindwiderstände solche mit gleicher Zeitkonstante enthält. Für kleine Zeitkonstanten bekommt man Widerstandskurven, die aus der Scheinwiderstandskurve durch eine kleine Verschiebung aller Frequenzpunkte nach der rechten Seite der Kurve hervorgehen."

Diese Sätze beziehen sich auf Systeme, die außer reinen Reaktanzen auch Widerstände enthalten. Wendet man sie auf verlustfreie Schaltungen an, so ergibt sich, daß diese sich für positive ϱ oder σ, d. h. für anklingende Wuchsvorgänge, so verhalten wie verlustbehaftete für Wechselvorgänge. Dem verlustfreien Netzwerk bei abklingenden Vorgängen (ϱ negativ) entspricht dagegen ein „entdämpftes" Netzwerk (mit negativen Zusätzen w_l und g_k) bei Wechselvorgängen, daß man aber kaum untersuchen kann, weil es selbsterregungsfähig sein wird. Hat man dagegen den allgemeinen Fall, daß das ursprüngliche Netzwerk ohmsche Widerstände enthält, so kann das Vergleichsnetzwerk stabil sein.

Die angeführte Stelle hat auch Bedeutung für das Problem der folgenden §§ 48 · · · 54, ob und wie man „Wuchsverhältnisse" messen kann; denn man kann die Messung von Wuchsverhältnissen mit Hilfe der erwähnten Zuschaltungen auf Wechselstrommessungen zurückführen, wenn man alle Induktivitäten und Kapazitäten des Systems so „erfassen" kann, daß man die erforderlichen Dämpfungs- oder Entdämpfungswiderstände anschalten kann. In diesem Sinn sind Röhrenkapazitäten, manche Erdkapazitäten und ähnliche erfaßbar; man kann z. B. Widerstände zwischen die Elektrodenklemmen der Röhren schalten. Auch manche Übertrager werden sich so behandeln lassen. Die Widerstände des ursprünglichen Systems bleiben ungeändert; sie werden sich teilweise mit den hinzuzufügenden vereinigen lassen. Wenn sich die Änderungen durchführen lassen, wenn also die Reaktanzelemente der ursprünglichen Schaltung alle durch „verlustbehaftete" gleicher Zeitkonstante $1/\varrho$ ersetzt sind, so kann man das geänderte System mit einer Kreisfrequenz ω messen und erhält als Ergebnis gleichzeitig die betreffende Eigenschaft des ursprünglichen Systems für das komplexe Wuchsmaß $p = \varrho + j\omega$. Auch bei diesem Meßverfahren hat man weniger große praktische Schwierigkeiten bei anklingenden Wuchsvorgängen als bei abklingenden, bei denen man eine große Anzahl „negativer Widerstände" haben müßte und häufig Stabilitätsschwierigkeiten zu erwarten hat.

b) Unmittelbare Messung, Wuchsmaßfilter.

§ 48. Die obenstehenden Erläuterungen haben allgemeine Bedeutung, insbesondere aber für das Problem, ob man mit Wuchsvorgängen unmittelbar messen kann. Meßverfahren und Meßeinrichtungen dieser Art sind bisher noch nicht entwickelt. Das Folgende kann also nur als eine gewisse Andeutung betrachtet werden, durch die man auch die Begriffe Wuchsvorgang, Wuchsverhältnis usw. physikalisch besser kennenlernt. Als Beispiel für die Messung eines Wuchsverhältnisses nehmen wir einen Wuchswiderstand. Das Bild 48,1 soll zeigen, was man grundsätzlich wissen oder feststellen muß, wenn man einen Widerstand bestimmen will: nichts wesentlich anderes als bei Wechselstrommessungen, nämlich das Verhältnis der Spannung zum Strom. Wir nehmen an, daß wir einen Trennwiderstand W in Bild 48,1a messen wollen, also an einem Punkte P, den wir in 2 Punkte P' und P'' getrennt haben. Die beiden einfachsten grundlegenden Möglichkeiten sind in b und c dargestellt. In Bild 48,1b ist eine bekannte Urspannung (mit genügend kleinem innerem Widerstand) zwischen P' und P'' geschaltet, und es wird der Strom I festgestellt. Vor das System S wird unter Umständen ein bekannter Widerstand W_s geschaltet, um die Meßschaltung zu stabilisieren oder ihre Eigenvorgänge rascher abklingen zu lassen (was so nicht immer gelingt, s. die Messung von W_1 in Bild 72,1, ferner § 78 und STRECKER [1, C 2]). In Bild 48,1c ist die duale Anord-

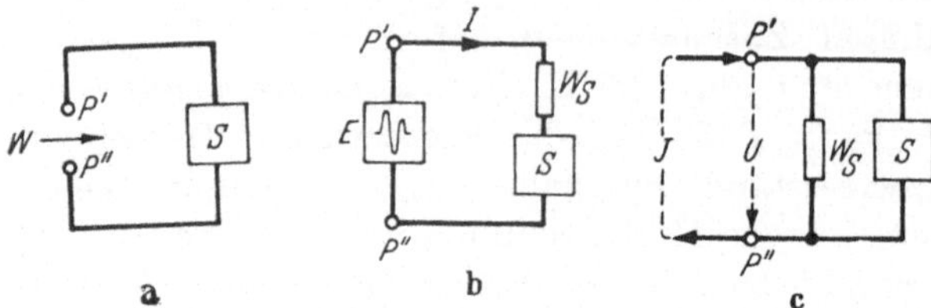

Bild 48,1. Messung eines Wuchswiderstands (grundsätzlich, aus Spannung und Strom).

nung dargestellt: Ein bekannter Urstrom J ist an die Punkte P' und P'' angelegt, und die Spannung zwischen diesen Punkten wird festgestellt. Man kann das als eine Leitwertmessung ansehen, und deswegen ist hier der „Stabilisierungswiderstand“ W_s parallel zum System S gelegt.

Wir nehmen nun an, daß wir die Ursache V_1 und die Wirkung V_2 oszillographiert haben (Bild 48,2). Hier ist angenommen, daß die Eigenschwingungen schon abgeklungen sind, so daß V_2 nur den erzwungenen Anteil der Wirkung darstellt. Dieser folgt demselben Zeitgesetz wie die Ursache, d. h. die Säume S_1 und S_2 befolgen das gleiche Gesetz $e^{\varrho t}$, und die Frequenzen der beiden Vorgänge sind gleich, was man durch Ausmessung der Nullstellen feststellen kann. Wie die in Bild 48,2

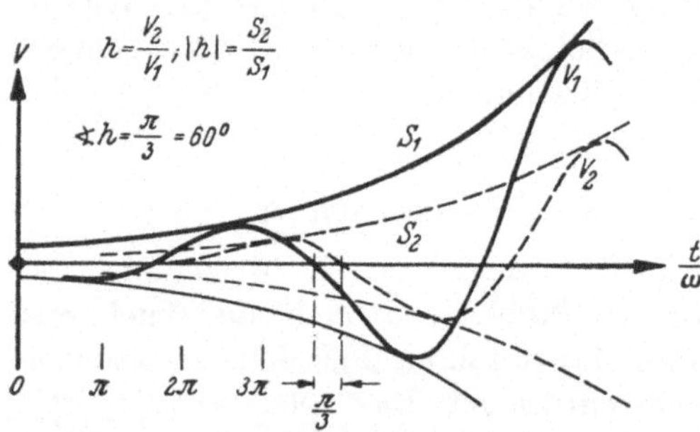

Bild 48,2. Feststellung eines Wuchsverhältnisses h. V_1 ursächlicher Vorgang; V_2 erzwungener bewirkter Anteil.

angegebenen Gleichungen zeigen, kann man den Betrag des Wuchswiderstandes aus dem Verhältnis der beiden Säume finden und die Phasenverschiebung aus dem in einen Winkel umgerechneten zeitlichen Abstand zweier Nullstellen. Das Verhältnis der Säume ist zu jedem Zeitpunkt dasselbe, vgl. hierzu auch das Bild 21,1 über die physikalische Bedeutung von Schein- und Wuchswiderständen. Die Bilder 48,1 und 48,2 sollten mehr eine Anschauung von der Meß*aufgabe* geben, als eine praktische Meßschaltung darstellen.

§ 49. Bild 49,1 zeigt den Entwurf einer Schaltung zur Messung von beliebigen Wuchsverhältnissen. Auch dies ist noch mehr ein prinzipielles Schema. Man wird versuchen, praktisch Meßschaltungen wesentlich einfacher aufzubauen (§ 50). Wir sehen zunächst links einen Schalter oder ein Schaltwerk *Sch*, das zweckmäßig selbsttätig arbeitet, und zwar gesteuert z. B. von dem Oszillographen oder in Abhängigkeit von der Amplitude des Generators. Als Generator G kann man für abklingende Schwingungen einen einfachen Schwingungskreis benutzen, an den eine Spannung plötzlich angelegt wird (einen Stoßkreis, wie er früher in der Funkentelegraphie benutzt wurde). Da wir aber auch bei anklingenden Schwingungen messen wollen, werden wir besser einen Generator nehmen, z. B. einen rückgekoppelten Röhrengenerator, den man ja auch so ein-

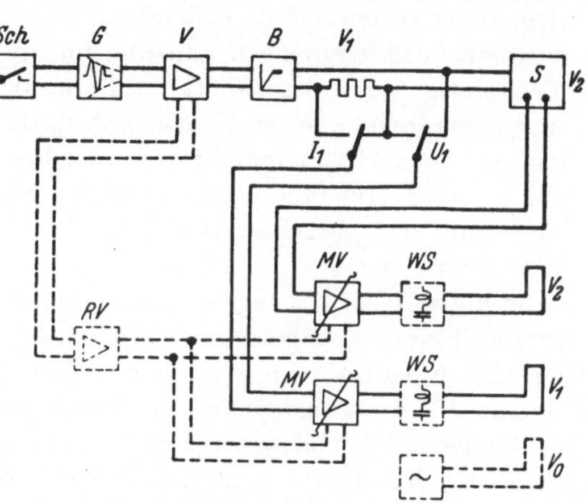

Bild 49,1. Messung von Wuchsverhältnissen.

stellen kann, daß er nach einem Anstoß in bestimmter Weise abklingt. Bei anklingenden Vorgängen wird man aber dafür sorgen, daß er nicht „hart" geschaltet wird, sondern mit sehr kleinen Amplituden (möglichst aus den Rauschstörungen heraus) zu schwingen beginnt. Man darf dann nicht etwa die Anodenspannung ein- und ausschalten, sondern z. B. eine induktiv angekoppelte Dämpfung, so daß der Schalter in einem stromlosen Kreis liegt (BARKHAUSEN; HÄSSLER [L], HÄSSLER [L]). Der Generator müßte so leistungsfähig sein, daß man ihn nur in seinem nahezu linearen Teil ausnutzt. Man beendet den Meßvorgang durch einen Begrenzer B oder dadurch, daß man bei einer hinreichend großen Amplitude den Generator selbsttätig abschalten läßt. (Von hier aus könnte auch das Schaltwerk *Sch* gesteuert werden.) Den Auslaufvorgang kann man u. U. als eine zweite Messung auswerten. An den Zuführungen zum System S, das gemessen werden soll, können wir die ursächliche Vorgangsgröße V_1 abgreifen, z. B. die Spannung U_1 oder an einem kleinen Meßwiderstand den Strom I_1. An einer anderen Stelle des Systems S nimmt man die bewirkte Vorgangsgröße V_2 ab. V_1 und V_2 werden zu Meßverstärkern MV geführt. Die Meßvorstärker ebenso wie die Ausgangsschaltung der gesamten Generatoreinrichtung sollen keinen wesentlichen Einfluß auf die zu messenden Größen im System S haben. Von den Meßverstärkern gehen wir zu den Anzeigeinstrumenten. Diese sind hier als Schleifen eines Oszillographen gedacht, von denen zwei für die zu messenden Größen V_1 und V_2 und eine dritte für eine Zeitmarke V_0 bestimmt sind. Der Verstärker V soll die Rückwirkung des angeschlossenen Meßaufbaues auf den Generator (z. B. Stoßkreis) verhindern, also nach Möglichkeit nur in einer Richtung übertragen.

Der links gestrichelt gezeichnete Teil mit dem Regelverstärker RV könnte eine willkommene Ergänzung bilden. Er soll nämlich die Meßgrößen stetig (oder angenähert: stufenweise) auf „konstanten Saum" steuern oder regeln. Eine Möglichkeit dazu ist dadurch gegeben, daß ja das An- oder Abklingmaß des ursächlichen Vorganges vom Generator bestimmt wird. Aus ihm müßte dann eine Steuergröße gebildet werden, die während der „beschränkten Dauer" des Dauervorganges für konstanten Saum sorgt.

Für die Wuchsmaße p_k, welche Eigenwerte (oder Pole) vom Wuchswiderstand eines Zweipols sind, wird dieser Wuchswiderstand exakt 0 (oder ∞). Schaltet man solch einen Zweipol „quer" (oder „längs") zu einem Übertragungssystem (Leitung), so kann man Vorgänge mit dem Wuchsmaß p_k vollständig unterdrücken. Solch eine exakte „*Wuchsmaßsperre*" *WS* kann man mit *passiven* Zweipolen herstellen, wenn die Vorgänge nicht zu langsam abklingen. Nach diesem Verfahren lassen sich natürlich *Wuchsmaßfilter* allgemeinerer Art, entsprechend „Frequenzfiltern", herstellen. Stimmt man die Wuchsmaßsperre auf die Eigenwerte des Systems S ab, so kann man die Eigenvorgänge, welche die Auswertung der Messungen stören, absaugen. Durch diese Zusatzteile, den Regelverstärker und die Wuchsmaßsperre wird es häufig möglich sein, Oszillogramme aufzunehmen, die genügend lange „beschränkte Dauer" haben, so daß man sie ausmessen kann. Die praktische Schwierigkeit der Wuchsmaßsperren wird hauptsächlich darin liegen, daß man sie auf ganz bestimmte Wuchsmaße abstimmen muß und daß man daher vorher diese Eigenwerte kennen muß. Die Feststellung aller Eigenwerte des Systems S bedeutet aber eine (oft umfangreiche) technische Untersuchung, durch die ein großer Teil unserer Aufgabe schon vorweggenommen wäre. Immerhin kann es sein, daß man die hauptsächlich störenden Eigenschwingungen, nämlich die am langsamsten abklingenden, auf genügend einfache Weise feststellen kann, so daß man die Wuchsmaßsperren nützlich verwenden kann. Eine oder einige wenige dieser Eigenschwingungen kann man z. B. durch *Analyse* eines Übergangsvorgangs finden (WILLERS [2], RUNGE-KÖNIG [L]).

Wenn wir also nunmehr voraussetzen, daß man aus dem bewirkten Vorgang den erzwungenen Anteil herausfinden kann, so hat man bei ihm die gleiche Frequenz und das gleiche An- oder Abklingmaß wie

70

beim ursächlichen Vorgang. Man kann dann die gleichzeitigen Augenblicksamplituden und (z. B. aus der Lage der Nulldurchgänge) auch die Phasenverschiebungen beider Vorgänge ausmessen (vgl. Bild 48,2) und erhält dadurch das Systemverhältnis nach Betrag und Winkel für das vom Generator gelieferte Wuchsmaß.

§ 50. Dieses Meßverfahren ist ziemlich allgemein, aber im Vergleich zu Wechselstrommessungen kompliziert. Mehr Ähnlichkeit mit Wechselstrommessungen neuerer Art hat eine Meßbrücke für Wuchswiderstände oder Wuchsleitwerte (Bild 50,1). Sie besteht wie üblich aus 2 Meßwiderständen R und Meßnormalen N sowie dem vierten Zweig, der das zu messende System S und gegebenenfalls noch Stabilisierungsmittel, z. B. den vorgeschalteten Widerstand W_s, enthält. Die

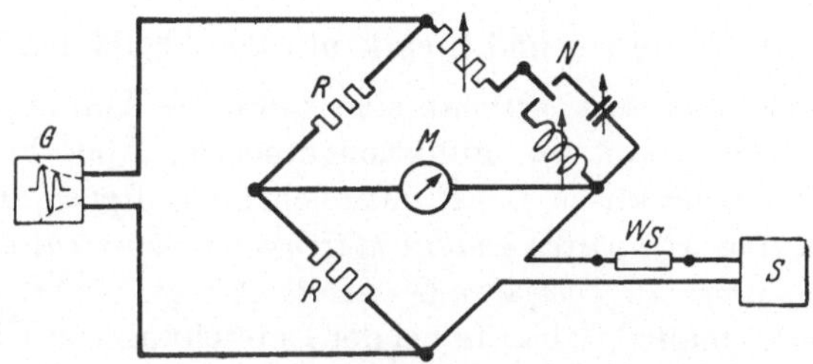

Bild 50,1. Wuchswiderstandsmessung mit Brücke.

Ausgestaltung des Generators G muß man sich ähnlich denken wie im vorigen Bilde. Hauptsächlich muß man sich fragen, was man als Nullinstrument M nehmen kann. Wieder hängt sehr viel davon ab, welche Eigenwerte das System S hat. Außerdem kommen zu diesen noch die Eigenwerte hinzu, die sich aus der Zusammenschaltung von S mit der ganzen Brückenanordnung ergeben. Die Stabilisierungsmittel (W_s) sollen dazu dienen, daß die Eigenvorgänge der ganzen Brückenschaltung merklich schneller abklingen als die erzwungenen Vorgänge, mit denen man messen will. Wenn man das Anzeigegerät vom Generator aus so steuert, daß es erst eingeschaltet wird, nachdem die Eigenschwingungen der Brückenanordnung hinreichend abgeklungen sind, genügt es, ein Nullinstrument zu verwenden, d. h. ein Instrument, mit dem man nur feststellt, ob der Meßzweig stromlos bleibt. Man wird auch hier gegebenenfalls „auf konstanten Saum" steuern. Als Nullinstrument kann man etwa einen Gleichrichter benutzen und den mittleren Strom anzeigen. Selbst wenn man einen Oszillographen verwendet, wird es in der Regel genügen, sich das Bild anzusehen, ohne es photographisch festzuhalten und später auszumessen.

15. Mittelbare Bestimmung.

Die unmittelbare Messung von Wuchsverhältnissen wird zunächst auf Schwierigkeiten stoßen, weil die Meßverfahren und -geräte nicht entwickelt sind. Auch soll die Ortskurventheorie möglichst auf Wechselstrommessungen oder den entsprechenden Berechnungen aufbauen. Aus diesem Grunde wird für die Praxis ein Verfahren mehr Bedeutung haben, bei dem man eine Eigenschaft zunächst in bekannter Weise für Wechselvorgänge feststellt und von da aus, also mittelbar, durch weitere Rechnung auf die Eigenschaften bei Wuchsvorgängen schließt. Man kann das auch als eine Auswertung der Messung, also eine mittelbare Messung, betrachten. Für dieses Verfahren brauchen wir (wie für das Kriterium II. Art) Abbildungen, die konform sind.

Auch das am Ende von § 47 erwähnte Verfahren kann man als eine mittelbare Bestimmung von Wuchsverhältnissen ansehen, weil man das Meßobjekt ändern muß, ehe man mit Wechselvorgängen mißt.

a) Konforme und nichtkonforme Abbildung.

§ 51. Man muß wissen, ob man eine konforme Abbildung hat. Eine klare Entscheidung gibt die Funktionentheorie. Aber hier begnügen wir uns mit der praktisch meist ausreichenden Regel, daß man die *Komponenten einer komplexen Zahl nicht trennen und verschieden behandeln* soll, sondern *immer die komplexe Größe als Ganzes.* Nichtkonforme Abbildungen findet man z. B. häufig bei der Darstellung von Übertragungsfaktoren oder Übertragungsmaßen. Ein Übertragungs*faktor* h wird gewöhnlich in der Form

$$h = e^{b+ja} = e^{g} \tag{51,1}$$

dargestellt, worin $g = b + ja$ das Übertragungsmaß ist. (Hier könnte man links $1/h$ schreiben; das entspräche besser der Bedeutung, die h als Übertragungsfaktor an den meisten Stellen dieses Buches hat. Aber es gibt keine Norm dafür, was man unter Übertragungsfaktor verstehen sollte. Vgl. § 4e, § 102.) g ist eine komplexe Größe und meistens eine Funktion der Frequenz oder allgemeiner des Wuchsmaßes p; $g = g(p)$. Diese Funktion bestimmt ebenfalls eine Abbildung der p-Ebene auf die g-Ebene, insbesondere ergibt die Abbildung der ω-Achse, $g = g(j\omega)$, die Ortskurve im engeren und üblichen Sinn. Beispiele für solche Ortskurven zeigen die Bilder 81,1; 108,2 usw. Nicht jeder wird ohne weiteres sagen können, wie man die Maßstäbe für b und a wählen muß, damit solche Abbildungen konform sind. Es liegt besonders nahe, diese Maßstäbe willkürlich zu wählen, wenn man den Winkel in Winkelgraden ausdrückt. Eine konforme Abbildung bekommt man, wenn man a in rad (= Bogenmaß) aufträgt, sofern b in Neper aufgezeichnet wird, wobei die Längeneinheiten für Neper und rad gleich sein müssen. Bild 108,2 zeigt z. B. konform das Übertragungsmaß von „Glättungsgliedern“, das in der Originalarbeit (MATTHIES; STRECKER [L]) nicht konform dargestellt war.

§ 52. Es gibt noch eine andere sehr beliebte Art, Übertragungsmaße darzustellen, wobei man eine Mischung von Übertragungsmaß und Übertragungsfaktor verwendet. Betrachten wir zunächst die Darstellung eines Übertragungsfaktors. Er gehört ja zu den beliebtesten Prüffunktionen bei der Stabilitätsuntersuchung. Nach § 5e hat z. B. die Eigenwertbedingung die Form $h = 1$. Denkt man sich h analytisch dargestellt oder numerisch gegeben in der Form $h = |h|\, e^{ja} = |h|\, \underline{/a}$, so kann man in der komplexen Ebene den Betrag $|h|$ beim Winkel $\sphericalangle\, h = a$ auftragen. Dann bekommt man die Darstellung (z. B. Bild 64,4) in Polarkoordinaten, also eine konforme Abbildung. Praktisch hat diese Darstellung oft einen großen Nachteil. Der Betrag $|h|$ kann sich, wenn man das ganze unendliche Frequenzband durchläuft, so stark ändern, daß der für die Stabilitätsuntersuchung interessante Teil in der Nähe des Pfeifpunkts 1 sehr klein wird, wenn man gleichzeitig den für die Verstärkungseigenschaften wichtigen Teil mit nahezu frequenzunabhängiger Verstärkung deutlich darstellen will. Deshalb wird oft die Dämpfung b oder die Verstärkung s eingeführt, nämlich $s = -b = -\ln |h|$, und es wird diese Verstärkung oder in der Regel die Größe $s - s_0 = \varphi(a)$ ($s_0 =$ willkürl. Konstante) als Funktion des Winkels a aufgetragen. Man nimmt also hier nur den Logarithmus vom Betrage der komplexen Größe h, aber nicht von ihrem Dreher e^{ja}. Dadurch wird z. B. die Abbildung gemäß Bild 81,2 nicht konform. Sie ist für viele Zwecke gut geeignet, z. B. für das Kriterium I. Art, nicht aber für die „mittelbare Messung", und ebenfalls nicht für das Stabilitätskriterium II. Art. Eine Darstellung, die *für alle Zwecke geeignet* ist, bekommen wir aber, wenn wir außer vom Betrag auch vom *Dreher* den Logarithmus nehmen, also wieder das Übertragungsmaß $g = s + ja$ oder $b + ja$ darstellen, wie das in Bild 81,1 geschehen ist.

Diese Darstellung ist in der Umgebung des Pfeifpunkts deutlich, kann auch den Verlauf im Bereich etwa konstanter Verstärkung klar zeigen und ist außerdem konform.

§ 53. Es soll zum Schluß noch eine wichtige Eigenschaft hervorgehoben werden, die natürlich aufs engste mit

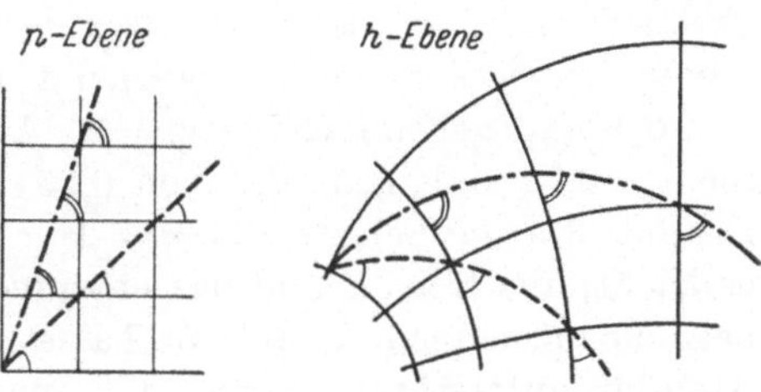

Bild 53,1. Erhaltung der Winkel bei der konformen Abbildung.

der Ähnlichkeit im kleinsten zusammenhängt: die *konforme* Abbildung ist „*winkelrecht*". Hat man also in einer Ebene, z. B. der p-Ebene in Bild 53,1, eine Anzahl von Kurven beliebiger Form, die sich unter bestimmten Winkeln schneiden, so verzerren sich diese Kurven zwar bei der Abbildung auf eine zweite Ebene (h-Ebene), aber die *Schnittwinkel bleiben erhalten*. Auch hierbei muß man allerdings von gewissen singulären, d. h. nicht regelrechten Punkten absehen. Diese schöne Eigenschaft wird man bei der praktischen Herstellung von Abbildungen hauptsächlich in der Art benutzen, daß man Stücke eines Quadratnetzes in der p-Ebene, meistens einen Teil des Streifens längs der ω-Achse auf die h-Ebene überträgt (§§ 6, 11). Das Bild 53,1 soll die Erhaltung der Winkel zeigen, wobei in die Quadratnetze zwei verschiedenartige Diagonalen eingezeichnet sind. Die mit einfachen Bogen bezeichneten Winkel sind also überall gleich, ebenso die mit doppeltem Bogen bezeichneten Winkel. Das ist eine Eigenschaft, die sich über die ganze Ebene hin erstreckt, während die Ähnlichkeit von Figuren nur erhalten bleibt, wenn diese genügend klein sind.

b) Bestimmung von Wuchsverhältnissen aus Wechselverhältnissen.

§ 54. Wir wollen die konforme Abbildung benutzen, um aus dem Bild 26,1 mittelbar das Bild 26,2 zu gewinnen. Das Bild 26,1 stellt den Wechselwiderstand, also die Reaktanz des verlustfreien Schwingungskreises dar, während das Bild 26,2 den Wuchswiderstand veranschaulicht, der sich ergibt, wenn wir das abgebildete Stück der Frequenzachse um $\sigma = 0{,}5$ nach rechts verschieben. In der Ebene des Wuchsmaßes q werden wir also eine Reihe von Quadraten längs der η-Achse erhalten, wenn wir auch auf dieser Achse den Frequenzschritt oder die „*Spanne*" $\Delta\eta = 0{,}5$ einführen. Wir setzen nun voraus, daß uns das Bild 26,1 gegeben sei, d. h. daß die Reaktanz durch Berechnung oder Messung festgestellt sei. Sie ist durch die Gleichung in Bild 54,1 für $q = j\eta$ gegeben, und wir wollen daraus das entsprechende (bezogene) Wuchsverhältnis für $q = 0{,}5 + j\eta$ gewinnen. Wir nehmen aber an, daß wir die Gleichung nicht kennen. Gegeben ist uns also nur die Frequenzskala auf der imaginären w-Achse in Bild 54,1 mit der Einteilung in w-Schritte entsprechend der Spanne 0,5, beginnend bei $\eta = 0{,}5$ und gehend bis zu $\eta = 3$. Außerdem haben wir noch Punkte für $\eta = 0{,}75$ und 0,25, also von $0{,}25 \cdots 1$ eine Bezifferung mit halber Spanne. Da die Schritte für $\eta = 1 \cdots 3$ ziemlich gleichmäßig sind, ist es leicht, aus freier Hand das entsprechende leicht verzerrte Quadratnetz einzuzeichnen. In Bild 54,1 a ist gezeigt, wie man das Augenmaß dadurch unterstützen kann, daß man über den Teilstrecken zuerst wirkliche Quadrate errichtet, deren Eckpunkte mit Kreisen hervorgehoben sind und deren äußere Kanten die rechtwinkligen Streckenzüge bilden, durch welche die Kurven K_1 und K_2 gelegt sind. Im vierten Quadranten krümmen sich die Kurven ziemlich stark, weil die w-Schritte nach unten rasch zunehmen, und daher ist es besser, K_2 als Zwischenkurve einzuschalten. Nun zieht man am besten wohl die Diagonalkurven mit heran, und zwar zeichnet man auf einem durchsichtigen Blatt und legt darunter ein Blatt mit einem Stern S von 45°-Linien (Bild 54,1 b). (Mit dessen Hilfe kann man übrigens auch die durch kleine Kreise hervorgehobenen Quadratecken ohne Hilfslinien einzeichnen.) Jetzt benutzen wir S, um die gestrichelten 45°-Kreuze in denjenigen Punkten zu markieren, über die hinaus wir das Netz erweitern wollen. Man hat dann den Zustand von Bild 54,1 a. Man verlängert nun die Linien des

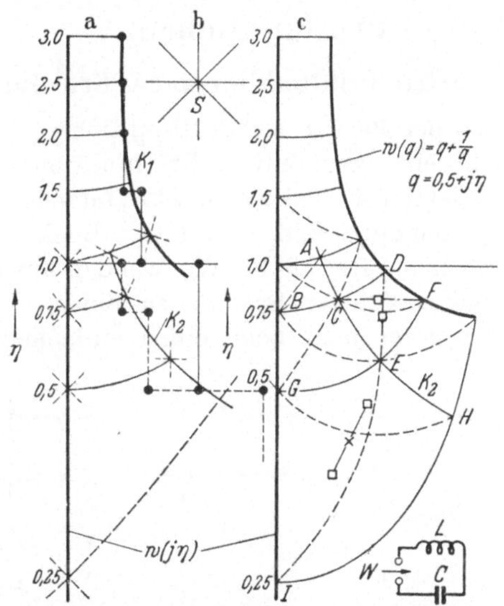

Bild 54,1. Freihändige Konstruktion zur mittelbaren Bestimmung (Messung oder Berechnung) von $w(q)$.

Haupt- und Diagonalnetzes, wobei man den Stern unter den *neu* zu zeichnenden Punkt schiebt. Dabei und zur weiteren Verbesserung benutzt man noch folgende Eigenschaften, die bei schwacher Verzerrung gut zutreffen (WILLERS [1]). Man liest sie aus Bild 40,2 ab; denn es handelt sich um eine Konstruktion in zweiter Näherung, die den anderen „Randbedingungen" angepaßt ist.

1. Die Diagonal*graden* sind gleich lang und stehen aufeinander senkrecht. Aus DE findet man also CF und damit Punkt F. Man legt dazu eine Gerade von S unter DE und die dazu senkrechte durch C; mit dem Stechzirkel findet man dann F.

2. Da das Hauptnetz das Diagonalnetz seines Diagonalnetzes ist, gilt dieselbe Beziehung für die 4 Nachbarpunkte (z. B. A, B, D, E) eines Gitterpunktes (also C).

3. Die Diagonal*kurven* schneiden sich im Schwerpunkt der Gitterpunkte. Man halbiert z. B. CF und DE. Das gibt die mit Quadraten bezeichneten Punkte, und deren Mittelpunkt ist der Schwerpunkt. Danach kann man die Diagonalkurve CF verbessern. Dagegen ist das

unterste Quadrat so stark verzerrt, daß man höchstens die Diagonalkurve *GH*, nicht aber *EI* ändern wird.

Das Ergebnis, die Kurve $w(q)$ in Bild 54,1 c, vgl. man mit Bild 26,2.
Weiteres bringt Kap. G.

Kapitel E.

Prüffunktionen.

16. Verschiedenartige Prüffunktionen des Schwingungskreises.

§ 55. Damit sich der Begriff der Prüffunktionen mit Leben erfüllt,
stellen wir nunmehr eine Anzahl von Prüffunktionen auf, und zwar
wählen wir als Beispiel dafür wieder eine sehr einfache Schaltung, deren
Eigenschaften ganz bekannt sind, damit der Blick für das Neue an
der Betrachtung möglichst frei bleibt. Wir wenden uns also wieder dem
Urbild eines schwingungsfähigen Systems zu, einem einfachen Schwingungskreis, dem wir aber jetzt noch einen einfachen Widerstand *R*

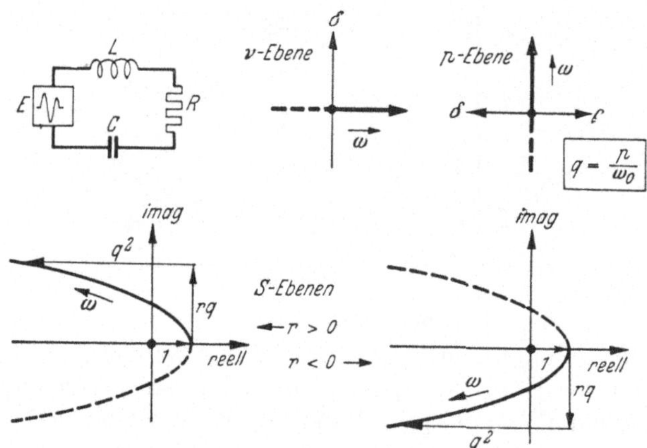

Bild 56,1. Stammfunktion eines Schwingkreises.

beifügen, der positiv oder negativ sein kann (Bild 56,1). Selbst bei
diesem einfachen System wollen wir nicht sämtliche Prüffunktionen
aufstellen, weil deren Anzahl zu groß ist. Als erstes behandeln wir die
grundlegende Prüffunktion, nämlich die Stammfunktion.

a) Die Stammfunktion.

§ 56. Die Gleichung des Systems lautet, wenn man zunächst eine
beliebige Kurvenform für die Urspannung $e = e(t)$ zugrunde legt,

$$L\frac{di}{dt} + Ri + \frac{1}{C}\int_0^t i\,dt = e(t). \tag{56,1}$$

Diese Integro-Differentialgleichung können wir in eine Differentialgleichung verwandeln, wenn wir die Ladung Q am Kondensator oder
bequemer die Spannung u am Kondensator

$$u = \frac{Q}{C} = \frac{1}{C} \int_0^t i\, dt \qquad (56,2)$$

einführen, so daß $i = C\, du/dt$ und $di/dt = C d^2u/dt^2$ wird. Dann erhalten wir die Differentialgleichung

$$CL \frac{d^2 u}{dt^2} + RC \frac{du}{dt} + u = e(t). \qquad (56,3)$$

Da wir voraussetzen, daß die Konstanten unabhängig von u und t sind,
können wir für den Fall, daß $e(t) = E e^{pt}$ ist, eine Lösung finden durch
den Ansatz $u = U e^{pt}$. Setzen wir dies in (56,3) ein, so erhalten wir

$$(CLp^2 + RCp + 1)U = E. \qquad (56,4)$$

Die Gleichung hat damit algebraische Form bekommen. Man erkennt,
nebenbei gesagt, die Verwandtschaft des Wuchsmaßes p mit dem
Operator $p = d/dt$. Ferner sehen wir, daß wir genau dieselben Rechnungen durchführen können, wenn wir p durch $j\omega$ ersetzen. Soll dabei ω
eine reelle Größe sein, so rechnen wir also für Wechselstrom. Wir können
demnach auch umgekehrt allgemein die Eigenschaften für Wechselvorgänge berechnen und dann zu Wuchsvorgängen übergehen, indem
wir $j\omega$ durch p ersetzen. Das macht man übrigens in der Wechselstromtechnik häufig, denkt aber dabei, daß p rein imaginär ist, während wir
gerade an komplexe p denken. Formal noch einfacher ist es, wenn
man ω als komplex ansieht; wir schreiben dann das Formelzeichen v
der Spiralfrequenz. Der Faktor von U in (56,4) ist die Stammfunktion S.
Ihre Nullstellen sind mit sämtlichen Eigenwerten des Systems identisch.
Man sieht ohne weiteres, daß (56,4) eine Gleichung für die Eigenwerte
ist, wenn man nämlich annimmt, daß die Urspannung nach Null geht,
also $E = 0$ wird. Die Gl. (56,4) ist dann nur mit nicht verschwindenden
Werten von U verträglich für diejenigen Werte q_1 und q_2, welche Wurzeln
der Gleichung

$$S \equiv q^2 + rq + 1 = 0 \qquad (56,5)$$

sind. Dabei sind wieder die bezogenen Werte eingeführt; neu ist dabei
$r = R/Z$. Die Gl. (56,5) ist grundlegend und für die weitere Behandlung
am besten als Prüfgleichung geeignet. Als solche wird sie seit Jahrzehnten benutzt. Die Vorteile dieser Gleichungsform beruhen darauf,
daß die Prüffunktion ein Polynom und somit die Prüfgleichung eine

gewöhnliche algebraische Gleichung (höheren Grades) ist. Es wird sich zeigen, daß die Stammfunktion ein Teil der weiteren Prüffunktionen ist, die wir noch ableiten werden. Das Bild 56,1 zeigt die Ortskurve von S für Wechselspannungen; sie bildet in der S-Ebene eine Parabel, die man leicht durch Zusammensetzen der 3 Summanden konstruieren kann. Wenn r einen bestimmten Betrag hat, aber entgegengesetztes Vorzeichen, ergibt sich dieselbe Parabel, jedoch mit anderem Umlaufsinn; der (gestrichelte) Teil für negative Frequenzen liegt einmal über und das andere Mal unter der Achse. Die *gleichen Träger* stellen infolgedessen Ortskurven dar, die sich *wesentlich unterscheiden*. Dies sei besonders betont, weil es bei der Anwendung der Ortskurvenkriterien *üblich geworden* ist, nur von „Umschlingungen" oder ähnlichem zu sprechen, *ohne den Umlaufsinn auf der Kurve zu beachten*. Das hieße im vorliegenden Falle also, daß man die Schaltung mit positivem Widerstand von der Schaltung mit negativem Widerstand überhaupt nicht unterscheiden könnte. Die Stammfunktion hat zwei Pole (d. h. Stellen in der p-Ebene, wo sie unendlich wird), und zwar sind beide selbst unendlich groß: $q = \infty$.

b) Der Trennwiderstand.

§ 57. Bei unserem Beispiel unterscheidet sich der Trennwiderstand nicht sehr von der Stammfunktion. Wir erhalten ihn aus Gl. (56,1), wenn wir den Strom als Veränderliche beibehalten. Der bezogene Widerstand ist

$$w = \frac{W}{Z} = q + r + \frac{1}{q} = \frac{S}{q}. \tag{57,1}$$

Die Ortskurve für $q = j\omega$ geht also aus der des verlustfreien Kreises (Bild 26,1) hervor, wenn wir dazu r addieren. Für positive r läuft sie als wohlbekannte Kurve rechts längs der imaginären Achse (Reaktanzachse) und für negative r symmetrisch dazu. Der Wuchswiderstand bildet eine Prüffunktion, weil aus der Gleichung $WI = E$ hervorgeht, daß die verschwindende Ursache, $E = 0$, mit nicht verschwindendem Strom verträglich ist, wenn $W = 0$ ist. Der Pfeifpunkt ist Null. Die Nullstellen des Widerstandes sind gegeben durch $S = 0$; sie sind also dieselben, die sich aus der Stammfunktion ergeben. Jetzt liegt aber nur noch ein Pol bei $q = \infty$, während der zweite nach $q = 0$ verlagert ist.

c) Die Netzleitwerte.

§ 58. Das System besteht aus 3 Stücken, und der entsprechende Streckenkomplex kann als Dreieck mit 3 Strecken und 3 Punkten dargestellt werden (vgl. Bild 61,1). Daher können wir 3 Kombinationen zu je 2 Punkten bilden und zwischen jedem dieser Punktpaare einen

Netzleitwert feststellen (Bild 58,1). Diese mögen mit K_1, K_2 und K_3 bezeichnet werden. Die Berechnung liefert die bezogenen Werte

$$k_1 = K_1 Z = \frac{S}{q+r} = \frac{q^2 + rq + 1}{q+r} , \tag{58,1}$$

$$k_2 = K_2 Z = \frac{S}{r(q^2+1)} = \frac{q^2 + rq + 1}{rq^2 + r} = \frac{1}{r} + \frac{1}{q + 1/q} , \tag{58,2}$$

$$k_3 = K_3 Z = \frac{S}{q(rq+1)} = \frac{q^2 + rq + 1}{rq^2 + q} . \tag{58,3}$$

Überall tritt als Zähler die Stammfunktion S auf, so daß sich wieder die gleichen Nullstellen und dieselben alten Werte ergeben, denn die Gleichung $KU = J$ führt mit $J = 0$ zur Prüfgleichung $K = 0$. Auch hier haben wir überall 2 Pole, sie liegen aber verschieden. Die Pole sind

$$\text{bei } k_1: \quad q = \infty \quad \text{und} \quad q = -1/r, \tag{58,4}$$
$$\text{,, } k_2: \quad q = j \qquad\qquad q = -j, \tag{58,5}$$
$$\text{,, } k_3: \quad q = 0 \qquad\qquad q = -1/r. \tag{58,6}$$

Bild 58,1 zeigt die Schaltungen und die Ortskurventräger der 3 verschiedenen Scheinleitwerte; ausgezogen für positive r und strichpunktiert für negative r vom gleichen Betrag. Die Kurven sind symmetrisch zur

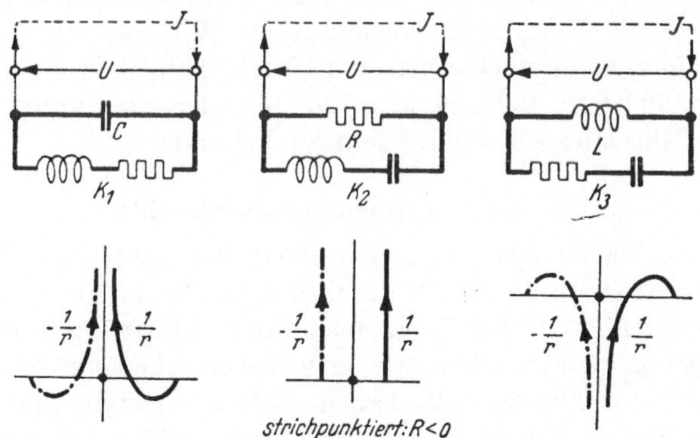

Bild 58,1. Netzleitwerte des Schwingkreises.

imaginären Achse. Die Ortskurventeile für negative Frequenzen sind weggelassen, sie würden das Bild durch Teile ergänzen, die symmetrisch zur reellen Achse liegen. Man kann diese Teile aber im vorliegenden Fall entbehren, weil der Pfeifpunkt Null ist, also ebenfalls „symmetrisch" zur reellen Achse liegt, und kann sich die symmetrischen Teile in der Vorstellung ergänzen, d. h. man verdoppelt die festgestellte Umdrehungszahl (§ 30).

d) Der Übertragungsfaktor.

§ 59. Die Möglichkeiten, Prüffunktionen für unser einfaches System aufzustellen, sind noch lange nicht erschöpft. Als nächstes betrachten wir den Übertragungsfaktor. Eine Art, wie man einen Übertragungsfaktor aufstellen kann, ist in Bild 59,1 a dargestellt. Dabei betrachten wir den Widerstand und die Induktivität als einen (entarteten) Dreipol

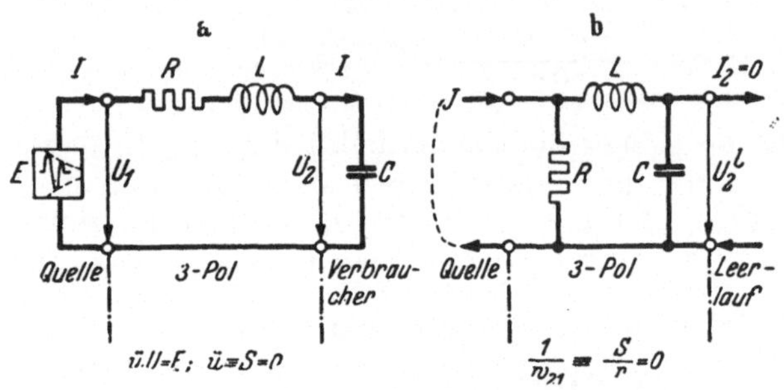

Bild 59,1. Übertragungsfaktor (a) und Übertragungswiderstand (b).

und die Kapazität als Verbraucher. Wir können jedes Element als Verbraucher ansehen oder auch eine der 3 Kombinationen zu je 2 Stücken. Es gibt also 6 Möglichkeiten, um Gleichungen für Übertragungsfaktoren aufzustellen. Die hier gewählte (vgl. auch KÜPFMÜLLER [2]) ist die bequemste, weil die Kondensatorspannung als Wirkung auftritt, so daß wir die Gl. (56,4) benutzen können. Der Übertragungsfaktor $\ddot{u} = E/U = S$ ist also bei unserem Beispiel identisch mit der Stammfunktion. Die 5 anderen Fälle sind ebenfalls leicht zu behandeln.

e) Der Übertragungswiderstand.

§ 60. Eine kleine Änderung der Schaltung führt uns auf einen Übertragungswiderstand als Prüffunktion (s. Bild 59,1 b). In diesem Fall haben wir aus der Schlinge, welche der Schwingungskreis bildet, einen Dreipol gebildet, indem wir je 2 Verbindungspunkte zu einem Klemmenpaar zusammengefaßt haben. (Wenn wir mit Bild 61,1 vergleichen, so haben wir Q_1 und Q_2 als Eingangsklemmenpaar und P und Q_2 als Ausgangsklemmenpaar gewählt.) In dieser Art können wir auch eine ganze Menge verschiedener Dreipole bilden, welche als Zweiklemmenpaare betrieben werden, und zwar im sekundären Leerlauf. Als Quelle denkt man sich in diesem Fall am besten einen Urstrom J. Die Gleichungen für den Dreipol lassen sich leicht aufstellen. Am bequemsten ist wohl die Form der sog. Vierpolgleichungen, in welcher die Spannungen durch die Ströme ausgedrückt sind (STRECKER und FELDTKELLER [L], WALLOT [L], STRECKER [5]). Die Koeffizienten bei den Strömen haben dann die Dimension von Widerständen.

Im Leerlauf gilt für die sekundäre Spannung $U_2^l/W_{21} = J$. Wenn die Ursache verschwindet, also J nach Null geht, braucht die Wirkung, also Leerlaufspannung U_2^l, nicht zu verschwinden, wenn $1/W_{21} = 0$ gilt. Die Durchrechnung liefert als Bedingung für die Eigenwerte $1/w_{21} = S/r = 0$, worin $w_{21} = W_{21}/Z$ der bezogene Wert des sog. „Kernwiderstands vorwärts" ist. Sie ist nicht wesentlich verschieden von der Stammgleichung, weil nur der Faktor $1/r$ zur Stammfunktion hinzutritt, der ja konstant ist, d. h. von der Frequenz oder vom Wuchsmaß nicht abhängt.

Überall haben wir bemerkt, daß die Stammfunktion den Zähler der Prüffunktion bildet. Das ist nicht eine besondere Eigentümlichkeit unseres einfachen Beispiels, sondern gilt sehr allgemein (STRECKER [1], Anhang I). Physikalisch läßt sich leicht verstehen, daß im allgemeinen solch eine enge Beziehung zwischen allen Prüffunktionen bestehen muß, weil im allgemeinen das System in allen seinen Teilen gleichzeitig und mit demselben Wuchsmaß schwingt. Soweit das zutrifft, kann jede von ihnen dazu dienen, die Eigenwerte zu finden oder über ihre Lage (im Kriterium I. Art) etwas auszusagen.

f) Die Amplituden- und Phasenbilanz für eine umgeformte Schaltung.

§ 61. In der Praxis wird zur Stabilitätsprüfung außer der Stammfunktion seit langem auch die Amplituden- und Phasenbilanz benutzt (§ 4e). Hierbei wird gewöhnlich das betrachtete System irgendwie als

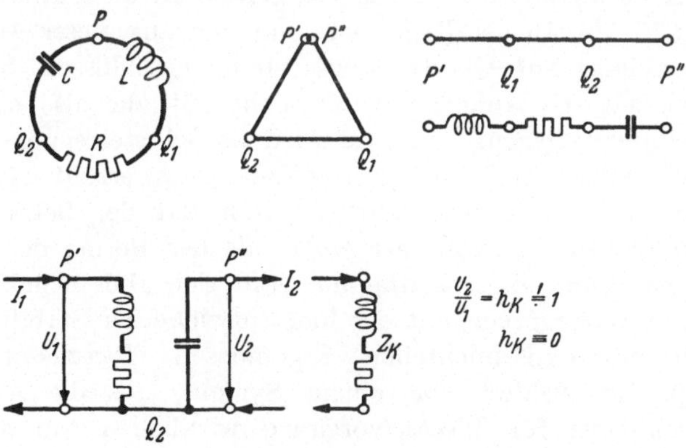

Bild 61,1. Amplituden- und Phasenbilanz.

Ringschaltung dargestellt, die an einer geeigneten Stelle aufgetrennt wird, so daß ein Zweiklemmenpaar entsteht oder ein sog. Vierpol. Für unseren einfachen Fall ist diese Auffassung zu kompliziert, denn der Schwingkreis ist kein „Übertragungssystem mit Rückkopplung". Bild 61,1 zeigt, daß die Auffassung als Vierpol, der mit dem Kettenwiderstand Z_k belastet ist, zu nichts führt. In allgemeineren Fällen wird die Stabilitätsbedingung für das aufgeschnittene System aufgestellt, und zwar in der älteren Theorie stets in der Form, daß man auf rein imaginäre Eigenwerte $p_1 = j\omega_1$ usw. kommt. Durch gewisse Änderungen, z. B. durch Änderung des Rückkopplungsgrades, denkt man sich also das System so abgeändert, daß es (im geschlossenen Ring) gerade genau an der Stabilitätsgrenze liegt (§ 23). Die Kurve des Übertragungsfaktors geht dann genau durch den Pfeifpunkt. Die Bedingung für das aufgeschnittene System ist dann natürlich die, daß die Ausgangsspannung nach Betrag und Phase der Eingangsspannung gleich sein muß, und ebenso muß das Verhältnis des Ausgangs- und Eingangsstromes genau gleich der reellen Zahl 1 sein. Man spricht aus diesem Grunde von einer Amplituden- und Phasenbilanz (wohlgemerkt hier noch für *Wechsel*vorgänge). Bei der rechnerischen Behandlung ergibt sich der Vorteil, daß man Gleichungen geringeren Grades bekommt, wenn man voraussetzt, daß die Lösung, also p_1, rein imaginär sein soll. Setzt man nämlich $j\omega$ in die Gleichung für den Übertragungsfaktor ein, so kann man die Gleichung zerlegen, weil die reellen Teile für sich und die imaginären Teile für sich eine Gleichung erfüllen müssen, so daß man Gleichungen geringeren Grades bekommt. Diese Methode ist auch heute noch die einfachste und praktischste, wenn sie anwendbar ist und der damit verknüpfte Nachteil nicht schwerwiegt, daß man nicht das System untersucht in der Art, wie es einem wirklich vorliegt, sondern daß man es so abändern muß, daß es gerade an die Stabilitätsgrenze kommt (§§ 75, 76). In der Regel wird nämlich aus dieser Amplituden- und Phasenbilanz auf Übertragungssysteme geschlossen, für die der eben entwickelte Gedankengang gar nicht gilt, die also nicht genau an der Pfeifgrenze liegen. Und zwar wird als Selbsterregungsbedingung meistens eingeführt, daß die *Phasenbilanz genau* erfüllt ist, daß aber die Amplitudenbilanz „übererfüllt" ist, d. h. daß der Betrag der Ausgangsspannung ebenso groß *oder größer* als der Betrag der Eingangsspannung ist (§ 76). Diese Auffassung läßt sich aber nicht begründen und steht in Widerspruch mit der hier entwickelten Stabilitätstheorie und auch mit experimentellen Ergebnissen (PETERSON; KREER; WARE [L]). Der Schluß von einem System, das die Amplituden- und Phasenbilanz für *Wechsel*vorgänge wirklich genau erfüllt, auf ein System, das sie nicht erfüllt, kann nicht in dieser einfachen Weise gemacht werden. Man muß sich z. B. fragen, wieso dabei verlangt wird, daß gerade die Phasenbilanz genau erfüllt sei, während man auf die Erfüllung der Amplitudenbilanz verzichtet. Warum macht man es nicht gerade umgekehrt, und was tritt ein, wenn beide Bedingungen nicht genau, sondern nur angenähert erfüllt sind? (§§ 61, 76).

Alle diese Fragen können durch das Stabilitätskriterium I. Art, das sog. Umlaufkriterium, einwandfrei gelöst werden. Im Hause Siemens habe ich über diese Theorien im Jahre 1930 schon berichtet, und 1931 lag der Aufsatz vor, der die Frage allgemein behandelt (STRECKER [1]). In weiteren Kreisen ist vor allen Dingen der Aufsatz von NYQUIST [L] aus dem Jahre 1932 bekanntgeworden, der das Umlaufkriterium gerade für den speziellen Fall entwickelt hat, den wir hier betrachten; allerdings sind seine Voraussetzungen noch etwas spezieller. Bei dem „Vierpol", der durch das Aufschneiden entsteht, ist nämlich stillschweigend vorausgesetzt worden, daß er nur in einer Richtung überträgt, wie das sog. ideale Verstärker tun. Auch NYQUIST benutzt das Stabilitätskriterium I. Art, dem wir uns jetzt zuwenden wollen, wobei wir aber nicht die spezielle Auffassung von NYQUIST, sondern die ausführlich vorbereitete allgemeinere Auffassung zugrunde legen.

Kapitel F.

Das allgemeine Kriterium erster Art für geschlossene Ortskurven (Umlauf- oder Drehzahlkriterium).

17. Allgemeines.

a) Die Deutung der Drehzahl und die Anzahlgleichung.

§ 62. In §§ 29 · · · 32 haben wir gesehen, wie man bei Stabilitätsuntersuchungen die Drehzahl in gewöhnlichen Fällen feststellt. Wir schieben die genauere Betrachtung der außergewöhnlichen Fälle, die in § 33 erwähnt sind, noch auf. Dann können wir voraussetzen, daß wir die Drehzahl festgestellt haben, und wollen uns etwas genauer mit ihrer Deutung befassen; auch das nur soweit, wie die in § 34 zusammengestellten Ergebnisse reichen. Wir wollen annehmen, daß wir als ursprüngliche Eigenwertbedingung $h'(p) = a$ erhalten haben. Darin ist h' die ursprüngliche Prüffunktion und a der ursprüngliche Pfeifpunkt. Dieser ergibt sich meistens als von der Frequenz unabhängige Größe: $a = 1$ oder $a = 0$. Nach § 3 können wir die Eigenwertgleichung auf die Grundform $h(p) \equiv h'(p) - a = 0$ bringen. Hierin ist die neue Prüffunktion h eine andere als die ursprüngliche h'. Wir können sie als *Grundfunktion* bezeichnen. Die Benennung „Grundpfeifpunkt" ist entbehrlich, weil dieser Null ist. Die Eigenwerte oder Lösungen der Eigenwertbedingung $h' = a$ sind identisch mit den „Wurzeln" der Grundgleichung $h = 0$ und den *Nullstellen* der Grundfunktion $h(p)$. Die *Deutung* der Drehzahl bezieht sich zunächst auf gewisse Nullstellen und Pole der Grundfunktion h. Wir können die Deutung aber auf die „a-Stellen" von h' (= Werte von p, für die h' den Wert a hat) und

Pole der ursprünglichen Funktion h' übertragen, wenn a konstant ist oder eine Ortskurve beschreibt, die im Endlichen bleibt. Es wird daher nicht zu Irrtümern führen, wenn wir gelegentlich einfach von Eigenwerten und Polen sprechen.

Die Deutung läßt sich auf übersichtliche und anschauliche Weise ableiten, wenn man sich auf Polynome und andere einfache Funktionen beschränkt. Für eine bestimmte Klasse allgemeinerer Funktionen (die „analytischen"), zu denen unsere Prüffunktionen praktisch so gut wie immer gehören, kann man sie mit Hilfe der Funktionentheorie beweisen (STRECKER [1]); wir begnügen uns mit der Tatsache. Für die Stabilitäts-

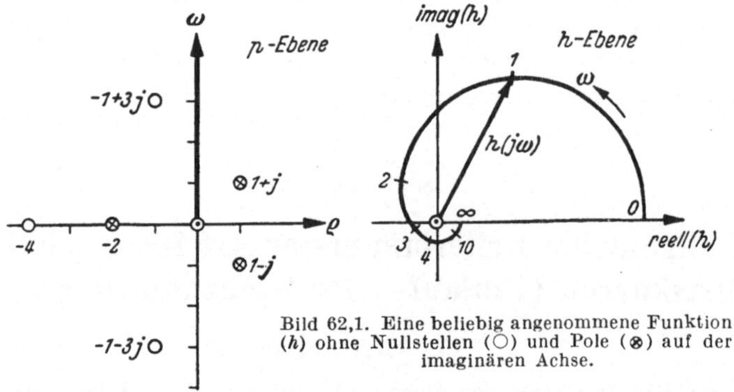

Bild 62,1. Eine beliebig angenommene Funktion (h) ohne Nullstellen ($\bigcirc$) und Pole ($\otimes$) auf der imaginären Achse.

untersuchung erhält die Drehzahl einen Sinn, wenn man als Kurve die Ortskurve $h(j\omega)$ für *Wechsel*vorgänge nimmt. Ist D die Drehzahl um den Pfeifpunkt, N die Anzahl der Pfeifwerte (die Bezeichnung N erinnert noch an Nullstellen) und P die Anzahl der Pfeifpole, so gilt die

$$\boxed{\text{Anzahlgleichung}: \quad P - N = D} \qquad (62,1)$$

Man muß hierbei die Pfeifwerte und Pfeifpole von den Eigenwerten und Polen schlechthin unterscheiden; denn die Anzahl *sämtlicher* Eigenwerte (Nullstellen) ist bei den für uns in Betracht kommenden Funktionen immer gleich der Anzahl sämtlicher Pole; also die Differenz dieser Anzahlen immer Null.

Zur Veranschaulichung soll ein einfaches Beispiel untersucht werden (Bild 62,1), bei dem 3 Nullstellen und 3 Pole als gegeben betrachtet werden. Wenn man die Nullstellen und Pole kennt, kann man die Funktion selbst leicht hinschreiben (Schwierigkeiten macht nur die uns sonst vorliegende umgekehrte Aufgabe). Es ist eine reelle und ein paar komplexe Nullstellen angenommen; ebenso bei den Polen. Die Funktion h wurde für positive Frequenzen ausgerechnet und als Ortskurve in der h-Ebene aufgetragen; für negative Frequenzen ergibt sich das

Spiegelbild zur reellen Achse. Die Nullstellen liegen in der linken Halbebene. Es ist also kein Pfeifwert vorhanden: $N = 0$. Dagegen haben wir
2 (konjugierte) Pfeifpole und somit $P = 2$. Die Drehzahl um den Null-
punkt muß also $D = 2$ werden, und das ist auch so; denn für den gezeichneten positiven Kurvenzweig ist $D = 1$ und daher „für alle Frequenzen", d. h. für die geschlossene Kurve, $D = 2$.

In der Anzahlgleichung (62,1) hätten wir streng genommen nur
von der Grundfunktion und der Drehzahl um den Anfangspunkt sprechen
dürfen (weil sich der maßgebende Satz der Funktionentheorie nur auf
*Null*stellen und Pole bezieht), aber es ist leicht einzusehen, daß wir

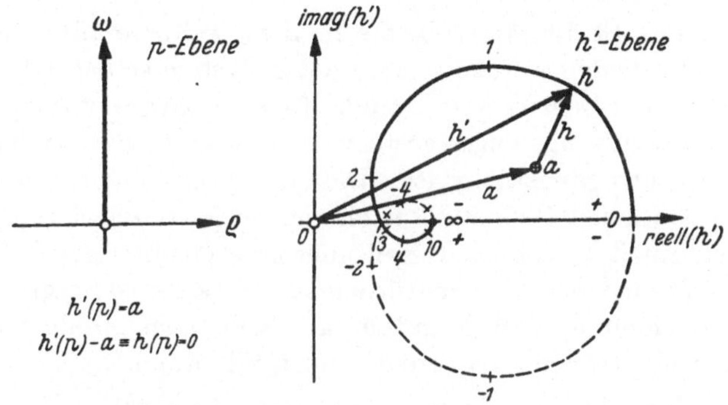

Bild 62,2. Allgemeine Lage des Pfeifpunktes: Drehzahl um den Pfeifpunkt.

allgemeiner eine beliebige Prüffunktion und die Drehzahl um den zugehörigen Pfeifpunkt a nehmen können. Bild 62,2 zeigt solch einen
Fall. Hier ist willkürlich eine Ortskurve h' als ursprüngliche gewählt
und dazu ebenfalls willkürlich ein zugehöriger Pfeifpunkt a. Die ursprüngliche Eigenwertgleichung hat also die Form $h'(p) = a$. Identisch dieselbe Bedeutung hat aber die Gleichung $h(p) = 0$. In Bild 62,2 ist h
als Differenzzeiger eingezeichnet, und der Anfangspunkt für h ist der
Pfeifpunkt a. Die Anzahlgleichung gilt demnach auch für die ursprüngliche Funktion h, wenn man die Drehzahl um den zugehörigen Pfeifpunkt feststellt. Deshalb wurde in § 29 festgelegt, daß bei der Stabilitätsprüfung unter Drehzahl diejenige um den Pfeifpunkt verstanden werden
soll, sofern nichts anderes gesagt wird.

Wenn der Pfeifpunkt nicht auf der reellen Achse liegt, wird es ratsam
sein, den Teil der Ortskurve für die negativen Frequenzen auch auf-
zuzeichnen oder zu skizzieren; man braucht ja zur Feststellung der
Drehzahl nur eine sehr rohe Darstellung vom größten Teil der Kurve.
Ist der Pfeifpunkt außerdem noch frequenzabhängig, so wird es meist
besser sein, h als Differenz aus der Zeichnung abzugreifen und für sich
als Ortskurve darzustellen.

b) Die Bestimmung der Anzahl von Pfeifpolen und die verschiedenen Formen der allgemeinen Stabilitätskriterien.

§ 63. In der Anzahlgleichung sind 3 Anzahlen miteinander verknüpft. Sie bildet die Grundlage für das Kriterium I. Art für geschlossene Ortskurven. Ihr praktischer Wert beruht darauf, daß man die Drehzahl D und die Anzahl P der Pfeifpole im allgemeinen leichter feststellen kann als die Anzahl N der Pfeifwerte. Kennt man die beiden ersten, so ergibt sich aus der Anzahlgleichung in der Form

$$\boxed{N = P - D. \quad \text{Anzahlgleichung}} \qquad (63,1)$$

die Lösung des Stabilitätsproblems in dem weitergefaßten Sinn, daß nicht nur entschieden werden kann, ob das System selbsterregungsfähig ist, sondern auch *wieviel* anklingende Eigenvorgänge vorhanden sind. Unser Ziel war anfangs enger gesteckt: wir wollten nur wissen, ob das System selbsterregungsfähig ist. Das ist aber schon sichergestellt, wenn N — das seiner Bedeutung nach nicht negativ sein kann — größer als Null ist. Auch P kann nur Null oder eine positive ganze Zahl sein. Wenn also D eine negative (natürlich ganze) Zahl ist, ergibt sich aus der Anzahlgleichung, daß N größer als Null, also mindestens 1 sein muß. Das bedeutet, das System ist unstabil, wenn

$$\boxed{D < 0. \quad \text{Hinreichendes allgemeines Kriterium}} . \qquad (63,2)$$

Man beachte, daß diese Stabilitätsbedingung eine Ungleichung ist. Mir ist keine Möglichkeit bekannt, die Bedingung für die Unstabilität, d. h. für die Selbsterregung, anders als durch eine Ungleichung auszudrücken. Man darf vor allen Dingen die Selbsterregungsbedingung nicht verwechseln mit der Eigenwertbedingung, denn diese ist eine Gleichung, durch welche die Eigenwerte bestimmt sind, und sie bildet die Grundlage für die Bestimmung der Drehzahl, aber sie ist nicht etwa eine Selbsterregungsbedingung.

Man kann auch leicht angeben, wie die Stabilitätsbedingung lauten muß, wenn sie hinreichend und notwendig sein soll. Die hier vertretene Auffassung bedeutet ja, daß ein System sich selbst erregt, wenn mindestens einer der Eigenwerte unstabil ist, d. h. wir können die Selbsterregungsbedingung in der Form ausdrücken: $N > 0$. Das läßt sich auch mit Hilfe der Anzahlgleichung schreiben:

$$\boxed{D < P. \quad \text{Notwendiges u. hinreichendes Kriterium}} . \qquad (63,3)$$

Es stört natürlich, daß in dieser notwendigen und hinreichenden Bedingung für die Selbsterregung die Anzahl der Pole auftritt, aber die Anzahl der Pfeifpole ist meistens leichter feststellbar als die Anzahl der Pfeifwerte, und darin liegt der Nutzen des hinreichenden und notwendigen Kriteriums. Es sollen jetzt praktische Beispiele behandelt werden, bei denen nach und nach die bisher noch nicht genau geklärten Besonderheiten und Schwierigkeiten auftauchen, so daß sie an Hand jeweils eines besonderen Falles untersucht werden können. Das betrifft insbesondere die früher erwähnten Winkelsprünge und die eben erwähnte Anzahl der Pfeifpole.

18. Der Winkelsprung, erläutert an praktischen Beispielen.

a) Der Winkelsprung im Pfeifpunkt;
Beispiel: Zweidrahtzwischenverstärker.

§ 64. Der Zweidrahtzwischenverstärker soll die Leistung, die längs eines gewissen Leitungsstückes gedämpft worden ist, wieder auf einen

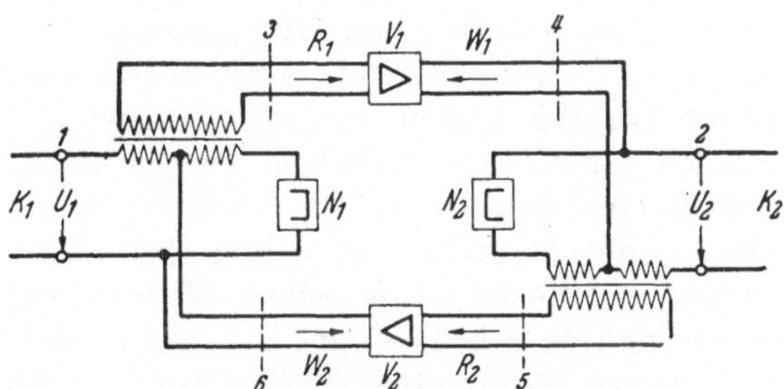

Bild 64,1. Zweidraht-Zwischenverstärker.

größeren Betrag bringen (Bild 64,1). Man benutzt dabei Röhrenverstärker V_1 und V_2. Da aber die Röhren (im wesentlichen) nur in einer Richtung übertragen, muß man für jede Richtung einen Verstärker verwenden, um ein System zu bekommen, das als Ganzes in beiden Sprechrichtungen verstärkt. Es entstehen dann die bekannten Schwierigkeiten, daß die durch eine Verstärkerröhre verstärkten Ströme in den Eingang der zweiten gelangen können und von deren Ausgang wieder in den Eingang der ersten. Es entsteht also ein rückgekoppeltes System, das sich selbst erregen kann. Die Leitungen mit dem Scheinwiderstand K werden daher an Ausgleichschaltungen angeschlossen, die gewöhnlich aus einem Übertrager mit 3 Wicklungen bestehen, an dem symmetrisch zu einer Leitung jeweils eine Nachbildung liegt, deren Scheinwiderstand N dem Scheinwiderstand K der Leitung möglichst genau entspricht, und zwar für alle Frequenzen des Bandes, in dem man merkliche Verstärkung haben möchte. Die dritte Wicklung führt zum Eingangswiderstand R eines Teilverstärkers; dessen Ausgang mit dem Widerstand W liegt an den Symmetriepunkten des Ausgleichsübertragers auf der anderen Seite. Es kommt in der Hauptsache darauf an, daß N und K möglichst gleich sind. Das ist eine Aufgabe, für die man zunächst gar keine Anhaltspunkte hatte, und es bedurfte eines besonders erfinderischen Geistes, um Schaltungen auszudenken, mit denen man die Leitungsscheinwiderstände gut nachbilden kann. In zweiter Linie wünscht man, daß der Verstärker gut an die Leitung angepaßt ist. Wenn man also z. B. den Zwischenverstärker am Klemmenpaar 2 mit K_2 abschließt, soll der Scheinwiderstand des Zwischenverstärkers an den Klemmen 1 einigermaßen an den Scheinwiderstand K_1 der ersten Leitung angepaßt sein. Ebenso wünscht man natürlich, daß der Scheinwiderstand des Verstärkers an den Klemmen 2, wenn er beim Klemmenpaar 1 abgeschlossen ist, möglichst gleich K_2 ist.

Man kann die Gleichungen für den Zwischenverstärker aus den Konstanten der Schaltung ableiten mit Hilfe der KIRCHHOFFschen Gleichungen, aber das ist ziemlich umständlich. Aus der umfangreichen Literatur seien nur die Arbeiten von BYK [L] und WEINITSCHKE [L] genannt, worin die „Wellenparameter" benutzt werden und weitere Literatur genannt ist. Wir wollen uns auf den symmetrischen Fall beschränken. Solch einen symmetrischen Vierpol kann man durch Gleichungen und kennzeichnende Größen beschreiben, wie sie für eine homogene Leitung, die Ersatzleitung, gelten. Wir können also den Zwischenverstärker im ganzen durch seinen Wellenwiderstand Z und seinen Verstärkungsfaktor v kennzeichnen. v hat bestimmten Betrag und Winkel oder besser bestimmten „Dreher" und ist ein Systemverhältnis, nämlich das Verhältnis U_2/U_1 in dem besonderen Fall, daß der Verstärker mit seinem Wellenwiderstand Z abgeschlossen ist. Mit dem Fortpflanzungsmaß g im üblichen Sinne der Vierpoltheorie besteht der Zusammenhang $g = \ln(1/v)$. Es läßt sich zeigen, daß bei geeigneter Bemessung von R und W der Wellenwiderstand um so genauer gleich dem Nachbildungswiderstand N wird, je größer die Verstärkung ist. (Es gilt dann angenähert $2R = 2W = Z = N$, und die Übertrager werden als ideal vorausgesetzt.) Wir wollen annehmen, daß dies gilt, und daher den Wellenwiderstand Z durch den Nachbildungswiderstand N ersetzen.

Die Ausgleichschaltung bildet eine Brücke, welche abgeglichen ist, wenn $K = N$ ist. Für die folgenden Betrachtungen könnte man daher die Größe $K - N$ einführen, aber die Gleichungen lassen sich bequemer ausdrücken mit Hilfe der Größe

$$\vartheta = \frac{K - N}{K + N}. \tag{64,1}$$

Man bezeichnet diese Größe manchmal als Fehler schlechthin oder auch als Fehlermaß. Ein verhältnismäßig genauer und nicht zu langer Name

ist „Fehlerfaktor" oder kürzer „Fehlfaktor". Mit Hilfe der Vierpoltheorie läßt sich dann die folgende Eigenwertbedingung ableiten:

$$(v \cdot \vartheta)^2 = 1. \tag{64,2}$$

Man kann das System auch als einen *rückgekoppelten Verstärker in
Ringschaltung* auffassen. Das ist an sich nicht selbstverständlich, denn
es gibt sehr einfache Beispiele dafür, daß dies nicht immer möglich ist,
etwa den einfachen Schwingkreis (Abschn. 16, §§ 65, 68). Im vorliegenden
Fall bedeutet v die Verstärkung vom Klemmenpaar 1 zum Klemmenpaar 2 oder umgekehrt, und ϑ kann als Reflexionsfaktor an einem
dieser Klemmenpaare aufgefaßt werden, also zwischen dem Wellenwiderstand N und dem Leitungswiderstand K. Will man das Ganze
als einen rückgekoppelten Verstärker auffassen, so trennt man ihn am
besten in 2 Teile an den Stellen 3 und 5 (oder 4 und 6). Die Verstärkung
zwischen 3 und 4 oder 5 und 6 ist dann etwa $2v$, denn bei geeigneter
Bemessung teilt sich die Leistung, die von 1 nach 2 geht, in jedem
der Übertrager in 2 ungefähr gleiche Teile. Die beiden Wege von 4
nach 5 und von 6 nach 3 kann man als die Rückkopplungswege betrachten. Bei der Auffassung, von der wir ausgingen, muß man sich
vorstellen, daß die Leistung von 4 nach 2 übertragen, dort reflektiert
und von 2 nach 5 übertragen wird. Auch hierbei geht man zweimal
durch den Ausgleichsübertrager, wobei jedesmal die halbe Leistung
verlorengeht. Zu dem Reflexionsfaktor kommt daher (für die Wurzeln
aus den Leistungen) der Faktor $1/2$, und der Rückkopplungsfaktor
oder Schwächungsfaktor ist dann $\vartheta/2$. Der Verstärker ist bei dieser
Betrachtung in 2 einander gleiche Teile zerlegt, die hintereinander
geschaltet sind, z. B. von 3 über 4 nach 5 und von 5 über 6 nach 3.
Hieraus erklärt sich auch, daß in der Gl. (64,2) das Quadrat von $v\vartheta$
auftritt. Wir können diese Gleichung in zwei zerlegen, nämlich in

$$h' = v\vartheta = +1, \tag{64,3}$$

$$h' = v\vartheta = -1. \tag{64,4}$$

Wir haben also in diesem Falle *zwei Pfeifpunkte*. Das liegt eben daran,
daß das System so betrachtet werden kann, als bestünde es aus der
Kettenschaltung von zwei gleichen Vierpolen. Hätten wir in dem Ring
noch mehr gleiche Vierpole hintereinandergeschaltet, z. B. n, so träte
die n-te Potenz von h auf, und wenn wir die n-te Wurzel ziehen, hätten
wir n Pfeifpunkte.

Um zu aufzeichenbaren Kurven zu kommen, müssen wir uns entschließen, für K und N gewisse Annahmen zu machen, wenn uns keine
Meßreihen zur Verfügung stehen. Wir nehmen an, daß die Leitungen
gleichmäßig homogene Leitungen ohne Ableitungsverluste sind; dann

wäre bekanntlich

$$K = \sqrt{\frac{R + j\omega L}{j\omega C}} = Z_0 \cdot \sqrt{1 - \frac{j}{\eta}} \; . \tag{64,5}$$

Hierin ist $Z_0 = \sqrt{L/C}$ der sog. Nennwert des Wellenwiderstandes und $\eta = \omega L/R$ die bezogene Frequenz. Für hohe Frequenzen läßt sich dieser Widerstand durch die Reihenschaltung eines Kondensators von der Kapazität $C' = 2\sqrt{LC}/R$ und eines Ohmschen Widerstandes vom Betrage Z_0 gut nachbilden. Für tiefe Frequenzen wird diese Nachbildung allerdings schlecht. Die gewöhnliche Wechselstromtheorie liefert für die Nachbildung (und damit angenähert für den Wellenwiderstand des Zwischenverstärkers)

$$N = Z_0 \left(1 - \frac{j}{2\,\eta}\right) . \tag{64,6}$$

Die beiden Widerstände K und N sind im Bild 64,2 links als Funktionen der bezogenen Frequenz dargestellt, und zwar ausgezogen für positive Frequenzen, gestrichelt für negative. Der Scheinwiderstand der Nach-

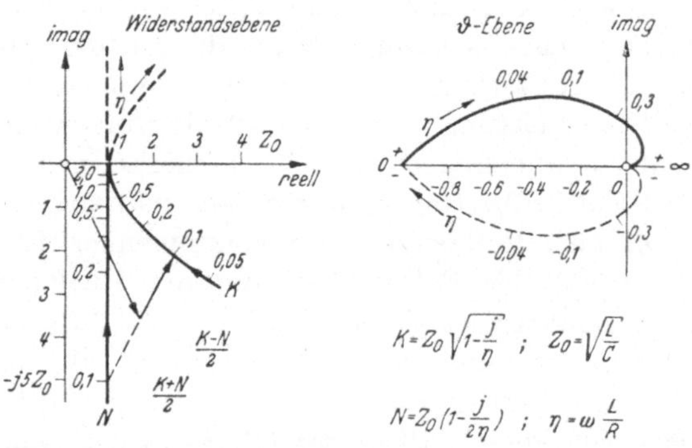

Bild 64,2. Fehlermaß ϑ einer einfachen Kabelverbindung.

bildung ist wohlbekannt. Für den Scheinwiderstand der Leitung erhalten wir als Träger eine gleichseitige Hyperbel, deren Asymptoten unter $45°$ gegen die reelle und imaginäre Achse verlaufen. Hieraus kann man nun numerisch oder zeichnerisch ϑ bilden und erhält dann die Kurve in Bild 64,2 rechts. [Links im Bilde ist angedeutet, wie man für $\eta = 0{,}1$ die halbe Differenz und die halbe Summe der Widerstände leicht konstruieren kann. Der (schwach ausgezogene) Zeiger $(K + N)/2$ führt vom Anfangspunkt zum Mittelpunkt der beiden mit 0,1 bezifferten Punkte, und von diesem Mittelpunkt führt $(K - N)/2$ zum Punkt 0,1 auf der Kurve K. Nach Messung der Beträge und Winkel läßt sich dann leicht Betrag und Winkel von ϑ berechnen.]

Den Verstärkungsfaktor v denken wir uns im Frequenzband von $\eta = 0{,}03 \cdots 0{,}3$ gleichmäßig, wobei der Winkel sich proportional der

Frequenz ändert (Bild 64,3). Das Anfangs- und Endstück der Kurve
bleibt ziemlich unbestimmt; für positive Frequenzen ist es durch strichpunktierte Kurvenstücke angedeutet. Ferner soll es möglich sein, den
Betrag des Verstärkungsfaktors zu
ändern, ohne seinen Winkel zu ändern. Wir betrachten also eine
ganze Reihe von umbemessenen
Systemen, wobei der Übergang von
einem zum anderen System stetig
sein kann. Im folgenden Bild 64,4
haben wir 4 dieser Systeme herausgegriffen, bei denen der Betrag des
Verstärkungsfaktors die Werte 1;
2; 3 und 4 hat. Die 4 Kurven des Bildes zeigen, bezogen auf den Anfangspunkt, den Zeiger von h', dessen
Werte man durch Multiplikation der
Kurvenzeiger von Bild 64,2 und

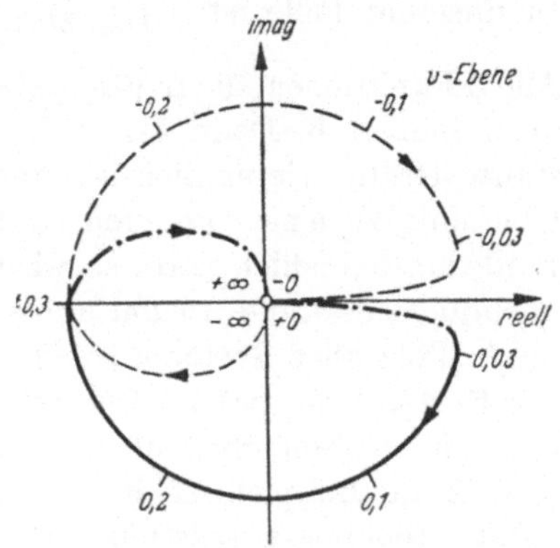

Bild 64,3. Annahme für den Verstärkungsfaktor v (als Wellenmaß).

64,3 ermitteln kann; im wesentlichen müssen die Zeiger von Bild 64,2
rechts um die Winkel der Verstärkung gemäß Bild 64,3 gedreht werden.
Die beiden Prüfpunkte $+1$ und -1 sind im Bild 64,4 besonders hervorgehoben. Der Prüfpunkt $+1$ spielt die wesentliche Rolle, weil die
Phasendrehung von v ziem-
lich klein ist, so daß der
Prüfpunkt -1 abseits liegen bleibt.

Mit Hilfe des hinreichen-
den Stabilitätskriteriums
(63,2) können wir sofort
entscheiden, daß der Ver-
stärker für $v = 4$ unstabil
ist. Denn der Prüfzeiger h
dreht sich beim Durch-
laufen des Zweiges für
positive Frequenzen einmal
im mathematisch negati-

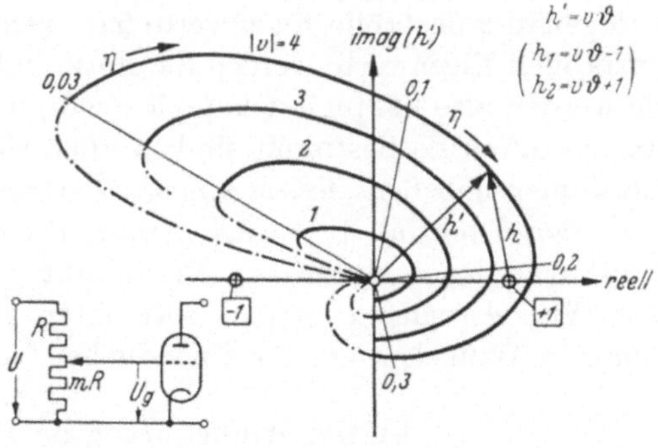

Bild 64,4. Die Prüffunktion h' mit den Pfeifpunkten
$+1$ und -1; Verstärkerröhre mit Spannungsteiler.

ven Sinne. Das ergäbe die Drehzahl -1. Wenn wir die negativen
Frequenzen mitzählen, haben wir $D = -2$. Das System ist also unstabil, weil die Drehzahl negativ ist. Für die Beträge von v, die kleiner
sind als etwa 3,4, haben wir die Drehzahl 0. Hieraus können wir im
allgemeinen nichts schließen, denn wir müssen jetzt die hinreichende
und notwendige Selbsterregungsbedingung (63,3) verwenden und kennen
P noch nicht. Wir können aber im vorliegenden Fall P leicht bestimmen,

weil wir eine ganze Schar von *umbemessenen Systemen* in ihrem Verhalten *gleichzeitig überblicken* können. Dies ist ein *für die Praxis wichtiges Verfahren* zur Feststellung von P, d. h. der Anzahl von Pfeifpolen. In unserem Falle ist

$$h = h' \mp 1 = v\vartheta \mp 1 \,. \tag{64,7}$$

Alle 3 Funktionen, die in (64,7) stehen, werden für dieselben Wuchsmaße unendlich groß. Denn h und h' unterscheiden sich nur um eine konstante Größe, die endlich ist, und anderseits ändert h', d. h. $v\vartheta$, beim Übergang zu einem anderen System nur den Betrag. Wenn aber eine Funktion unendlich wird, so wird auch ein beliebiges Vielfaches davon unendlich, d. h. die Anzahl und sogar die Lage (die Zahlenwerte) sämtlicher Pole aller Systeme ist gleich. Nun wird aber diejenige Teilfolge der Systemfolge passiv, für welche die Verstärkung hinreichend klein ist, d. h. in ihren Systemen ist keine Leistungsverstärkung mehr möglich. Zum Beispiel ist in der Potentiometerschaltung Bild 64,4 die größte abgebbare Leistung $U_g^2/D^2 R_i$ und die Eingangsleistung U^2/R, ferner $U_g = mU$; also wird das Verhältnis dieser Leistungen, der größte mögliche Wirkungsgrad, kleiner als 1, wenn $m^2 < D^2 R_i/R_g$ ist. Solche Systeme haben keine Pfeifpole; also ist auch für beliebig große Verstärkung $P = 0$. Aus der Anzahlgleichung (63,1) erhalten wir dann $N = -D$. Damit können wir nicht nur klären, ob das System sich selbst erregt, sondern auch für wie viele Eigenwerte. Daher ergibt sich schließlich, daß der Zwischenverstärker stabil ist, wenn $|v| < 3{,}4$ ist und genau 2 unstabile Eigenwerte hat, wenn $|v| > 3{,}4$ ist. Diese beiden unstabilen Eigenwerte werden die Form haben: $\varrho_1 + j\omega_1$ und $\varrho_1 - j\omega_1$, sie werden also konjugiert komplex sein, und die Exponentialvorgänge, welche durch sie bestimmt sind, werden sich zu einem reellen Vorgang zusammenschließen, dessen Kreisfrequenz ω_1 ist. Wir haben noch nichts über den Grenzfall $|v| = 3{,}4$ gesagt, für den, wie wir annehmen, die Prüfkurve genau durch den Pfeifpunkt geht. Wir wenden uns daher den Winkelsprüngen zu und betrachten als zweites Beispiel eins, bei dem ein Winkelsprung im Unendlichen vorkommt.

b) Der Winkelsprung im Unendlichen;
Beispiel: Schwingkreis mit negativem Widerstand.

§ 65. Wir betrachten zunächst noch einmal (Abschn. 16) den Trennwiderstand eines einfachen Schwingungskreises mit positivem oder negativem Widerstand (§ 57), dessen bezogener Wert gegeben ist durch

$$w(j\eta) = j\eta + r + \frac{1}{j\eta} \,. \tag{65,1}$$

Die entsprechende Eigenwertbedingung lautet $w = 0$. w ist im Bild 65,1 noch einmal dargestellt für den Fall, daß der Widerstand negativ ist. Die Ortskurve verläuft für positive Frequenzen parallel zur Reaktanzachse (imaginären Achse) und geht für die bezogene Frequenz 1 durch den Punkt r, der negativ angenommen ist. Das Bild soll insbesondere den Frequenzgang veranschaulichen, und zwar sehen wir, daß wir von unten aus dem Unendlichen kommen und zunächst große w-Schritte machen, wenn wir die Frequenz in gleichmäßigen Spannen geändert denken. Nachdem wir aber die reelle Achse geschnitten haben, wird die Frequenzskala gleichmäßiger. Aus der Gl. (65,1) sieht man auch, daß für kleine Frequenzen der Gang umgekehrt proportional zur Frequenz ist, aber für große etwa proportional der Frequenz wird. Für negative

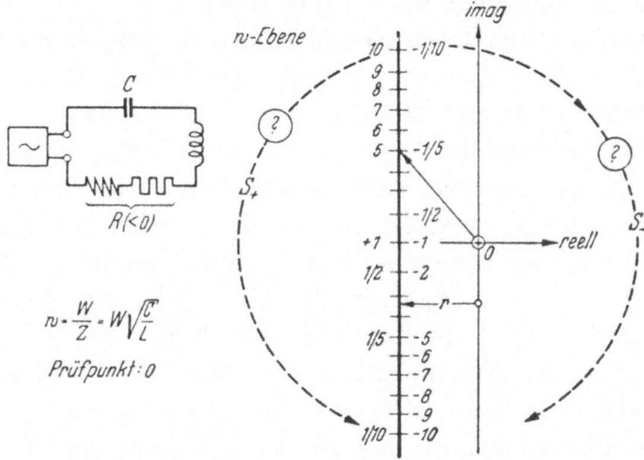

Bild 65,1. Winkelsprünge bei einer (doppelt durchlaufenen) Prüfkurve.

Frequenzen bekommen wir das Spiegelbild an der reellen Achse, d. h. wir durchlaufen dieselbe gerade Linie noch einmal von unten nach oben, beginnend mit sehr großen negativen Frequenzwerten, und erreichen nach oben weglaufend den unendlich fernen Punkt für sehr kleine negative Frequenzen. Wir können auf diese Art aber nicht zu dem Bild einer geschlossenen Kurve kommen, das wir brauchen, wenn wir die Drehzahl bestimmen wollen. Es läßt sich zwar leicht feststellen, daß der Beitrag des gezeichneten Kurvenstückes praktisch gleich einer negativen halben Umdrehung für die negativen Frequenzen ist. Es ist aber unbestimmt, in welcher Art der Winkel umspringt, wenn die Frequenz unendlich oder Null wird; also z. B. von sehr großen positiven zu sehr großen negativen Werten oder von sehr kleinen negativen zu sehr kleinen positiven übergeht. Es ist die Frage, ob wir uns das Umschlagen des Prüfzeigers links herum als positiven Sprung S_+ oder rechts herum als negativen Sprung S_- denken müssen.

c) Der Winkelsprung in gewöhnlichen Fällen.

§ 66. Die beiden Beispiele, die wir jetzt für den Winkelsprung betrachtet haben, möchte ich als gewöhnlich bezeichnen; es sind nämlich diejenigen, bei denen die Eigenwerte oder Pole einfach sind. Wenn die Gleichung analytisch gegeben und so einfach ist wie (65,1), kann man das leicht feststellen. Hat man dagegen nur eine Kurve ohne analytische Form oder eine komplizierte Formel, wie es bei dem Verstärker (Bild 64,4) der Fall ist, so kann man das auf andere Weise erkennen, nämlich daran, daß der Kurventräger keine Ecke macht oder keinen Rückkehrpunkt hat und daß anderseits der Frequenzgang darauf regelmäßig ist. Dies muß natürlich um so genauer gelten, je mehr man sich dem Pfeifpunkt nähert oder wenn der Winkelsprung im Unendlichen erfolgt, je größer der Betrag wird.

Die Größe des Winkelsprunges läßt sich streng berechnen, am einfachsten mit den Verfahren der Funktionentheorie. Da wir aber diese Theorie nicht heranziehen wollen, müssen wir uns darauf beschränken, gewisse Regeln aufzustellen, von denen man weiß, daß sie bewiesen werden können, die aber für den praktischen Gebrauch zugeschnitten sind. Die Regeln fallen verschieden aus, je nachdem, ob man die *Grenzfälle zu den unstabilen zählen will* oder nicht. Wenn die Kurve genau durch den Pfeifpunkt geht, liegt der Grenzfall vor, daß eine Eigenschwingung ihre Amplitude dauernd beibehält. Das ist aber ein Zustand, in dem ein System nicht auf die Dauer bleibt (§ 31), und dann entfällt der Winkelsprung. Wir entschließen uns, diese *Grenzfälle für sich zu zählen*. Dann ist es so, daß wir beim Durchgang durch den Pfeifpunkt in gewöhnlicher Art als Sprung eine positive halbe Umdrehung, also den Anteil $+1/2$ zählen müssen, dagegen beim Durchgang durch den unendlich fernen Punkt umgekehrt eine negative halbe Umdrehung, also den Beitrag $-1/2$ zu D.

Daß wir beim Durchgang durch den unendlich fernen Punkt das entgegengesetzte Vorzeichen bekommen, kann man sich leicht anschaulich klarmachen, wenn man eine Darstellung wie das Bild 66,1 betrachtet. Hier ist außer der komplexen Ebene noch die komplexe Kugel dargestellt, die im Anfangspunkt auf die Ebene aufgesetzt ist. (Die komplexe Kugel und die komplexe Ebene verhalten sich also ähnlich wie eine Tasse zur Untertasse.) Es sind einander diejenigen Punkte zugeordnet, die auf demselben Strahl durch den Nordpol P liegen. Wir können nun das, was wir auf der Ebene machen, auch auf der Kugel verfolgen und umgekehrt. Wir denken uns, daß sich ein Punkt auf der Ortskurve in Richtung der positiven imaginären Achse auf der *Ebene* bewegt. Dann durchlaufen wir einen größten Kreis auf der Kugel, und zwar nahezu einen Halbkreis, wenn wir in der Ebene sehr weit gehen. (Der einzige Punkt P ist ein Bild von allem, was in der Ebene sehr weit entfernt ist.) Wenn wir jetzt unseren Weg auf der *Kugel* weiterverfolgen, so können wir (wie punktiert angedeutet) den Halbkreis tatsächlich weiter ergänzen bis zum Punkt ∞, der mit P identisch ist. Wir könnten auch den Weg weiterhin fortsetzen und kämen dann — wenn wir nun wieder in die Ebene zurückkehren — von sehr großen negativ-imaginären Werten zum Anfangspunkt Null zurück. Statt nun durch den Punkt P auf der Kugel hindurchzugehen, denken wir uns *diesen Punkt umsprungen* längs des Kreises S, und zwar genau so, wie wir es beim Pfeifpunkt gemacht hatten, mit einem in *positivem* Sinne durchlaufenen Halbkreis. Wir müssen dabei die *Kugel von innen* betrachten, z. B. vom Punkt M aus, wie das durch den kegelförmigen Ausschnitt angedeutet ist. Wir *weichen* also auch hier von der Kurve *nach rechts aus* und umgehen den unangenehmen Punkt mit einem positiven Halbkreisbogen, genau wie vorher beim Pfeifpunkt. Diesen Halbkreisbogen stellen wir uns sehr klein vor, er wird sich also in der Ebene als ein sehr großer Halbkreisbogen projizieren. In Bild 66,1 ist der Bogen S auf der Kugel

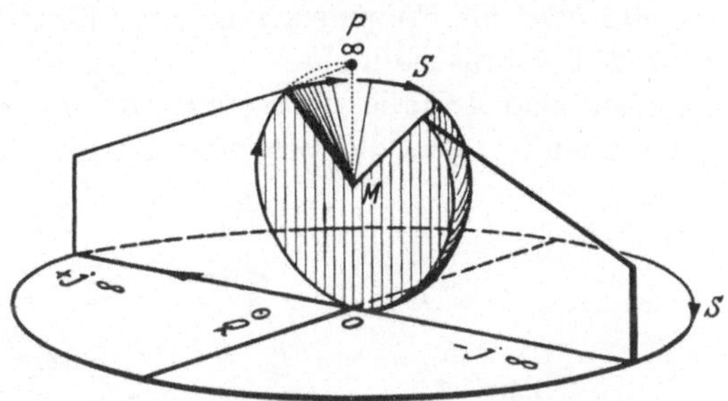

Bild 66,1. Winkelsprung S um den unendlich fernen Punkt P; von M aus gesehen ist S um P positiv, aber um Q negativ.

noch ziemlich groß. Er würde aber trotzdem einen Bogen S in der Ebene ergeben, der in den Rahmen nicht mehr hineinpaßt. Die Projektion wurde daher vorzeitig abgebrochen. Betrachten wir nun aber, wieviel dieser große Halbkreis S in der *Ebene* zur Drehzahl beiträgt, indem wir uns nicht mehr um den Punkt ∞ drehen, sondern um unseren Prüfpunkt — den wir uns ja immer im Endlichen denken —, z. B. um den Punkt 0 oder Q in der Ebene, so ist jetzt der Umlaufsinn umgekehrt, und daher kommt es, daß der Winkelsprung beim Durchgang durch den unendlich fernen Punkt negativ gezählt werden muß.

Ich habe den eben besprochenen Fall oben als den gewöhnlichen bezeichnet; als Sonderfälle wären also diejenigen zu betrachten, bei denen die Nullstellen oder Eigenwerte oder die Pole mehrfach sind. Man kann alle diese Fälle analytisch untersuchen, indem man die entsprechenden Reihenentwicklungen ansetzt. Wir wollen aber darauf nicht genauer eingehen. Diese Sonderfälle sind nicht so selten, wenn man zuläßt, daß sie bei beliebigen Frequenzen vorkommen. Daß aber solch ein besonderer Punkt der Ortskurve gerade genau in den Pfeifpunkt fällt, wird recht selten sein. Dagegen ist es nicht selten, daß eine Funktion *mehrfache Pole im Unendlichen* hat. Das ist sogar bei der Stammfunktion durchaus *die Regel*, denn die Stammfunktion ist ein Polynom, d. h. eine ganze rationale Funktion. Und wenn das Polynom von n-tem Grade ist, dann hat die Funktion für unendlich hohe Frequenzen nicht einen einfachen, sondern einen n-fachen Pol. Die Regel für diese Fälle ist die, daß die vorher ermittelten Zahlen $+1/2$ und $-1/2$ für die Drehsprünge noch mit der Zahl m zu multiplizieren sind, welche die Vielfache angibt (§ 32).

d) Der Winkelsprung in außergewöhnlichen Fällen.

§ 67. Es wurde oben darauf hingewiesen, daß sich solche besonderen Fälle beim Durchgang durch den Pfeifpunkt in der Form des Kurventrägers oder im Frequenzgang bemerkbar machen. Dies ist durch das Bild 67,1 veranschaulicht.

Hier sind 4 Fälle dargestellt für $n = 1/2;\,1;\,2$ und 3, wobei angenommen ist, daß die Besonderheit gerade im Pfeifpunkt stattfindet.

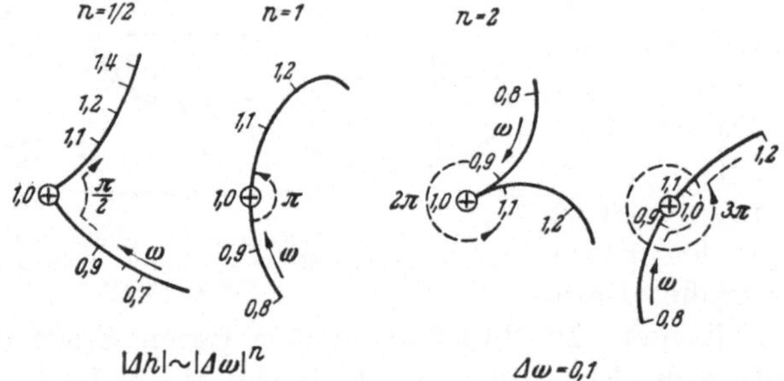

Bild 67,1. Verschiedene Drehsprünge (Winkelsprünge) beim Pfeifpunkt.
⊕ Pfeifpunkt; Eigenfrequenz 1.

Diesem Pfeifpunkt ist willkürlich eine bezogene Kreisfrequenz 1 zugeordnet worden, die also die Rolle einer Eigenfrequenz spielt. Diese Bilder haben natürlich auch Bedeutung für die *allgemeine Theorie der Ortskurven*, also für den Fall, daß der besondere Punkt nicht gerade der Pfeifpunkt ist. Der Fall $n = 1$ ist der gewöhnliche Fall; hier geht die Kurve glatt durch den Pfeifpunkt, und die Bezifferung ist ziemlich gleichmäßig. Im Falle $n = 2$ bekommen wir einen Rückkehrpunkt, weil sich die Quadrate von $+\Delta\omega$ und $-\Delta\omega$ nicht unterscheiden. In diesem Falle haben wir einen Drehsprung von der Größe $+1$ (oder den Winkelsprung 2π). Die Frequenzteilung ist hier quadratisch. Bei $n = 3$ geht der Träger wieder glatt durch den Pfeifpunkt, aber die Bezifferung schreitet in sehr ungleichmäßigen Intervallen fort, nämlich proportional der 3. Potenz von $\Delta\omega$. Es ist auch denkbar, daß man bei gewissen Prüfkurven dem Fall $n = 1/2$ begegnet, bei dem die Kurve einen rechten Winkel macht und die Bezifferung mit der Wurzel aus $\Delta\omega$ geht. Dies wäre z. B. möglich, wenn man Funktionen wie den Wellenwiderstand oder den Kettenübertragungsfaktor usw. heranzieht, in deren analytischen Ausdrücken Wurzeln auftreten. Spitzen ähnlich dem Fall $n = 2$ sind bei Ortskurven recht häufig zu finden; wie gesagt, ist aber wohl der Fall selten, daß die Spitze gerade in den Pfeifpunkt fällt.

Um nun für alle Fälle gewappnet zu sein, ist die Tafel 67,1 aufgestellt worden, aus der man entnehmen kann, was man für den Winkelsprung oder den Drehsprung einzusetzen hat, wenn einer der seltenen Fälle auftritt. (Über den Zusammenhang und die Begründung STRECKER [1], LEHMANN [L].)

Tafel 67,1. *Bestimmung des Drehsprungs aus dem Frequenzgang bei der Sprungfrequenz.*

Die Sprung-frequenz ω_0 ist	Die Ortskurve $h\,(j\omega)$ für Wechselvorgänge geht durch den Pfeifpunkt A. Dieser ist		
	0	endlich, $\neq 0$	durch ∞
	Positiver Sprung in kleinem Bogen		Negativer Sprung in großem Bogen
0	Frequenzgang $h \sim (j\omega)^n$	$\Delta h \sim (j\omega)^n$	$h \sim \dfrac{1}{(j\omega)^m}$
	Drehsprung $+\,n/2$		$-\,m/2$
endlich, $\neq 0$	Frequenzgang $h \sim (j\Delta\omega)^n$	$\Delta h \sim (j\Delta\omega)^n$	$h \sim \dfrac{1}{(j\Delta\omega)^m}$
	Drehsprung $+\,n/2$		$-\,m/2$
∞	Frequenzgang $h \sim \dfrac{1}{(j\omega)^m}$	$\Delta h \sim \dfrac{1}{(j\omega)^m}$	$h \sim (j\omega)^n$
	Drehsprung $+\,m/2$		$-\,n/2$

Bemerkung: Gewöhnlich ist n oder $m = 1$; bei Polynomen (Stammfunktion) auch der Fall rechts unten mit $n =$ positive ganze Zahl. In Ausnahmefällen wird n oder $m = (1/2)$; oder 2; 3; 4; $\cdots$.

e) Endgültige Klärung der Beispiele.

§ 68. Bei dem Verstärker Bild 68,1 mit einer Verstärkung vom Betrage ungefähr 3,4 dreht sich der Prüfzeiger, dessen Fußpunkt ja $+1$ ist, wenn man bei der Frequenz Null beginnt, aus der Richtung nach links mit wachsender Frequenz zunächst bis zur Tangente T mit dem Richtungssinn nach oben. Da dies ein gewöhnlicher Punkt ist, denn der Kurventräger geht glatt durch den Pfeifpunkt und die Frequenzteilung ist in großer Nähe des Pfeifpunktes gleichmäßig, haben wir mit einem Winkelsprung S vom Betrage

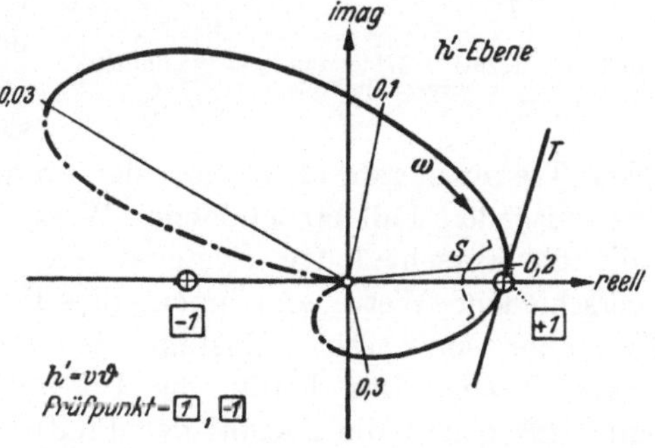

Bild 68,1. Zweidraht-Zwischenverstärker im Pfeifpunkt.

+1/2 zu rechnen. Dieser bringt uns auf der Tangente T in den Richtungssinn nach unten. Von da aus kehren wir mit dem Prüfzeiger in die Richtung nach links zurück. Im ganzen hat sich der Prüfzeiger nicht um den Pfeifpunkt gedreht. Das System hat also (außer dem besonders gezählten Grenzwert, dem eine weder an- noch abklingende Eigenschwingung mit der relativen Frequenz von etwa 0,21 entspricht) keinen Pfeifwert.

Bild 68,2 zeigt rechts unten die Ortskurve des Schwingkreises von Bild 65,1 und darüber den Fall, daß der Wirkwiderstand positiv ist. Die Kurve wird zweimal durchlaufen und geht auch zweimal durch den unendlich fernen Punkt, einmal für unendlich hohe Frequenzen und einmal

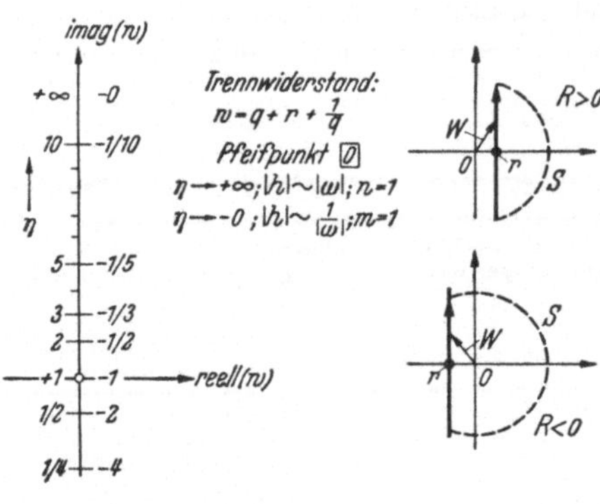

Bild 68,2. Schwingkreis mit Widerstand R.

für verschwindend kleine Frequenzen. Wir brauchen dazu die Tafel 67,1 rechts, oben und unten. In der Mitte von Bild 68,2 ist angegeben, welche Potenzgesetze gelten. Danach hat man für n und m den Wert 1 einzusetzen. Es ergibt sich also für jeden der beiden Winkelsprünge der Beitrag —1/2. Man kann sich die stark ausgezogene Ortskurve durch die gestrichelten Bögen ergänzt denken und findet im oberen Fall die Umdrehungszahl $D = 0$ und unten für negativen Widerstand $D = -2$. Daß die Anzahl der Pfeifpole in allen Fällen Null ist, kann man hier auch sehr leicht feststellen; denn wir können ja von dem Fall mit positivem Wirkwiderstand stetig zu dem Fall mit negativem Widerstand übergehen. Dabei ändert sich aber in dem Ausdruck für

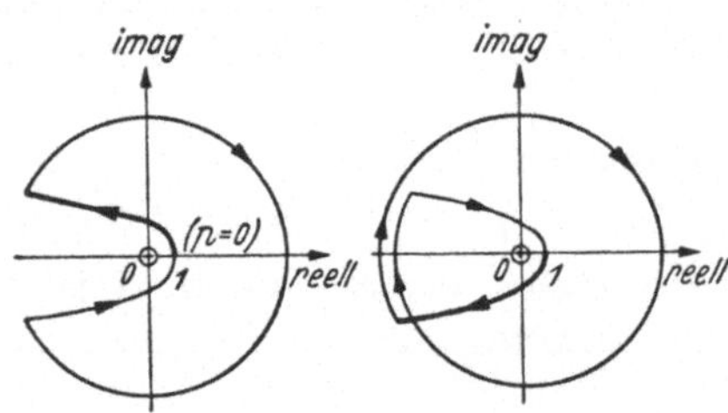

Bild 68,3. Negativer Widerstand mit Spannungsresonanzkreis.

den Trennwiderstand w nur der frequenzunabhängige Teil r. Das ist auf jeden Fall ein endlicher Wert, d. h. die Pole von w sind für alle die verschiedenen Systeme, die wir erhalten, wenn wir für r verschiedene Werte annehmen, dieselben. Wenn r positiv ist, haben wir aber ein passives System, das keine Pfeifpole hat; es ist also stets $P = 0$. Das heißt, die Umdrehungszahl negativ genommen, gibt uns genau die Anzahl der Pfeifwerte. Falls also der Wirkwiderstand negativ ist, bekommen wir 2 Pfeifwerte, die im vorliegenden

Fall konjugiert komplex sind und zu einem einzigen reellen Wuchsvorgang führen.

Wir können den Schwingungskreis auch diskutieren, indem wir die Stammfunktion zugrunde legen. Diese haben wir ja weiter oben an Hand des Bildes 56,1 besprochen. Wir haben dort Parabeln als Ortskurven erhalten. Man ist nun vielleicht geneigt, zu denken, daß sich diese Kurven im Unendlichen schließen, indem sie längs der negativen reellen Achse hinauslaufen. Wenn man unter dieser Annahme die Umdrehungszahl feststellte, fände man nach Bild 56,1 für positiven Wirkwiderstand $+1$ und für negativen Wirkwiderstand -1. Damit käme man zu dem Schluß, daß auf jeden Fall das System mit negativem Widerstand unstabil sei. Bei weiterer Verfolgung des Gedankens käme man darauf, daß es nur einen Pfeifwert hätte. Dieses Eigenwuchsmaß müßte aber dann reell sein, denn zu jedem komplexen Wert muß auch der konjugierte auftreten. Man würde also einen Eigenwert in der Form $p_1 = -\varrho_1$ erwarten, und das ist falsch. Man bekommt keinen aperiodischen, sondern einen schwingenden Vorgang. Dies kann man ohne weiteres klären, wenn man den Winkelsprung beachtet. In Bild 68,3 haben wir die beiden Parabeln von Bild 56,1 wiederholt. Es handelt sich hier um ein Polynom, das mit der Frequenz quadratisch nach Unendlich geht. In Tafel 67,1 rechts unten haben wir also jetzt $n = 2$ und der Drehsprung ist -1. Dieser Sprung ist durch die schwach ausgezogenen Kurventeile angedeutet, und da der Pfeifpunkt 0 ist, erhalten wir links für die positiven Wirkwiderstände $D = 0$ und rechts für die negativen Wirkwiderstände $D = -2$. Das stimmt überein mit dem Wert, den wir oben aus dem Trennwiderstand abgeleitet und näher besprochen haben.

19. Die Drehzahlsumme.

a) Bestimmung der Anzahl von Pfeifpolen durch Folgen abgeänderter (umbemessener oder umgeformter) Systeme; Beispiel: Fehlermesser.

§ 69. An Hand eines Beispiels wird nunmehr ein allgemeines Verfahren entwickelt, durch welches die Anzahl P der Pfeifpole, welche die Prüffunktion haben kann, aus dem notwendigen und hinreichenden Stabilitätskriterium ausgeschieden werden kann. Man kann dann durch Feststellung gewisser Drehzahlen allein entscheiden, ob ein System selbsterregungsfähig ist oder nicht. Darüber hinaus kann man auch die Anzahl der Pfeifwerte bestimmen.

Als Beispiel dient uns der Fehlermesser, der früher auch als Echomesser bezeichnet wurde (FELDTKELLER und JACOBY [L]). Sein Zweck besteht darin, zwei Scheinwiderstände auf ihre Unterschiede zu prüfen. Diese sind im Bild 69,1 mit K und N bezeichnet. K ist der Prüfling, z. B. eine Anzahl von Leitungen (der Buchstabe K soll an Kabel er innern, weil L zu sehr an die Induktivität erinnert); N ist die für diese Art von Leitungen bestimmte Nachbildung. Man kann aber N auch allgemeiner als einen Normalwiderstand auffassen. Im ganzen gesehen stellt diese „Ringschaltung" einen typischen *rückgekoppelten Verstärker* dar. In dem oberen Weg sieht man den eigentlichen Verstärker, und der Rest kann als Rückkopplungsweg betrachtet werden, dessen Übertragungsfaktor hauptsächlich durch die Ausgleichschaltung A und den Unterschied von K und N bestimmt ist. Bei der praktischen Anwendung soll im wesentlichen der Betrag der Differenz $N - K$ festgestellt werden; man bezeichnet das Gerät daher auch genauer als Fehlerdämpfungsmesser. Um das zu erreichen, gibt man der Rückkopplung sehr viel Phasendrehung, so daß man in Abhängigkeit von der Frequenz einen genügend raschen *Übergang von Mitkopplung zu Gegenkopplung* hat. Daher enthält der Verstärkerteil einen Bandpaß B mit einer hinreichenden Anzahl von Gliedern. Der Bandpaß soll natürlich außerdem auch das Frequenzband auf den Bereich beschränken, in dem der Fehlerbetrag festgestellt werden soll. Den Verstärker macht man möglichst so,

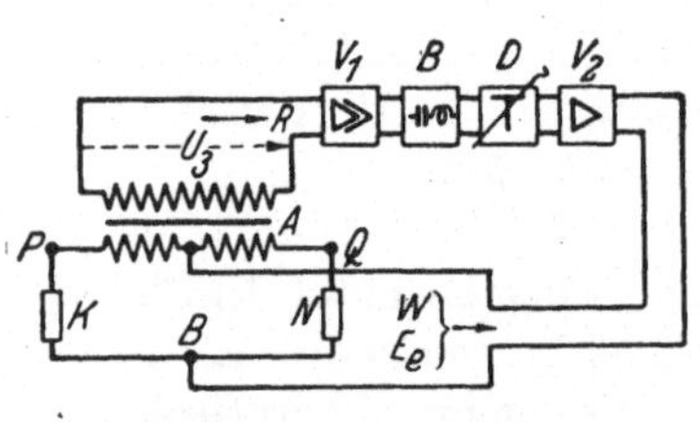

Bild 69,1. Fehlermesser
(Fehlerdämpfungsmesser).

daß sein Eingangswiderstand R und Ausgangswiderstand W von Änderungen, z. B. von der Einstellung des Dämpfungsgliedes D, möglichst unabhängig ist, und daß er nur einseitig überträgt, d. h. sein „Umkehrverhältnis" (das ist gleichbedeutend mit der Determinante der Kettenmatrix, STRECKER [5]) gleich Null ist.

Für die weiteren Betrachtungen ersetzen wir den Fehlermesser durch die Ersatzschaltung in Bild 72,1a. Hier ist der Verstärker ersetzt durch seinen Eingangswiderstand R und durch den Ersatzgenerator für seinen Ausgang, der also den Ausgangswiderstand W und die Urspannung E_3 umfaßt; und zwar denken wir uns die Urspannung gesteuert von der Spannung U_3 an R. Wir können dann diese Steuerungsgröße $v = E_e/U_3$ als Leerlaufverstärkung auffassen. Im folgenden wird vorausgesetzt, daß v merklich größer als 1 ist, damit die Beziehungen möglichst übersichtlich werden. Bei einer Meßschaltung, wie sie der Fehlermesser ist, werden auch noch andere besondere Bemessungsbedingungen eingehalten. Wir nehmen als einfachen Fall an, daß R wesentlich größer als K und N ist, während K und N von gleicher Größenordnung sind. Weiter soll K und N wesentlich größer sein als W. Im Richtungssinn der Leistungsübertragung haben wir dann praktisch Leerlaufbetrieb.

Man kann nun die Schaltung in zwei Teile zerlegen (§ 17), nämlich den Prüfling K und den Rest der Schaltung, den man als das eigentliche Meßgerät auffaßt. An dem Klemmenpaar PB in Bild 69,1 oder $P'B$ in Bild 72,1 a kann man dann den Eingangswiderstand W_e dieses Geräts feststellen (berechnen oder messen). Dieser Eingangswiderstand hängt im wesentlichen nur von v und N ab, und zwar ergibt die Berechnung

$$W_e = - \frac{v-1}{v+1}\, N\,. \tag{69,1}$$

Der Bruch rechts hat die Form eines Fehlfaktors

$$\frac{-W_e}{N} = \vartheta = \vartheta\,(v,\,1) = \frac{v-1}{v+1}\,. \tag{69,2}$$

Als Eigenwertbedingung können wir einführen, daß der Trennwiderstand W_1 im Punkte P (Bild 72,1 a) verschwindet:

$$W_1 = W_e + K = 0\,. \tag{69,3}$$

Die Summe aus dem Eingangswiderstand und dem Prüflingswiderstand soll verschwinden. Nebenbei sei erwähnt, daß man die Eigenwertbedingung dann auch in die Form bringen kann $v(N - K)/(N + K) = 1$, welche besagt, daß das Produkt aus der Verstärkung v und einem Rückkopplungsfaktor 1 sein soll. Wir kehren aber zu unserer ursprünglichen Form (69,1) zurück. Wenn man dort und in (69,3) außerdem noch die folgenden bezogenen Werte einführt,

$$\frac{W_e}{N} = w_e \tag{69,4}$$

und

$$\frac{K}{N} = \varkappa, \tag{69,5}$$

so erhält man aus (69,2) $- w_e = \vartheta$, und die Eigenwertbedingung (69,3) bekommt die einfache Form

$$\vartheta = \varkappa\,. \tag{69,6}$$

In dieser Gleichung fassen wir, wie immer, die rechte Seite als den Prüf- oder Pfeifpunkt auf. ϑ ist auf jeden Fall eine Funktion der Verstärkung und damit der Frequenz. Dagegen kann $\varkappa$ auch konstant, d. h. von der Frequenz unabhängig sein. Wir wollen das der Einfachheit halber (meistenteils) voraussetzen, so daß $\varkappa$ einen festen Punkt darstellt; im allgemeinen wird natürlich $\varkappa$ ebenfalls eine Funktion der Frequenz sein und damit eine Ortskurve beschreiben. Dann würde man unter Umständen besser fahren, wenn man die Gl. (69,6) wieder auf die Grundform, d. h. „auf Null" bringt.

§ 70. Um das Grundsätzliche besser herauszuarbeiten, setzen wir die rechnerische Behandlung weiter fort. Erst später werden wir uns auf eine Messung beziehen. Die Funktion ϑ stellt nach (69,2) den bezogenen Eingangswiderstand mit entgegengesetztem Vorzeichen dar, und wir müssen uns jetzt ein Bild davon machen, wie die Ortskurve dieses Scheinwiderstandes verläuft. Es sei als bekannt vorausgesetzt, daß durch eine lineare gebrochene Funktion wie (69,2) Kreise in der v-Ebene übergeführt werden in Kreise in der ϑ-Ebene. Wir müssen zunächst für die Verstärkung v noch eine Annahme machen. Sie soll darin bestehen, daß im Hauptfrequenzbereich, also im Durchlässigkeitsbereich des Bandpasses B in Bild 69,1, der Betrag der Verstärkung konstant sei und daß der Winkel der Verstärkung linear von der Frequenz abhängt (Bild 70,1). (Der Kreis ist der Deutlichkeit wegen als Spirale gezeichnet.) Es soll also sein: Winkel von $v = -T\omega + T_0$. Die Gruppenlaufzeit T ist innerhalb des Verstärkungsbereichs unabhängig von der Frequenz. Außerhalb dieses Bereichs soll der Verstärkungsfaktor rasch auf Null gehen.

Da sich demnach v auf einem Kreis bewegt, ist das auch bei ϑ der Fall. Man kann sich leicht überzeugen, daß, wenn man in (69,2) für v

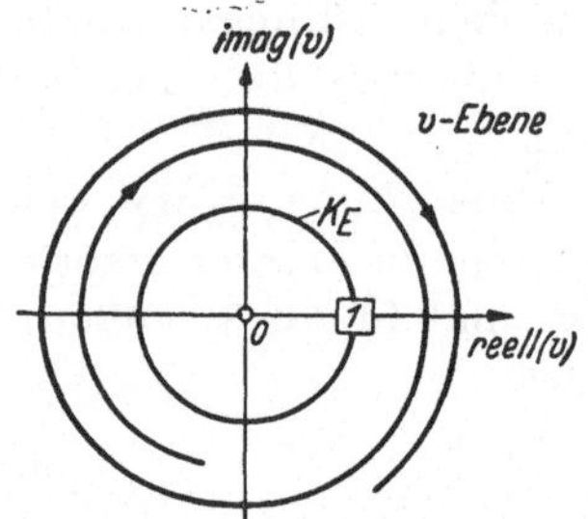

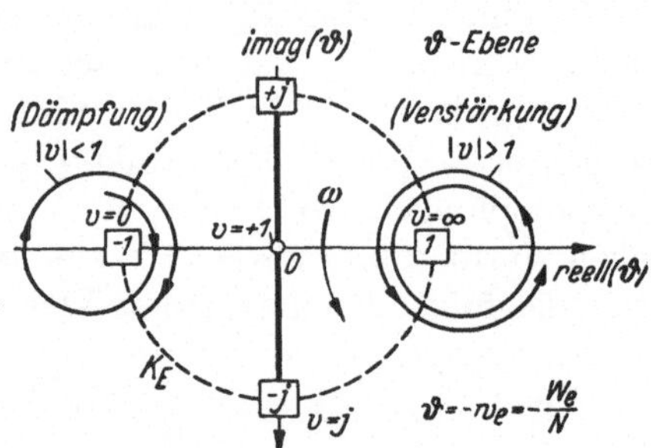

Bild 70,1. Annahme für die Verstärkung v im Hauptfrequenzband.

Bild 70,2. Bezogener Eingangswiderstand mit entgegengesetztem Vorzeichen.

konjugiert komplexe Werte einsetzt, auch ϑ konjugiert komplexe Werte annimmt. Da der Kreis für v symmetrisch zur reellen Achse liegt, muß also auch der ϑ-Kreis symmetrisch zur reellen Achse sein, d. h. einen Mittelpunkt auf der reellen Achse haben. Betrachtet man Systeme mit verschiedenem Betrag der Verstärkung, so kann man sich rasch ein Bild davon machen, wie diese Kreise für ϑ liegen (Bild 70,2). Für $v = 0$ wird $\vartheta = -1$. Der Kreis schrumpft auf einen Punkt in der negativen Halbebene zusammen. Ist die Verstärkung v klein gegen 1, so wird also auch ϑ einen kleinen Kreis um den Punkt -1 beschreiben. Geht umgekehrt v nach Unendlich, so zeigt (69,2), daß $\vartheta = +1$ wird. Der Kreis schrumpft dann um den Einheitspunkt in der positiven Halbebene zusammen, und für Werte der Verstärkung v, die groß gegen 1 sind, beschreiben wir einen verhältnismäßig kleinen Kreis um diesen Einheitspunkt. Wir betrachten nun noch den Fall, daß v den Betrag 1 hat, d. h. sich auf dem Einheitskreis K_E in Bild 70,1 dreht. Das ist etwa die Grenze, wo die Verstärkung aufhört und in Dämpfung übergeht. Wir wollen in diesem Fall auch feststellen, in welcher Richtung man den entsprechenden Kreis in der ϑ-Ebene durchläuft, wenn die Frequenz wächst. Dazu betrachten wir, welche Werte ϑ annimmt, wenn wir v nacheinander gleich -1; j; 1 und $-j$ machen. Für $v = -1$ erhalten wir $\vartheta = \infty$. Ein Kreis durch den unendlich fernen Punkt ist aber eine gerade Linie, und zwar muß diese im vorliegenden Fall senkrecht zur reellen Achse sein, da sie zu sich selbst konjugiert sein muß. Für $v = j$ nehmen der Zähler in (69,2) und der Nenner den gleichen Betrag an. Der Betrag von ϑ wird also 1. Der Winkel ergibt sich daraus, daß der Zähler den Winkel 135° und der Nenner den Winkel 45° hat; ϑ hat also den Winkel 90° und ist somit $\vartheta = j$. Für $v = 1$ erhalten wir sehr einfach $\vartheta = 0$. Die Gerade in der ϑ-Ebene ist also identisch mit deren imaginärer Achse. Für $v = -j$ erhalten wir natürlich den konjugierten Wert wie für $v = j$. Es wird also $\vartheta = -j$. Aus den 4 berechneten Werten ergibt sich, daß wir die imaginäre Achse in der ϑ-Ebene von oben nach unten durchlaufen, wenn die Frequenz wächst (wenn, wie vorausgesetzt, $|v| = 1$ ist). Der Umlaufsinn für die anderen Kreise in Bild 70,2 ergibt sich eindeutig daraus, daß man den Betrag von v stetig ändern kann. Da $|v|$ größer als 1 sein soll, interessieren uns Kreise in der rechten ϑ-Halbebene. Dort ist die Kurve „linksläufig“, während man sonst gewöhnt ist, daß die Ortskurven von Scheinwiderständen rechtsläufig sind. Dabei macht es nichts aus, daß wir hier unter ϑ einen Scheinwiderstand mit entgegengesetztem Vorzeichen zu verstehen haben, denn wenn man die Figur von Bild 70,2 in der Zeichenebene um 180° herumdreht, bleibt die Kurve linksläufig. Nebenbei sei noch bemerkt, daß sich für sehr große Verstärkung unsere Kurve auf den Punkt 1 zusammenzieht und daß dies nach den Gl. (69,2) und (69,4) bedeutet, daß der Eingangswiderstand sich mehr und mehr dem Werte $-N$ nähert.

Von FELDTKELLER und JACOBY wurde eine Ortskurve für den Eingangswiderstand auch gemessen. Sie ist hier im Bild 70,3 (*vergröbert*) wiedergegeben. Das Bild zeigt auch die Kreise, auf denen der Eingangswiderstand im Hauptfrequenzbereich verlaufen soll, wenn die Verstärkung die Werte $s = 0$;

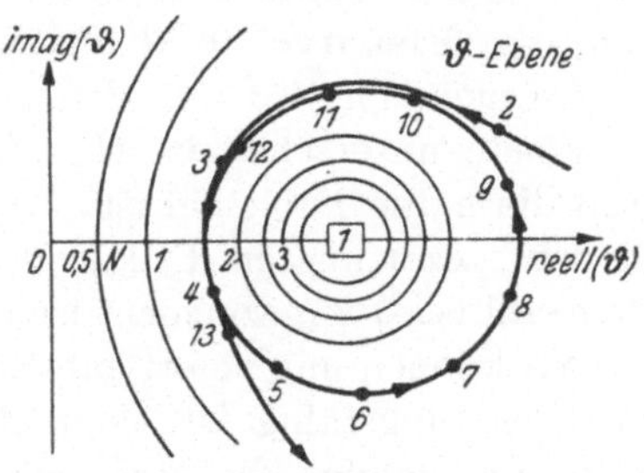

Bild 70,3. Meßkurve des Eingangswiderstandes $(-\vartheta)$ mit entgegengesetztem Vorzeichen.

$0,5 \cdots 3,5\ N$ annimmt. Man sieht, daß die gemessene Kurve ausgezeichnet dem berechneten Wert für die Verstärkung von $1,5\ N$ entspricht, und zwar im Frequenzband von $\omega = 2000 \cdots 13\,000\ \mathrm{s}^{-1}$, dem die Ziffern von $2 \cdots 13$ im Bild 70,3 entsprechen. Sie schmiegt sich einem Kreis sehr gut an, und die Frequenzen sind einiger-

maßen gleichmäßig darauf verteilt. Da ϑ der bezogene Scheinwiderstand mit entgegengesetztem Vorzeichen ist und die Verstärkung
außerhalb des Frequenzbandes sehr klein werden soll, muß sich
der Scheinwiderstand für sehr tiefe und sehr hohe Frequenzen wie
der eines passiven Netzwerkes verhalten, d. h. die Kurve für ϑ muß
aus der linken Halbebene kommen und in ihr wieder verschwinden.
Für die folgenden Überlegungen haben wir den Eingangswiderstand
schematisiert (Bild 70,4). Wir nehmen an, daß die Verstärkung sich im
(positiven) Hauptfrequenzbereich zweimal um den Anfangspunkt dreht
(Bild 70,4 links; rechtsherum; die Richtungspfeile im Bild sind falsch),
und daß ϑ (gemäß Bild 70,4 rechts) mit wachsender Frequenz aus
der linken Halbebene kommt, sich dann zweimal linksherum um den

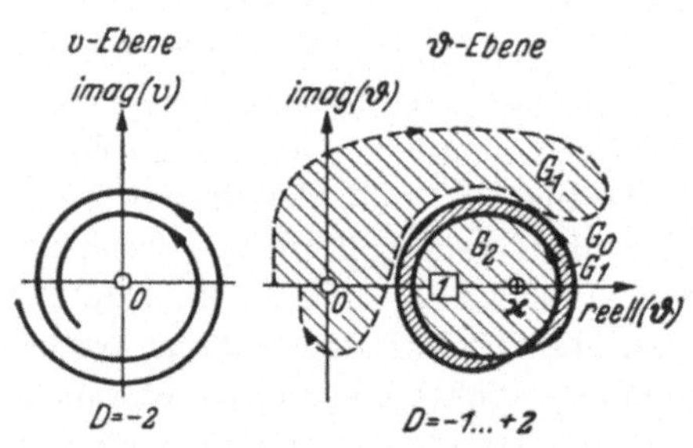

Bild 70,4. Eingangswiderstand $(-\vartheta)$ mit entgegengesetztem Vorzeichen und Verstärkung v;
schematisch.

Punkt 1 dreht und wieder in der
linken Halbebene verschwindet. Es läßt sich leicht ableiten, daß die Anzahl der Umdrehungen im Bild 70,4 links
und rechts die gleiche ist.

Wenn K und N bei allen
Frequenzen einander proportional, z. B. Ohmsche Wider-
stände, sind, ist der Pfeifpunkt $\varkappa$
ein fester Punkt auf der reellen
Achse. Wir können aber $\varkappa$
ändern, und zwar so, daß wir nur K ändern, während die Meßschaltung unverändert bleibt, d. h. es soll insbesondere N nicht verändert
werden, und damit behält auch der Eingangswiderstand seinen Wert,
d. h. die Ortskurve für ϑ bleibt dieselbe.

Je nachdem, wo der Pfeifpunkt $\varkappa$ in Bild 70,4 liegt, können wir
4 Gebiete unterscheiden: G_{-1}, G_0, G_1 und G_2. Der Index gibt an, wie
groß die halbe Drehzahl ist, wenn $\varkappa$ in dem betreffenden Gebiet liegt.
In dem gezeichneten Fall liegt z. B. $\varkappa$ im Gebiet G_2, und die halbe
Drehzahl ist $+2$ (gezeichnet ist nur der Zweig für positive Frequenzen).

Wir können nun sofort entscheiden, daß unser System im Gebiet G_{-1}
selbsterregungsfähig ist, denn dort ist die Drehzahl negativ, und als
Kriterium genügt die hinreichende Bedingung (63,2). Dagegen lassen
sich die anderen Fälle nicht ohne weiteres entscheiden. Man braucht
dazu das notwendige und hinreichende Stabilitätskriterium (63,3), d. h.
man muß etwas über die Anzahl P der unstabilen Pole wissen.

§ 71. Wir können nun hier so wie früher durch gewisse physikalische
Überlegungen weiterkommen, wenn wir eine Folge umbemessener
Systeme herstellen, indem wir die Systemkonstante K verändern, also
den Widerstand des Prüflings und damit den Pfeifpunkt $\varkappa$. Wenn man

aus einer solchen (stufenweisen oder stetigen) Folge umbemessener Systeme Nutzen ziehen will, muß man dafür sorgen, daß sich bei der Änderung des Systems die Anzahl P der Pfeifpole der Prüffunktion nicht ändert. Das gilt hier, weil wir nur die frequenzunabhängige Größe $\varkappa$ ändern. In der Prüfgleichung (69,9) ist also ϑ die Prüffunktion, und die Pole, um die es sich handelt, sind diejenigen Wuchsmaße, für die ϑ unendlich groß wird. Sie ändern sich also nicht, und für alle umbemessenen Systeme ist die Anzahl der Pfeifpole dieselbe.

Nun können wir den Gedankengang umkehren und uns ein System suchen, bei dem wir umgekehrt N kennen. Dazu gehören diejenigen Systeme, für die $\varkappa$ im Gebiet G_2 liegt. Denn in dem speziellen Fall, daß $\varkappa = 1$ ist, wird ja $K = N$. Damit ist die Ausgleichsschaltung vollkommen abgeglichen, so daß das System sich nicht selbst erregen kann. Die Anzahl der Pfeifwerte ist also für diesen Fall Null, so daß wir im Gebiet G_2 schreiben können $N = 0$ oder $P - N = P = D$. Damit gilt für alle geänderten Systeme: $P = 4$. Für beliebige Lage von $\varkappa$ können wir daher schreiben:

$$\left.\begin{aligned} N = P - D = 4 - D &= 6 \text{ in } G_{-1}, \\ &= 4 \text{ in } G_0, \\ &= 2 \text{ in } G_1, \\ &= 0 \text{ in } G_2. \end{aligned}\right\} \tag{71,1}$$

Damit haben wir das Problem der Selbsterregungsfähigkeit vollständig geklärt und darüber hinaus auch noch die Anzahl der unstabilen Eigenwerte festgestellt. Stabil ist nur das Gebiet G_2 mit der verhältnismäßig guten Nachbildung; selbsterregungsfähig sind die Systeme, bei denen $\varkappa$ in einem der anderen Gebiete liegt, und zwar erhalten wir in G_1 zwei, in G_0 vier und in G_{-1} sechs Pfeifwerte.

§ 72. Es wird nicht immer möglich sein, Untersuchungen durchzuführen, die auf der Umbemessung, d. h. Veränderung von Systemeigenschaften, begründet sind, weil sich, jedenfalls im Gedankenexperiment, die Folgen der Änderungen nicht immer klar übersehen lassen. Das im folgenden dargestellte Verfahren gibt die Möglichkeit zur systematischen Untersuchung solcher Fälle, wobei man das System nicht umbemißt; sondern man geht von einem System zu einem ersten *umgeformten* und, wenn nötig, zu einem zweiten umgeformten System über usw. und erhält so eine *Folge von umgeformten Systemen*. Die Umformungen werden so gemacht, daß man dabei die zunächst unbestimmte Anzahl der unstabilen Pole, welche die Prüffunktion des ursprünglichen Systems hat, ausscheidet. Man kommt damit aus, die Drehzahlen für eine Folge von Prüffunktionen festzustellen, und stellt dadurch bei allen Gliedern der Folge ebenfalls fest, sowohl ob sie selbsterregungsfähig sind, als auch wieviel Pfeifwerte sie haben.

In Bild 72,1a sehen wir noch einmal das Ersatzschema des ursprünglichen Systems. Wir haben versucht, die Selbsterregungsfrage zu klären, indem wir den Trennwiderstand W_1 feststellten und prüften, kamen damit aber nicht zum Ziel. Um z. B. W_1 zu messen, müssen wir das ursprüngliche System S auftrennen, indem wir den Punkt P in zwei Punkte P' und P'' auseinanderlegen und dann eine Quelle, z. B. die Urspannung W_1, einschalten. Statt dessen können wir auch sagen, daß wir ein umgeformtes System S' (Bild 72,1b) betrachten, bei dem die Klemmen P' und P'' offen liegen (man denke sich zunächst den Punkt Q noch nicht

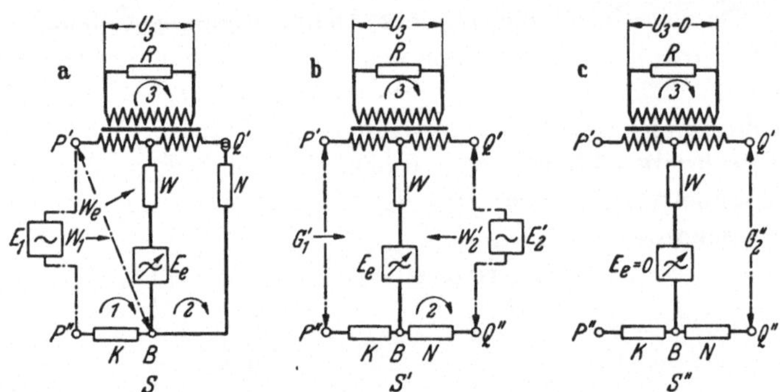

Bild 72,1 a—c. Systemfolge: Umformung durch Veminderung der Kreiszahl.

getrennt). Es sind dann P' und P'' zwei vollkommen voneinander getrennte Klemmen eines neuen, nämlich des ersten umgeformten Netzwerkes S', und man kann nun die Eigenwertbedingung für dieses System in der Form ansetzen, daß der Netzleitwert G_1' verschwindet. Denn dann ist ein verschwindend kleiner Urstrom in der Lage, eine endliche Spannung zwischen P' und P'' und damit auch nicht verschwindende Vorgänge an anderen Stellen dieses ersten umgeformten Netzwerkes hervorzurufen. Nun ist aber G_1' identisch mit dem Kehrwert von W_1, d. h. die Nullstellen dieses Netzleitwertes G_1' sind identisch mit den Polen, d. h. Unendlichkeitsstellen von W_1. Hierdurch sind die beiden Netzwerke Bild 72,1a u. b miteinander ganz fest verknüpft.

Man muß nun noch einen *zweiten Gedanken* hinzunehmen, der die ganze Auffassung in diesem Buch durchzieht, nämlich, daß man *nicht auf eine ganz bestimmte Funktion oder Eigenschaft angewiesen* ist, wenn man die Eigenwerte eines Netzwerkes bestimmen will. Wir gehen daher beim ersten umgeformten Netzwerk S' (Bild 72,1b) *vom Netzleitwert zu einer anderen Prüffunktion* über. Davon gibt es in den meisten Fällen eine große Anzahl. Wenn wir aber unser Verfahren in der gleichen Art fortsetzen wollen, werden wir zweckmäßig wieder einen Trennwiderstand wählen. Wir nehmen z. B. den Trennwiderstand W_2' zwischen den

Punkten Q' und Q''. Die Eigenwertbedingung können wir dann auch in der Form schreiben $W_2' = 0$. Wir haben damit zunächst folgende Gleichungen:

$$\text{für das ursprüngliche System } S: \quad P - N = D, \qquad (72,1)$$

$$\text{als Verknüpfung der Netzwerke } S \text{ und } S': \quad P = N' \qquad (72,2)$$

(da die Pole von W_1 gleich den Nullstellen von G_1 sind, also gleich den Eigenwerten von S') und

$$\text{für das erste umgeformte System } S': \quad P' - N' = D' \qquad (72,3)$$

Meßkurven für W_2' sind leider nicht vorhanden; aber wenn man das vereinfachte Schaltschema von S' zugrunde legt, das in Bild 72,2 links dargestellt ist, kann man W_2' leicht berechnen, sofern man die besonderen Annahmen über die Bemessung der Elemente berücksichtigt, nämlich daß R sehr groß ist gegen W und N.

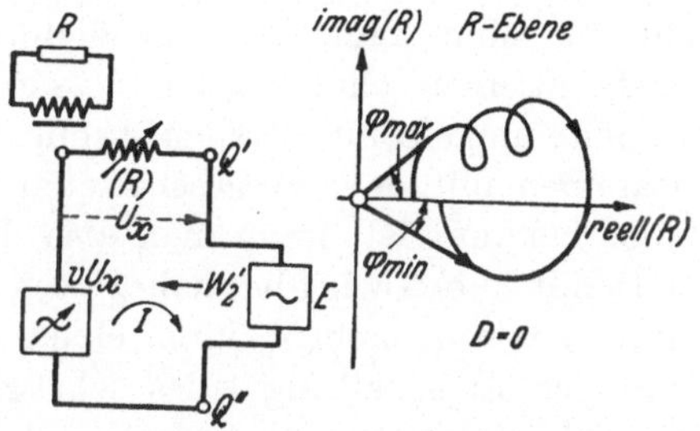

Bild 72,2. Trennwiderstand W_2' des ersten umgeformten Systems S'.

Wir können dann W und N fortlassen, und eine einfache Überlegung liefert

$$E = (v + 1)\, U_x = (v + 1)\, RI. \qquad (72,4)$$

Hieraus ergibt sich sofort die Eigenwertbedingung, denn es ist möglich, daß der Strom I nicht verschwindet, auch wenn E verschwindet, sofern

$$\frac{E}{I} = W_2' = (v + 1)\, R = 0 \qquad (72,5)$$

ist. Nun ist R ein sog. „positiver Scheinwiderstand", nämlich der Widerstand des passiven Teilnetzwerkes vor dem Gitter der ersten Röhre. Wie in Bild 72,2 rechts schematisch angedeutet ist, wird also R in der rechten Halbebene liegen, ohne durch den Nullpunkt zu gehen; der Zeiger von R mit dem Fußpunkt im Anfangspunkt wird somit einen Winkel haben, der sich beim Durchlaufen der Kurve nur zwischen einem Höchstwert $\varphi_{\max}$ und einem Kleinstwert $\varphi_{\min}$ bewegt. Die Drehzahl von R allein ist also Null und hat auf die gesamte Drehzahl von W_2' keinen Einfluß. Die Drehzahl von $v + 1$ um den Punkt Null anderseits ist identisch mit der Drehzahl von v allein um den Punkt Null, weil unsere Betrachtungen ohnehin nur gelten, wenn $|v|$ größer als 1 ist. Die Drehzahl von S', die wir mit einem Strich bezeichnen, oder, genauer gesagt, die Drehzahl D' von W_2' ist also zahlenmäßig vorausgesetzt zu -4, weil sich v für die positiven Frequenzen allein zweimal (im ganzen also viermal) rechtsherum drehen sollte.

Die Gl. (72,3) läßt uns also erkennen, daß das erste umgeformte System unstabil ist. Hierbei muß man natürlich die Punkte Q' und Q'' wieder miteinander decken, d. h. kurzschließen. Man wird also z. B. in der Schaltung von Bild 72,1 b den Trennwiderstand W_2' nicht ohne weiteres messen können, wenn E_2 eine Spannungsquelle mit sehr kleinem Widerstand ist. Das Ganze ist physikalisch ohne weiteres zu verstehen, denn wir haben ja auf der Seite des Leitungswiderstandes K das System aufgetrennt, während auf der anderen Seite der Ausgleichsschaltung die Nachbildung N noch eingeschaltet blieb. Die Nachbildgüte ist also äußerst schlecht. Man kann sie aber dadurch verbessern, daß man zu der Quelle E_2 einen sehr großen Widerstand in Reihe schaltet, kann dadurch das erste umgeformte System stabilisieren und den Trennwiderstand W_2' zusammen mit dem vorgeschalteten Reihenwiderstand messen. Wenn dieser bekannt ist, kann man also der Messung auch W_2' entnehmen.

Damit haben wir aber nahezu schon den ersten Schritt in Bild 72,1, nämlich von a nach b, durch einen zweiten von b nach c fortgesetzt, denn der Einschaltung eines sehr großen Widerstandes zwischen Q' und Q'' entspricht im Grenzfall die vollkommene Auftrennung des Punktes Q, wie sie in Bild 72,1 c gegeben ist. Dieses zweite umgeformte Netzwerk S'' ist zweifellos stabil, weil hier vom Ausgang des Verstärkerteils auf seinen Eingang keine Leistung mehr übertragen werden kann. Wir können also für dieses Netzwerk folgende Gleichungen ansetzen:

als Verknüpfung der Netzwerke S' und S'': $P' = N''$ (72,6)

und für das System S'': $N'' = 0$.   (72,7)

Wenn wir, von der Gl. (72,7) ausgehend, die bekannten Werte in die vorhergehenden Gleichungen einsetzen, bekommen wir als Endergebnis

$$N = -(D + D'),\qquad (72,8)$$

d. h. die Anzahl der Nullstellen des ursprünglichen Netzwerkes ist entgegengesetzt gleich der Summe der Drehzahlen von der gebildeten Netzwerkfolge.

b) Die Anzahlgleichung und das Stabilitätskriterium mit der Drehzahlsumme.

§ 73. Der Übergang zu einer Gleichung von der Form (72,8) kann übersichtlicher gestaltet werden, wenn man die Gleichungen geschickter aufschreibt. Wir können dabei gleichzeitig den allgemeinen Fall erledigen, daß das n-te umgeformte System stabil ist. Wir bekommen dann nachstehende Folge von Gleichungen, worin auf der linken Seite überwiegend Zahlen untereinander stehen, deren Summe sich aufhebt.

$$
\begin{array}{lll}
\text{Ursprüngliches System } S: & P - N = 0 \\
\text{Beziehung von } S \text{ zu } S': & -P + N' = 0 \\
\hline
\text{1. umgeformtes System } S': & P' - N' = D' \\
\text{Beziehung von } S' \text{ zu } S'': & -P' + N'' = 0 \\
\hline
\text{2. umgeformtes System } S'': & P'' - N'' = D'' \\
& \cdots\cdots\cdots\cdots \\
\hline
S^{(n-1)}: & P^{(n-1)} - N^{(n-1)} = D^{(n-1)} \\
\text{Von } S^{(n-1)} \text{ zu } S^{(n)}: & -P^{(n-1)} + N^{(n)} = 0 \\
\hline
\text{Stabiles System } S^{(n)}: & -N^{(n)} = 0.
\end{array}
\tag{73,1}
$$

Summe mit entgegengesetztem Vorzeichen:

$$
\boxed{\; N = - \sum_{k=0}^{n-1} D^{(k)} \quad \begin{array}{l}\text{Satz von der} \\ \text{Drehzahlsumme}\end{array}\;}
\tag{73,2}
$$

worin $P^{(0)} = P$ und $N^{(0)} = N$ zu setzen ist. Die notwendige und hinreichende Bedingung für die Stabilität, daß N größer als Null ist, können wir dann in die Form bringen:

$$
\boxed{\; \sum_{k=0}^{n-1} D^{(k)} < 0 \quad \begin{array}{l}\text{Drehzahlsummenkriterium für die Unstabilität} \\ \text{(notwendig und hinreichend)}\end{array}\;}
\tag{73,3}
$$

Das ist also ein notwendiges und hinreichendes Stabilitätskriterium, und mit Hilfe des Satzes von der Drehzahlsumme kann darüber hinaus auch die Anzahl der Pfeifwerte aus den Drehzahlen der Systemfolge eindeutig bestimmt werden. Das gilt für jedes System der Folge, weil man jedes als „ursprünglich" ansehen kann. Am einfachsten beginnt man die Summe mit dem betreffenden Index statt mit 0.

Der Satz (73,2) von der Drehzahlsumme und das Drehzahlsummenkriterium (73,3) sowie die besonderen hier und in § 74 dargestellten Verfahren wurden zuerst im Jahre 1949 veröffentlicht (STRECKER [2]). Bei diesen Verfahren stützt man sich hauptsächlich auf Trennwiderstände und Netzleitwerke, aber die im gleichen Aufsatz besprochenen „3-Punkt-Beziehungen" (hier §§ 75···79) legen den Gedanken nahe, daß man zur Prüfung auch Übertragungsfaktoren heranziehen kann. Ein Verfahren dieser Art ist während der Drucklegung dieses Buches von PETERS [L] bekanntgegeben worden.

§ 74. Natürlich läßt sich auch der *duale Weg* zu dem Weg in § 73 verfolgen; dies soll durch das Bild 74,1 veranschaulicht werden. Während wir bisher eine Folge von Systemen betrachteten, die durch Trennung von Punkten ineinander umgeformt wurden, also in Richtung auf ein kreisloses Netzwerk (einen „*Baum*") hin, können wir auch umgekehrt eine Folge durch fortgesetzte Punktdeckung bilden. In diesem Falle führt uns der Weg in Richtung auf ein „*Schlingenwerk*" zu, wie man aus dem Bild 74,1 sieht. Beim ursprünglichen System S kann man zwischen den Punkten P und Q mit Hilfe eines Urstroms J einen Netzleitwert messen. Dieser ist aber natürlich identisch mit einem Trennwiderstand

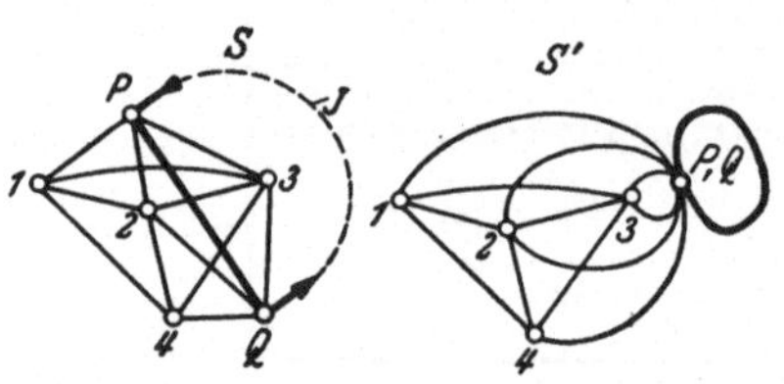

Bild 74,1. Die duale Umformung durch Punktdeckung.

des ersten umgeformten Systems S', welches dadurch entsteht, daß man P und Q zu einem Punkt zusammenlegt. Die stark ausgezogene Strecke des Netzwerkes S, welche P und Q unmittelbar verbindet, geht dabei bereits in eine Schlinge über. Je mehr Punkte man zusammenlegt, um so mehr Schlingen enthält das umgeformte Netzwerk. Wenn man eine solche Folge bildet, wird man bei irgendeinem Schritte zu einem stabilen Netzwerk kommen.

Ehe das Beispiel ganz verlassen wird, soll noch hervorgehoben werden, daß der Fehlermesser in dem Gebiet G_2 von Bild 70,4 *stabil* ist, *obwohl der Pfeifpunkt $\varkappa$ dann zweimal umschlungen* wird. Man darf also nicht, wie es leider oft geschieht, bei den Stabilitätsuntersuchungen von den Umschlingungen allein sprechen, sondern man muß den Umlaufsinn beachten; in vorliegendem Fall ist die Drehzahl positiv. Weiter erwies sich der Fehlermesser als *unstabil*, wenn der Pfeifpunkt $\varkappa$ im Gebiete $\overset{..}{G}_0$ liegt. In einem solchen Fall *umschlingt aber* die Ortskurve der Prüffunktion den Pfeifpunkt *überhaupt nicht*. Auch hier erweist sich wieder die Formulierung als falsch, daß ein Netzwerk stabil sein müsse, wenn die Prüffunktion den Pfeifpunkt überhaupt nicht umschlingt. Man muß also mit diesen Formulierungen recht vorsichtig sein, die manchmal als besonders einfache und anschauliche Form eines Ortskurvenkriteriums I. Art angegeben werden.

20. Beziehungen zwischen Eigenwertbedingungen verschiedener Form.

a) Verschiedene Formen der Amplituden- und Phasenbilanz für Wuchsvorgänge; Beispiel: Rückkopplungsschaltung.

§ 75. Verstärker mit Rückkopplung haben insbesondere dann viele interessante Seiten, wenn die Rückkopplung eine Gegenkopplung ist. Jetzt interessiert uns an solchen Verstärkern nur die Stabilität in dem bisher stets gemeinten Sinn, ob der Verstärker sich selbst erregt oder ob eine Pfeifgefahr besteht usw. Gerade bei gegengekoppelten Verstärkern spricht man aber von *Stabilität noch in einem anderen Sinn.* Man fragt z. B., ob gewisse Eigenschaften, z. B. der Verstärkungsfaktor, mehr oder weniger stark von meist ungewollten Änderungen abhängen, etwa von der Änderung gewisser Systemkonstanten, der Temperatur, der Speisespannungen usw. Stabilität in diesem Sinn ist eine der anderen Eigenschaften, die für den Erbauer von Verstärkern höchst interessant sind, aber uns hier nicht unmittelbar angehen, ebenso wie viele andere bemerkenswerte Besonderheiten: die Herabsetzung der nichtlinearen Störungen und Fremdstörungen oder die willkürliche Dimensionierung des Ein- oder Ausgangswiderstandes des gesamten Verstärkersystems.

Meist wird der gegengekoppelte Verstärker in mehrere Teilsysteme zerlegt, und zwar gewöhnlich in die Quelle, das Belastungssystem im Ausgang, den „eigentlichen" Verstärker V mit dem Verstärkungsfaktor v und ein Rückkopplungsteilsystem R mit dem Rückkopplungsfaktor k (Bild 4,2). V und R faßt man gewöhnlich als sog. Vierpole oder als Dreipole auf, wobei an der Zerlegungsstelle meist *zwei* Verbindungen (1a, 2a und 1b, 2b in Bild 4,2) gesucht werden, wo geschnitten werden soll. Dagegen bilden die Quelle und das Belastungssystem je einen Zweipol. In dieser Auffassung stecken sehr viele einschränkende Voraussetzungen, die oft nicht ausgesprochen werden; man kann das Problem allgemeiner und dennoch einfacher anpacken, nämlich durch ein Verfahren, das ich „*Dreipunktverfahren*" nenne. Als Sonderfall des „*Mehrpunktverfahrens*" gehört es unter b) dieses Abschnitts; hier soll es nur so weit besprochen werden, wie es sich als *allgemeine* Amplituden- und Phasenbilanz für *Wuchs*vorgänge darstellen läßt.

Das übliche spezielle (durch Bild 4,2 erläuterte) Verfahren kann man als „Ringschaltungs"- oder „$v\cdot k$-Verfahren" bezeichnen. Das ganze System muß sich dann nämlich als eine in sich zum Ring geschlossene Vierpolkette auffassen lassen. Gewöhnlich wird sogar darauf verzichtet, für das Produkt $v\cdot k$, nämlich für den Übertragungsfaktor h der ganzen Vierpolkette, ein besonderes Formelzeichen einzuführen. Aber die Zerlegung von h in 2 Faktoren ist für die Stabilitätsuntersuchung ganz unwesentlich. Praktisch hat sie oft Vorteile für andere Zwecke, z. B. kennzeichnet v den „eigentlichen" Verstärker, und die Berechnung wird erleichtert, wenn die gut durchgebildete Vierpoltheorie benutzt werden kann; jedoch wird man dann die Vierpolkette meist feiner gliedern. Die Auffassung als Ringschaltung ist meist die günstigste, wenn sie möglich ist; und das trifft für viele wichtige Schaltungen zu, z. B. die üblichen Generatorschaltungen, die einfachen Gegenkopplungs- und Reglerschaltungen. Aber schon wenn man den Rückkopplungsweg mit dem „eigentlichen" Verstärker durch Brückenschaltungen koppelt, ist sie nicht mehr durchführbar. Man kann dann die verallgemeinerte Darstellung nach Bild 75,1 wählen, worin V und R über zwei Dreiklemmenpaare (Sechspole) S_1 und S_2 verbunden sind. Wenn man allerdings Q mit S_1 und R_a mit S_2 vereinigt, bekommt man für den „Rückkopplungskreis" wieder eine gewöhnliche Ringschaltung. Aber der Vergleich zwischen dem gesamten rückgekoppelten Verstärker und dem Teilverstärker R ohne Rückkopplung — der den Ingenieur interessiert — ist nicht eindeutig, weil S_1 und S_2 fehlten, wenn man nicht rückkoppelte. Und beim Berechnen muß man sich mit diesen „Sechspolen" befassen, für die es keine wohldurchdachte Theorie gibt. In anderen Fällen. z. B. wenn man (unerwünschte) Rückkopplungen über gemeinsame Anodenspeisung in einem mehrstufigen Verstärker hat, kann das Schema von

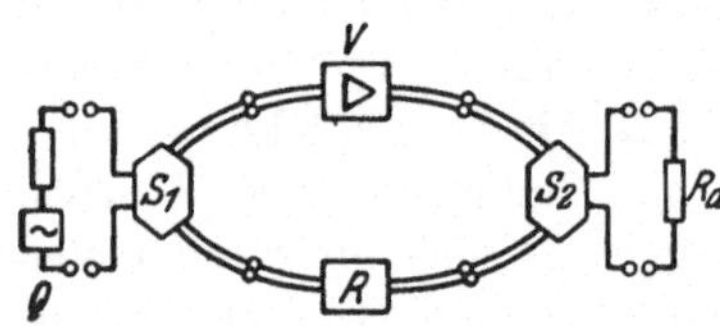

Bild 75,1 anwendbar sein, aber dabei seinen Sinn verlieren. (Bei dem Verstärker, der in STRECKER [1], Bild 51 behandelt ist, besteht S_1 aus den beiden ersten Stufen, S_2 aus der dritten [Gegentakt-] Stufe; der Vierpol R artet in einen quergeschalteten Zweipol aus, und von V

Bild 75,1. Rückgekoppelter Verstärker als allgemeine Ringschaltung.

bleibt gar nichts übrig.) In solchen Fällen hat man meistens *mehrere Ringschaltungen als Teilsysteme*, die sich aber nur in Gedanken — nicht in Wirklichkeit — trennen lassen, weil sie *gemeinsame* Teile haben. Es können noch mehr Rückkopplungen wirken, z. B. bei hohen Frequenzen die Rückkopplungen über die Röhrenkapazitäten und über verteilte Kapazitäten und Induktivitäten. Hier versagt das Schema der Ringschaltung.

Der Begriff *Rück*kopplung bleibt noch sinngemäß (man hat aber mehrere Rückkopplungswege), solange man *Hin und Her* unterscheiden kann. Der Hinweg ist dadurch gekennzeichnet, daß man in dieser Richtung Leistungsverstärkung hat. Aber auch dieser Gedanke wird oft übertrieben, indem verlangt wird, daß rückwärts im Verstärkersystem — also außerhalb des Rückkopplungsweges — nichts übertragen wird. Um sinngemäß von „rückwärts" zu sprechen, genügt es, wenn in dieser Richtung geschwächt oder wenigstens weniger verstärkt wird als in der anderen. Wenn man aber z. B. das Klemmenpaar 2 des symmetrischen Zwischenverstärkers (Bild 64,1) über eine Leitung mit dem Klemmenpaar 1 verbindet, bekommt man eine Schaltung, bei der man nicht einmal Hin und Her unterscheiden kann. (Dieser Fall läßt sich leicht untersuchen, wenn man eine verzerrungsfreie Leitung voraussetzt, deren Wellenwiderstand mit dem des Verstärkers identisch ist, also $\approx N$.)

Von allen diesen Voraussetzungen über den Aufbau und die Wirkungsweise des untersuchten Systems — Ringschaltung oder nicht,

hin oder zurück, Verstärkungs- oder Rückkopplungsweg, einseitig oder
nicht — kann man sich frei machen, und dabei wird der Gedankengang
sogar einfacher: wir schneiden im System (vgl. Bild 4,1) nur einen
Verbindungsdraht (z. B. bei S) und wählen dazu einen weiteren Punkt
(z. B. K). Das ist das „*Dreipunktverfahren*" (STRECKER [*1*], z. B.
S. 104 · · · 106). Es entstehen 3 Punkte, welche dieselbe Rolle spielen
wie bei der Ringschaltung in Bild 4,2 die Klemmen 1a, 2a und die miteinander verbundenen Klemmen 1b und 2b. Wir können das System
ebenso behandeln wie eine Ringschaltung, gleichgültig, ob sie eine ist
oder nicht. Das offene System ist ein Dreipol und ein solcher läßt sich

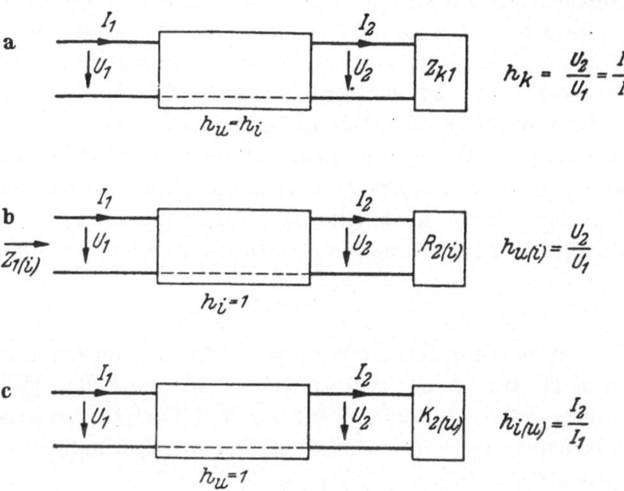

Bild 75,2. Kettenübertragungsfaktor und Übertragungsfaktoren für konstanten Strom
und konstante Spannung.

immer vollständig als Zweiklemmenpaar darstellen (während bei einem
echten Vierpol dann noch eine Spannung unbestimmt bleibt). Wir
bestimmen (berechnen oder messen) also einen Übertragungsfaktor vom
Klemmenpaar 1 zum Klemmenpaar 2. Es fragt sich aber, welchen
Übertragungsfaktor? In der Literatur (wobei eine Ringschaltung vorausgesetzt wird) findet man häufig recht unbestimmt gesagt: man müsse
mit dem Scheinwiderstand abschließen, der vor dem Aufschneiden wirksam war. Schon an der erwähnten Stelle von 1931 habe ich ausgeführt,
daß man den Dreipol mit seinem primären Kettenwiderstand Z_{k1} belasten muß, wie das in Bild 75,2a dargestellt ist. Der Übertragungsfaktor, den man dann mißt, ist also der Kettenübertragungsfaktor

$$h_k = \frac{U_2}{U_1} = \frac{I_2}{I_1} = \sqrt{\frac{N_2}{N_1}} \, . \tag{75,1}$$

Diese Bedingung besagt, daß die Spannung U und der Strom I sich im gleichen Verhältnis ändern. Inzwischen sind noch einige andere Möglichkeiten gefunden worden, um Übertragungsfaktoren zu messen, die man zur Diskussion der Stabilität heranziehen kann (STRECKER [2]; unabhängig davon, jedoch ohne die physikalische Deutung, bei LEHMANN [L]). Diese sind in Bild 75,2b u. c dargestellt. Bild 75,2b betrifft den Fall, daß die Stromübersetzung

$$h_i = 1 \qquad (75,2)$$

ist, d. h. daß der Ausgangsstrom gleich dem Eingangsstrom ist. Um dies zu erreichen, muß man den Vierpol mit einem bestimmten Widerstand $R_{2(i)}$ belasten, der im allgemeinen von der Frequenz abhängt. Dieser Widerstand ist natürlich nicht von vornherein bekannt, aber das gilt ebensosehr für den Kettenwiderstand Z_{k1}. Um den einen oder anderen zu bestimmen, muß man wohl oder übel den Vierpol berechnen oder durchmessen, z. B. gewisse Leerlauf- und Kurzschlußverhältnisse des Vierpols messen (STRECKER [2]). In dieser Beziehung unterscheiden sich also die Messungen nach Bild 75,2b u. a gar nicht voneinander. Im Fall von Bild 75,2 b kann man eine bestimmte Spannungsübersetzung

$$h_{u(i)} = (U_2/U_1)_{I_2 = I_1} \qquad (75,3)$$

messen, die mit bestimmten Zweipolmessungen zusammenhängt (§ 77). Man kann auch die *duale Betrachtungsweise* anwenden (Bild 75,2c). Hier ist angenommen worden, daß man den Dreipol mit einem Leitwert $K_{2(u)}$ belastet, der so gewählt wird, daß die Spannungsübersetzung bei allen Frequenzen

$$h_u = 1 \qquad (75,4)$$

ist. Entsprechend wie beim Bild 75,2b ergibt sich dann eine bestimmte Stromübersetzung

$$h_{i(u)} = (I_2/I_1)_{U_2 = U_1}. \qquad (75,5)$$

Die in Klammer gesetzten Indizes i oder u weisen also darauf hin, daß entweder die Stromübersetzung oder die Spannungsübersetzung gleich 1 gemacht wird. In Bild 75,2 wird das dadurch erzwungen, daß die sekundäre Belastung auf einen bestimmten Wert eingestellt wird. Man kann diese Bedingung durch Zweipolmessungen einfacher erzwingen (§ 78).

Wie lautet nun die Eigenwertbedingung des ursprünglichen (also nicht aufgeschnittenen) Netzwerkes, wenn man sie durch die eben erwähnten Eigenschaften des umgeformten Netzwerkes ausdrückt? Man kann allgemein schreiben:

$$h_x = 1 \quad \text{oder} \quad h_x - 1 = 0. \qquad (75,6)$$

Hierin kann x irgendeinen der Indizes k; $u(i)$ oder $i(u)$ bedeuten, der in den Gl. (75,1), (75,3) oder (75,5) auftritt. Betrachten wir z. B. Gl. (75,3) und nehmen wir demgemäß an, daß $h_{u(i)} = 1$ wird entsprechend der Eigenwertbedingung (75,6), so ist außerdem die Bedingung (75,2) erfüllt. Das heißt, es sind gleichzeitig sowohl die Spannungen als auch die Ströme am Ausgang und Eingang einander gleich, und das bedeutet, daß auch der Kettenübertragungsfaktor nach (75,1) gleich 1 ist und somit ebenfalls die Eigenwertbedingung (75,6) erfüllt. Genau dasselbe ergibt sich, wenn man gemäß Bild 75,1c von $h_u = 1$ ausgeht und verlangt, daß außerdem die Stromübersetzung $= 1$ wird.

§ 76. Die Gl. (75,6) ist der *allgemeine* Ausdruck für die Amplituden- und Phasenbilanz, denn er verlangt, daß bei gewissen *Wuchs*maßen die betrachteten Vorgangsgrößen sowohl nach Amplitude als auch nach Phase gleich sind, und er ist unabhängig vom Aufbau des Systems. Wir werden zwar den Übertragungsfaktor in (75,6) für Wechselströme messen und die entsprechende Ortskurve für unsere Diskussionen zugrunde legen, aber wir können nicht erwarten, daß die Amplituden- und Phasenbilanz (75,6) für irgendeine dieser reellen Frequenzen wirklich erfüllt wird, sondern wir müssen, wenn wir aus (75,6) die Eigenwerte bestimmen wollen, den Übertragungsfaktor als Funktion des komplexen Wuchsmaßes oder der komplexen Spiralfrequenz betrachten. Die Lösungen, die sich dann ergeben, sind die Eigenwerte, und die Gl. (75,6) besagt physikalisch, daß man *für diese Eigenwerte* (*aber im allgemeinen auch nur für diese*) die Klemmenpaare, die man vorher durch Aufschneiden gebildet hatte, wieder zusammenlegen kann, ohne daß sich etwas ändert. Es bildet dann gewissermaßen ein Klemmenpaar des Dreipols die Quelle, welche in das andere Klemmenpaar hinein speist, so daß elektrische Vorgänge möglich sind, ohne daß eine (äußere) Ursache notwendig wäre.

Es ist üblich, diese Bedingung auf *Wechsel*vorgänge zu beziehen und in eine *Amplituden-* und eine *Phasen*bilanz zu zerlegen, aber das ist nur formal. Leider werden sehr oft an diese Zerlegung physikalische *Schlußfolgerungen* angeknüpft, die *nicht berechtigt* sind. Wenn die Amplitudenbilanz übererfüllt ist (§ 61), so bedeutet das physikalisch nur, daß solch ein Zustand, wie er beim offenen Netzwerk vorliegt, bei dem wieder zusammengeschlossenen Netzwerk *nicht bestehen* kann. Alle anderen Schlüsse sind unsicher. Die Phasenbilanz ist nicht wichtiger oder wertvoller als die Amplitudenbilanz. Auch haben die reellen *Frequenzen, für welche der Übertragungsfaktor h_x reell* und dem Betrag nach größer als 1 ist, nicht ohne weiteres besondere Bedeutung für die einsetzende Schwingung (§ 81 usw.), (wenn es überhaupt zur Selbsterregung kommt).

b) Beziehungen zwischen verschiedenen Prüffunktionen:
das Mehrpunktverfahren für beliebige aktive Systeme.

§ 77. Das Dreipolverfahren stellt einen *Zusammenhang* zwischen der eben besprochenen Amplituden- und Phasenbilanz und gewissen

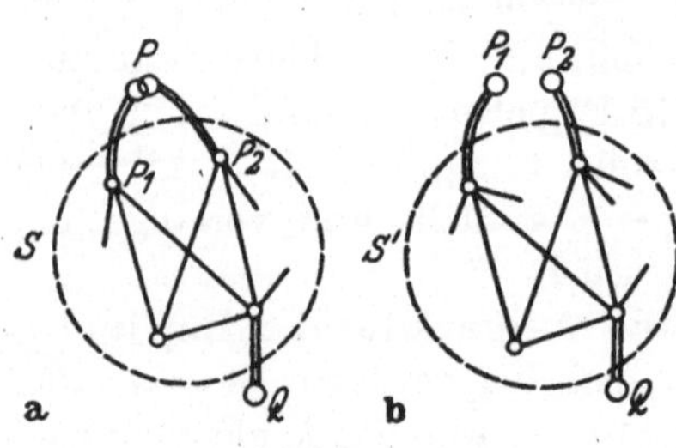

Bild 77,1. Ursprüngliches System S und umgeformtes System S': S als Zweipol PQ und S' als Zweipol P_1P_2 oder Dreipol P_1P_2Q.

Zweipolmessungen oder Zweipolberechnungen her. Wir betrachten ein System S, das in Bild 77,1a durch einige Punkte und Strecken innerhalb einer strichpunktierten Rahmenlinie angedeutet ist, und suchen uns 2 geeignete Punkte des Systems aus. Einen Punkt P bezeichnen wir als „*Doppelpunkt*", weil wir ihn zeitweise in 2 Punkte P_1 und P_2 auftrennen wollen, wie das in Bild 77,1 b geschehen ist. Den zweiten Punkt Q könnte man als „*Bezugspunkt*" bezeichnen; hierfür eignet sich im allgemeinen z. B. die „Masse" oder bei Verstärkern ein Pol der Heizstromquelle. Die Doppelstriche sollen Kurzschlußverbindungen darstellen, die nur dazu dienen, die Punkte P oder P_1, P_2 und Q aus dem als Gegenstandsgrenze gedachten strichpunktierten Kreis herauszuziehen, weil sie als Klemmen oder Pole besonders hervorgehoben werden sollen. Diese Doppelstriche stellen also metallische Massen dar oder Klemmenblöcke, durch die „*Punkte* des Schaltschemas" *verwirklicht* werden. In Bild 77,1a kann man das System als Zweipol PQ auffassen. Nach der Trennung des Punkts P erhalten wir ein umgeformtes System S' in Bild 77,1 b, das wir zeitweise als Zweipol, Dreipol oder Zweiklemmenpaar auffassen wollen. In Bild 77,2 sind die vier für uns wesentlichen Auffassungen des Netzwerkes zusammengestellt:

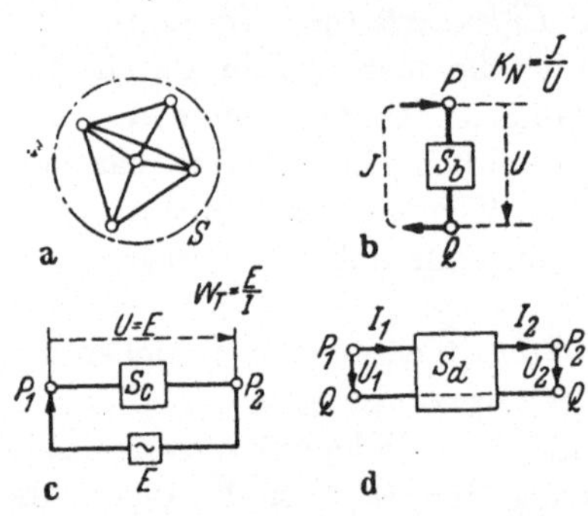

Bild 77,2. Vier Auffassungen eines allgemeinen aktiven Systems.

a) als geschlossenes Netzwerk S, das sich selbst überlassen ist;

b) als Zweipol S_b mit den Klemmen P und Q und mit dem Systemleitwert K_N;

c) als Zweipol S_c mit den Klemmen P_1 und P_2 und dem Trennwiderstand W_T zwischen diesen beiden Klemmen.

Faßt man W_T als Trennwiderstand auf, so denkt man mehr an das ursprüngliche System S; man kann aber diesen Trennwiderstand auch als einen Netzwiderstand des umgeformten Systems $S' = S_c$ auffassen (§ 72).

d) als Dreipol S_d in der Darstellung als Zweiklemmenpaar P_1Q, P_2Q. Das System S_d ist auf alle Fälle als umgeformtes Netzwerk aufzufassen.

Für das sich selbst überlassene, also ursprüngliche System S können wir nun folgende Eigenwertbedingungen aufstellen, die sich, wie man sieht, teilweise auf Eigenschaften des ursprünglichen und teilweise auf Eigenschaften eines umgeformten Systems beziehen.

$$\text{Für die Form Bild 77,2b:} \qquad K_N = 0, \qquad (77,1)$$
$$\text{,,} \quad \text{,,} \quad \text{,,} \quad \text{,,} \quad 77,2\text{c:} \qquad W_T = 0, \qquad (77,2)$$
$$\text{,,} \quad \text{,,} \quad \text{,,} \quad \text{,,} \quad 77,2\text{c:} \qquad h_x = 1. \qquad (77,3)$$

Diese drei Eigenwertbedingungen können — wenn die Punkte P und Q zweckmäßig gewählt sind — im wesentlichen dasselbe besagen und übrigens auch im allgemeinen zu denselben Eigenwerten führen wie die Stammfunktion des ursprünglichen Systems S (Bild 77,2a). Im allgemeinen wird es leichter sein, einen Scheinwiderstand oder Leitwert (Fall b und c) festzustellen, z. B. zu messen, als einen Übertragungsfaktor (Fall d), dessen Bestimmung bei Bild 75,2 angedeutet ist. Daraus, daß die Eigen-

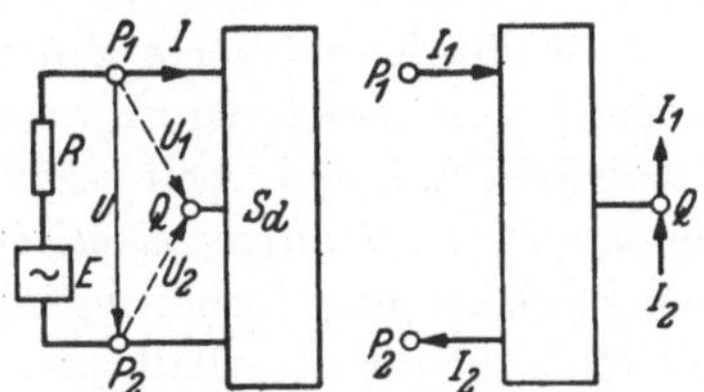

Bild 77,3. 3-Punktbeziehungen (für Stromübersetzung 1).

wertbedingungen (77,1) bis (77,3) in gewissem Maße gleichwertig sein müssen, geht hervor, daß ein Zusammenhang zwischen den Zweipolmessungen (Fall b und c) und den Dreipolmessungen (Fall d) bestehen muß. Wir betrachten den Zusammenhang zwischen Fall c und d. In Bild 77,3 ist der Dreipol P_1P_2Q noch einmal dargestellt, also das System S_d. In diesem Fall ist aber die Bedingung, daß der Eingangsstrom I_1 bei P_1 und der Ausgangsstrom I_2 bei P_2 gleich sein sollen, einfacher dadurch erreicht worden, daß zwischen P_1 und P_2 eine Spannungsquelle (E, R) gelegt wurde, also gewissermaßen ,,quer'' über den Dreipol. Das rechte Teilbild in Bild 77,3 zeigt das Eingangsstrompaar I_1 und das Ausgangsstrompaar I_2 für sich getrennt, so wie es in einer Dreipoldarstellung üblich ist. Die Schaltung ist grundsätzlich auch geeignet zur Messung des Trennwiderstandes zwischen den Punkten P_1 und P_2. Wir haben also für das Bild 77,3 links folgende Beziehungen: $W_T = U/I$, ferner $I_1 = I_2 = I$ und $h_{u(i)} = U_2/U_1$. Nun ist aber, wie sich aus dem Spannungsdreieck P_1P_2Q ergibt, $U = U_1 - U_2$ und daher

$$W_T = \frac{U_1 - U_2}{I} = \frac{U_1}{I}(1 - h_{u(i)}). \qquad (77,4)$$

117

Hierin tritt der Faktor U_1/I auf. Das ist aber der Eingangswiderstand des Dreipols zwischen den Klemmen P_1 und Q für den Fall, daß die Stromübersetzung 1 ist. Dieser Fall entspricht dem Bild 75,2b; er kann also auch dadurch verwirklicht werden, daß wir einen bestimmten Abschlußwiderstand $R_{2(i)}$ anlegen. Es wird sich dann ein bestimmter Eingangswiderstand $Z_{1(i)}$ herausbilden (STRECKER [2]), der natürlich identisch ist mit dem Verhältnis U_1/I, das wir in der Schaltung Bild 77,3 links feststellen. Wir können daher endgültig schreiben

$$W_T = Z_{1(i)}\,(1 - h_{u(i)}). \tag{77,5}$$

Aus dieser Gleichung geht hervor, inwiefern sich die Eigenwertbedingungen (77,2) und (77,3) unterscheiden und inwieweit sie gleichwertig sind. In allen Fällen, in denen $h_{u(i)} = 1$ wird, wird auch der Trennwiderstand $W_T = 0$, sofern $Z_{1(i)}$ bei diesen Eigenwerten keine Pole hat. Andererseits kann W_T noch einige Nullstellen mehr haben als die Größe $1 - h_{u(i)}$, nämlich die Nullstellen von $Z_{1(i)}$.

§ 78. Mathematiker sagen oft, daß Eigenwertbedingungen, die hier als der Stammgleichung im wesentlichen gleichwertig bezeichnet werden, unbefriedigend sind, weil es nicht sicher ist, daß man aus diesen Gleichungsformen *sämtliche möglichen Eigenwerte, aber auch nur diese*, erhält. Der Physiker und Laboringenieur wird sich aber trotzdem vorwiegend mit solchen Systemverhältnissen, wie Scheinwiderständen, Übertragungsfaktoren usw., beschäftigen müssen, einerseits aus dem Grunde, weil es in komplizierten Fällen kaum möglich sein wird, die mathematisch einwandfreien Funktionen zu berechnen, und weil unter Umständen kein Weg bekannt ist, um sie zu messen (für eine Hauptdeterminante s. STRECKER [2]); anderseits, weil er aus dem Verlauf der berechneten Verhältnisse (Scheinwiderstände und Übertragungsfaktoren) Schlüsse auf den Aufbau seines Übertragungssystems ziehen will. Er wird sich z. B. dadurch zu helfen suchen, daß er mehrere Eigenschaften des zu prüfenden Systems mißt und diese möglichst geschickt wählt. Auf jeden Fall ist, wenn man die Meßschaltung stabil halten kann, die Messung des Trennwiderstandes W_T in (77,5) einfacher als die Messung des Übertragungsfaktors, wenn man sich dabei auf die prinzipiellen Schaltungen von Bild 75,2 stützt. Das ist auch nicht verwunderlich. Bei den Messungen von K_N oder W_T spielen nur je 2 Punkte eine Rolle. Man hat also Zweipolmessungen. Bei der Feststellung des Übertragungsfaktors muß man aber noch einen dritten Punkt hinzunehmen. Dieser ist also für die Prüfung der Stabilität entbehrlich. Man *betrachtet das System auf kompliziertere Weise, als es notwendig ist.* Andererseits darf man nicht verkennen, daß es dem Ingenieur viel lieber sein kann, eine Eigenschaft wie den Übertragungsfaktor zu messen, obwohl das komplizierter ist, z. B. wenn ihm die Ortskurve dieses Übertragungsfaktors mehr besagt, bessere Winke für die Ausgestaltung oder Weiterentwicklung eines Systems gibt od. dgl. Ähnliche Beziehungen bestehen natürlich zwischen den Messungen zu b und d (STRECKER [2]). Herr SCHERER (S. & H.) erwähnte z. B., daß der Übertragungsfaktor ziemlich unmittelbar auf den „Pfeifpunktsabstand" schließen läßt (§ 92).

Von der Zweipolauffassung her erscheint der Gedanke verlockend, daß man u. U. umgekehrt *Übertragungsfaktoren durch Brückenmessungen* feststellen kann, also ähnlich, wie man Scheinwiderstände oder Scheinleitwerte mißt. Bild 78,1 zeigt eine Schaltung, mit der das grundsätzlich möglich ist. Sie entspricht im wesentlichen dem Bild 77,3 links. Auch bei ihr wird nämlich erzwungen, daß der Eingangs- und Ausgangsstrom des Dreipols $P_1 Q$, $P_2 Q$ gleich werden. Hierzu dient die Brücke aus den Widerständen R_y und R_x mit dem Nullzweig A. Bei Abgleich der

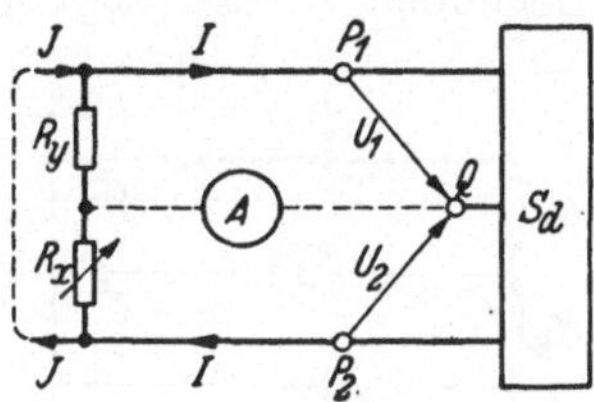

Bild 78,1. Messung von $h_{u(i)}$ in einer Brücke.

Brücke wird erreicht, daß bei Q kein Strom austritt, so daß $I_2 = I_1 = I$ ist, und es ergibt sich

$$h_{u(i)} = -(-U_2)/U_1 = -R_x/R_y. \tag{78,1}$$

Das Brückengleichgewicht kann man herstellen, wenn man z. B. den Widerstand R_x entsprechend verändert. Schwierigkeiten können bei diesen Messungen an aktiven Systemen dadurch auftreten, daß die Meßschaltung unstabil ist und daß man möglicherweise negative Scheinwiderstände braucht. Nun unterscheidet sich aber die Messung nicht wesentlich von einer Scheinwiderstandsmessung nach dem Grundschema Bild 48,1, denn wenn der Abgleich gelungen ist, sind die Summen der Widerstände des Dreipols zwischen P_1 und P_2 (also W_T) und der dazu parallel liegenden Brückenwiderstände $R_y R_x$ zueinander proportional. Das ganze System bietet dem Urstrom J einen Widerstand proportional zum Trennwiderstand W_T. Die Meßschaltung wird also z. B. stabil sein, wenn das zu messende System im aufgeschnittenen Zustand stabil ist. Dual dazu wird man umgekehrt mit einer Urspannung (= Spannungsquelle mit vernachlässigbarem Innenwiderstand) eine stabile Meßschaltung erhalten, wenn das nicht aufgeschnittene System stabil ist. Man kann also z. B. in Bild 72,1 W_2' mit einem Urstrom messen, ebenso W_1, wenn K der Nachbildung N so genau entspricht, daß $\varkappa$ im Gebiet G_2 von Bild 70,4 liegt. Wenn man K kennt, ist dadurch auch W_e bestimmt. Man könnte aber W_e nicht direkt messen; denn W_e wäre der Trennwiderstand W_T der „Meßschaltung" allein, die weder im geschlossenen Zustand (P' und B gedeckt) noch im offenen Zustand (P' und B freiliegend) stabil ist. Man sieht daraus, daß man unter

Umständen ein *unstabiles System* (wie es im Beispiel die Meßschaltung allein sowohl im offenen als auch im geschlossenen Zustand darstellt) nach Zuschaltung eines geeigneten „Stabilisierungs-Zweipols" (des Scheinwiderstandes K) — und gewiß auch durch kompliziertere Maßnahmen — *stabilisieren und dann messen* kann. Wenn man diesen Gedanken auf die Brückenschaltung Bild 78,1 sinngemäß überträgt, kommt man dazu, die Vorschaltwiderstände auf die beiden parallel liegenden Zweige zu verteilen. Man kommt dann zur Schaltung von

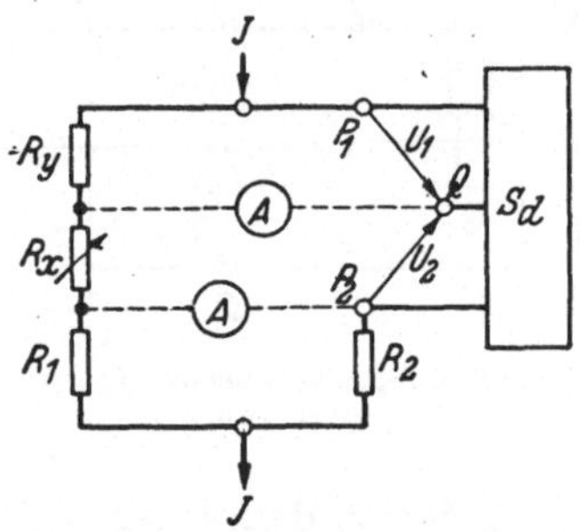

Bild 78,2. Stabilisierung durch Ausbau zur Doppelbrücke.

Bild 78,2, die also eine Art Doppelbrücke darstellt. Hierbei sind R_1 und R_2 die zusätzlichen Widerstände, welche auf die beiden Zweige verteilt sind.

Wenn man hierbei den Abgleich erreicht, d. h. wenn es gelingt, die beiden Meßzweige A stromlos zu machen, so ist die Messung gelungen. Es ist aber leicht einzusehen, daß man dazu im allgemeinen wiederum negative Scheinwiderstände haben muß, denn bei einem Übertragungsfaktor kann die Ausgangsspannung U_2 zur Eingangsspannung U_1 irgendeinen beliebigen Winkel annehmen, und dementsprechend müßte man auch beliebige Winkel zwischen R_y und R_x einstellen können. Es ist also möglich, daß man für einen dieser Widerstände negative Realteile einstellen muß. Winkel, die nahezu 180° betragen, kann man natürlich auch mit fast verlustfreien Reaktanzen herstellen. Die Frage, ob solche Messungen in der Praxis Schwierigkeiten bereiten, wird man besser im Laboratorium studieren als am Schreibtisch.

§ 79. Die Überlegungen, die hier für Dreipole gemacht worden sind, lassen sich auf eine beliebige Anzahl von Punkten verallgemeinern. Daher wurde auch in der Überschrift dieses Teils nicht von einem Dreipunktverfahren, sondern von einem Mehrpunktverfahren gesprochen. Das Bild 79,1 zeigt eine Verallgemeinerung von Bild 77,1 zunächst als *Zweipol* dargestellt in Bild 79,1a. Der Unterschied besteht darin, daß der Punkt $P = P'$ in $(n - 1)$ Punkte aufgetrennt wird, an denen bestimmte Zweige des ursprünglichen Systems hängen. Bild 79,1b zeigt im wesentlichen dasselbe, nur sind die verschiedenen (unter sich noch kurzgeschlossenen) Punkte $P_1 \ldots P_k \ldots P_{n-1}$ als Klemmen auseinandergezogen, so daß man die „Zuführungen" sieht, welche die Teilströme $I_1 \ldots I_k \ldots I_{n-1}$ führen. P_k und P_k' mit dem dicken Strich dazwischen stellen also jeweils nur einen Punkt dar. Beim Punkt Q tritt die Summe der Teilströme aus, die gleich dem zugeführten Urstrom ist, d. h. es ist $\sum I_k = J$. Die Spannung zwischen sämtlichen Punkten P_k und Q ist die gleiche, nämlich U. In Bild 79,1c ist nun das System als n-Pol oder $(n-1)$-Klemmenpaar aufgefaßt. Nunmehr läßt man die Möglichkeit zu, daß an jedem Klemmenpaar $P_k\,Q$ eine andere

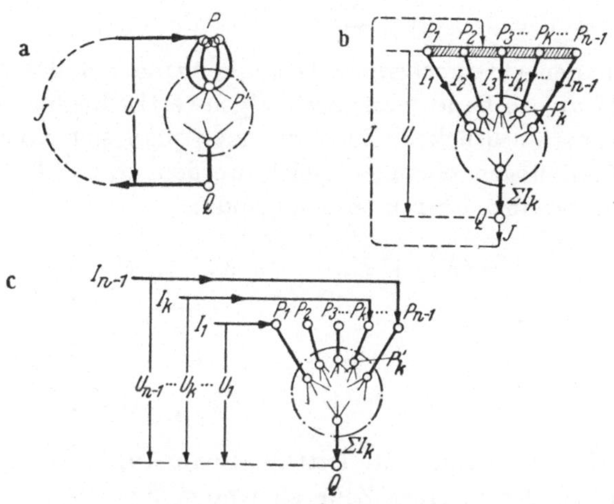

Bild 79,1. Zum Mehrpunktverfahren.

Spannung U_k liegt. Für solch ein System gelten, wenn es linear ist, wie ja hier immer vorausgesetzt wird, Gleichungen in der Form

$$\left.\begin{aligned}
I_2 &= K_{11}\,U_1 + K_{12}\,U_2 + \cdots K_{1,\,n-1}\,U_{n-1}\\
I_2 &= \cdots\\
&\,\,\cdots\cdots\cdots\cdots\\
I_{n-1} &= K_{n-1,\,1}\,U_1 + \cdots + K_{n-1,\,n-1}\,U_{n-1}.
\end{aligned}\right\} \tag{79,1}$$

Um die Beziehung zwischen den Vorgangsgrößen in einem solchen komplizierten System festzulegen, müßte man nun ähnliche Größen einführen, wie sie die Übertragungsfaktoren für einen Dreipol darstellen. Das ist aber für andere Fälle als Zweiklemmenpaare so gut wie gar nicht durchgearbeitet. Wir wollen uns daher damit begnügen, daß ein Gleichungssystem wie (79,1) besteht, und daß man das gesamte System durch $(n-1)^2$-Größen K_{kl} kennzeichnen kann, die man also irgendwie messen oder berechnen müßte. Sorgt man dafür, daß nunmehr alle U_k gleich werden, z. B. indem man alle Klemmenpaare aus derselben widerstandsfreien Urspannungsquelle speist, so erhält man im System den Zustand von Bild 79,1 b zurück. Das heißt man kann nun wieder alle Klemmen P_k zusammenlegen, ohne etwas zu ändern. Man erhält also wieder einen Zweipol, und die Eigenwertbedingung heißt dann $K_N = 0$. Diese Bedingung ist identisch damit, daß die Summe der Teilleitwerte I_k/U verschwindet, also praktisch damit, daß $J = \sum I_k$

verschwindet, d. h. daß die äußere Ursache einen unendlich kleinen Wert annimmt. Es ist dann also

$$\sum I_k = 0. \tag{79,2}$$

Wendet man den entsprechenden Gedankengang auf das Gleichungssystem (79,1) an, so kann man diese Eigenwertbedingung auch durch die Teilleitwerte ausdrücken. Zunächst muß man sich vorstellen, daß sämtliche Spannungen einander gleich werden: $U_k = U$. Dann geht das Gleichungssystem über in das folgende:

$$\left.\begin{aligned}
I_1 &= (K_{11} + K_{12} + \cdots K_{1,\,n-1})\,U \\
I_2 &= \cdots \\
&\;\cdot\;\cdot\;\cdot\;\cdot\;\cdot\;\cdot\;\cdot\;\cdot \\
I_{n-1} &= (K_{n-1,\,1} + \cdots + K_{n-1,\,n-1})\,U.
\end{aligned}\right\} \tag{79,3}$$

Das heißt, auf der rechten Seite tritt die Spannung U auf, multipliziert mit der Summe der in einer Zeile stehenden Konstanten, welche die Dimension von Leitwerten haben. Führt man nun noch die Eigenwertbedingung (79,2) ein, so hat man auf beiden Seiten die Summe zu bilden, und diese Summe soll gleich Null sein. Man erhält also $\sum I_k = U \sum K_{kl} = 0$. Für von Null abweichende Werte von U läßt sich diese Gleichung also erfüllen, wenn die Eigenwertbedingung erfüllt ist

$$\sum K_{kl} = 0. \tag{79,4}$$

Die Eigenwertbedingung, der wir die einfache Form $K_N = 0$ geben können, läßt sich also auch in der wesentlich komplizierteren Form von Gl. (79,4) darstellen. In manchen Fällen, z. B. bei rechnerischen Untersuchungen, kann das einfacher sein, obwohl es komplizierter aussieht. Ein Beispiel für den Fall $n = 4$ ist in meinem Aufsatz von 1931 (STRECKER [1]) enthalten, und zwar die Untersuchung eines Kaskadenverstärkers mit gemeinsamer Anodenstromquelle für die Röhren.

Wir können natürlich sofort anschreiben, wie die Bedingungen (79,4) für einen Dreipol lauten, nur müssen wir dabei beachten, daß man Dreipole gewöhnlich nach der sog. „Vierpoltheorie" behandelt. In Bild 79,1 sind, wie es der allgemeinen Netzwerktheorie entspricht, die Zählpfeile für die Ströme I_k alle in der gleichen Art gezeichnet. In der Vierpoltheorie zählt man dagegen den Strom I_2 in entgegengesetzter Richtung. Infolgedessen drehen sich die Vorzeichen bei den zum Strom I_2 gehörenden Leitwerten um. Die Bedingung (79,4) nimmt dann die spezielle Form an:

$$K_{11} + K_{12} - K_{21} - K_{22} = 0. \tag{79,5}$$

Wegen des Zusammenhangs dieser Form der Eigenwertgleichungen mit anderen, früher behandelten siehe STRECKER [2]. Wir brechen damit die Besprechung des Kriteriums I. Art ab und wenden uns dem Kriterium II. Art zu.

Kapitel G.

Das Ortskurvenkriterium II. Art.

Allgemeines über seinen Sinn und das Verfahren.

§ 80. Das Kriterium II. Art geht von einem naheliegenden Gedanken aus. Wenn man eine Ortskurve hat, die gerade *durch* den Pfeifpunkt geht wie in Bild 68,1, so befindet sich das untersuchte System für die betreffende reelle Frequenz (im Beispiel hat sie etwa den bezogenen Wert 0,21) gerade an der Grenze der Selbsterregung. Geht die Kurve *in der Nähe* des Pfeifpunktes vorbei, wie in Bild 64,4 bei den Verstärkungsziffern 3 und 4, so ist anzunehmen, daß man daraus auch etwas über die Frage erfahren kann, ob das System unstabil ist oder ob wenigstens eine Selbsterregungsgefahr besteht. Als Ortskurvenkriterium II. Art bezeichne ich nun ein Verfahren, durch welches dieser Gedanke genauer gefaßt und genauer durchgeführt werden kann. Der Grundgedanke dieses Kriteriums ist also vollkommen anders als bei dem Kriterium I. Art. Man fragt, *wie* die Eigenwerte in der Pfeifnähe *beschaffen* sind, d. h. man will sie zahlenmäßig bestimmen. Es handelt sich also um eine ähnliche Aufgabe wie bei der numerischen Auflösung von Gleichungen höheren Grades, nur beziehen sich die dafür bekannten Regeln fast alle auf algebraische Gleichungen im engeren Sinne, d. h. man hat ein Polynom, das gleich Null gesetzt ist, und will die Nullstellen zahlenmäßig bestimmen. Diese Aufgabe kommt auch beim Kriterium II. Art vor, z. B. wenn man als Prüffunktion die Stammfunktion hat. Wir fassen aber das Kriterium I. Art allgemein auf, indem wir auch Prüffunktionen anderer Art zulassen; diese Verallgemeinerung können wir für das Kriterium II. Art übernehmen. Die Fälle werden sehr selten sein, daß man sämtliche Eigenwerte auf einfache Art und Weise bestimmen kann. Das ist nur möglich bei sehr einfachen Prüffunktionen und demnach auch sehr einfachen Systemen oder Netzwerken. In komplizierteren Fällen kann man nur einen Teil der Eigenwerte durch einfache Verfahren bestimmen. Das sind aber häufig gerade diejenigen, die am meisten interessieren, nämlich diejenigen, welche langsam an- oder abklingenden Eigenvorgängen entsprechen, also Eigenwerte in Pfeifnähe haben.

Verglichen mit dem Kriterium I. Art hat das Kriterium II. Art hauptsächlich folgende *Vorteile*:

1. Die Pole der Prüffunktion spielen keine Rolle.

2. Man lernt die wichtigsten Eigenwerte zahlenmäßig kennen und weiß dann auch, nach welchem Zeitgesetz die zugehörigen Eigenvorgänge verlaufen (Abschn. 24).

3. Man braucht u. U. die Prüffunktion nur für ein schmales Frequenzband zu bestimmen.

Der *Nachteil* besteht hauptsächlich darin, daß die Auswertung umständlicher ist.

Für das Kriterium I. Art brauchten wir nur den Kurventräger und den Umlaufsinn darauf, der wachsenden Frequenzen entspricht. Nur in Ausnahmefällen war es nötig, auch die Frequenzbezifferung für einen Teil der Ortskurve zu kennen. Für das Kriterium II. Art brauchen wir nur ein *Stück der Kurve*, müssen aber auch die *Frequenzbezifferung* kennen.

Die in §§ 39 und 40 angeführten Formeln, Tabellen usw. sind nur Beispiele. Es gibt sehr viele andere, die davon etwas abweichen. Die numerische Ermittlung von Extrapolationsfunktionen bedient sich der Differenzenrechnung. Bei dem üblichen Verfahren (s. z. B. RUNGE; KÖNIG [L], v. SANDEN [L]) werden zur Interpolation ganze rationale Funktionen (das sind Polynome oder endliche Potenzreihen) benutzt. Die Formeln hierfür sind übersichtlich zusammengestellt bei SCHULZ [L]. Wesentlich schwieriger zu behandeln sind die gebrochenen rationalen Funktionen als Näherungsfunktionen (NÖRLUND [L], ein mathematisch anspruchsvolleres Werk). Allgemein besteht das Verfahren darin, daß man die wirkliche Funktion durch eine Näherungsfunktion ersetzt. Wenn man das bei einer reellen Funktion einer reellen Veränderlichen macht, spricht man meist von Interpolation. Das hat seinen Grund darin, daß die Näherung innerhalb des Bereiches, aus dem wir die Zahlenwerte nehmen, besser wird als außerhalb desselben, also als beim Extrapolieren. Wir befinden uns nun aber in der komplexen Ebene und haben die Aufgabe, auf einen Punkt außerhalb der Kurve zu schließen, während uns nur Punkte auf der Kurve gegeben sind. Das Verfahren hat also dann mehr Ähnlichkeit mit einer Extrapolation als mit einer Interpolation. Es handelt sich um die sog. ,,analytische Fortsetzung`` der Näherungsfunktion (nicht der wirklichen!). Einfache Methoden gibt es nur, wenn die Abbildung von der Frequenzebene auf die Ebene unserer Funktion konform ist (§§ 51, 54). Während ich in der Vortragsreihe die Formeln und Verfahren mit der Methode der unbestimmten Koeffizienten einfach abgeleitet habe, gebe ich hier dazu nur Ergänzungen über den Zusammenhang zwischen Formeln und Zeichnung (Abschn. 21a). Dadurch gewinne ich Raum, um neue Auffassungen und Verfahren an Hand von Beispielen ausführlicher darzustellen.

§ 81. Für die Zahlenbeispiele benutzen wir das in Bild 81,1 dargestellte Kurvenstück mit Frequenzbezifferung und den Pfeifpunkt A, der mit dem Anfangspunkt 0 zusammenfällt. Es handelt sich um das komplexe Verstärkungsmaß $\sigma = s + aj$ eines von PETERSON, KREER und WARE [L] durchgemessenen gegengekoppelten Verstärkers in offener Ringschaltung. Die Eigenwertbedingung ist also (75,6) oder, wenn man zu Logarithmen übergeht: $\sigma = 0$. Die Verfasser geben eine „gemischte" Kurve, also nichtkonforme Darstellung (§ 52), die in Bild 81,2 schematisch wiedergegeben ist. Dabei wurde der Punkt für 8 kHz mit Hilfe des Koordinatennetzes und der Kurve rechts oben zeichnerisch interpoliert.

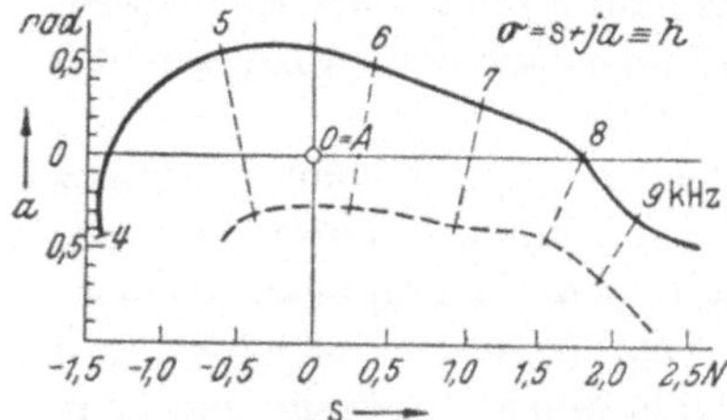

Bild 81,1. Verstärkung im Ringkreis; konform aufgezeichnet und freihändig ergänzt mit begleitendem „Quadrat"-System. Pfeifpunkt $A = 0$; Eigenspiralfrequenz: $(5{,}6 - j\,0{,}6)\,2\pi \cdot 10^{-3}\,\mathrm{s}^{-1}$.

Bild 81,2. Komplexe Verstärkung des gegengekoppelten Verstärkers von BLACK (schematisch): s zählt vom Kreis durch den jeweiligen Pfeifpunkt (z. B. C).

Je nach der Reglerstellung ist die Verstärkung verschieden groß und (wenn man statt dessen den Maßstab des Bildes geändert denkt) kann der Pfeifpunkt irgendwo auf den Stücken A, B, C, D der reellen Achse liegen. Aus dem veröffentlichten Bild erhält man für den Pfeifpunkt bei C folgende Tafel und das entsprechende Bild 81,1, worin der Pfeifpunkt wieder wie sonst mit A bezeichnet ist.

Tafel 81,1.

$f =$	4 kHz	$= -1{,}4\,N$	$-\,j\,0{,}47$ rad
	5 ,,	$-\,0{,}6$	$+\,j\,0{,}56$,,
	6 ,,	$+\,0{,}4$	$+\,j\,0{,}49$,,
	7 ,,	$1{,}1$	$+\,j\,0{,}24$,,
	8 ,,	$1{,}8$	
	9 ,,	$2{,}1$	$-\,j\,0{,}30$,,
	10 ,,	$2{,}5$	$-\,j\,0{,}59$,,

Das ist sicher ein einfaches Beispiel aus der Praxis. Dennoch zeigt sich, daß man mit Näherungsfunktionen vorsichtig umgehen muß, um keine falschen Folgerungen zu ziehen. Es handelt sich weniger um die Frage, wann sie überhaupt konvergieren, als darum, in welchem Bereich sich endliche Funktionenreihen dem Wert der „wirklichen" Funktion hinreichend nähern. Die ausführliche Betrachtung dieses einzigen Beispiels ist recht lehrreich. Wenn — wie hier — nur einzelne Punkte mit

„Meßfehlern" (bei der Ausmessung des Originalbildes) gegeben sind, kann man noch dazu von der „wirklichen" Funktion kaum reden; aber wir werden sehen, daß die einfachen Näherungskurven außerhalb eines gewissen Bereiches sehr weit von den gegebenen Punkten abweichen können.

Der Ingenieur, der das Bild 81,1 betrachtet, wird vermutlich finden, daß die Kurve dem Pfeifpunkt nahekommt und daß mindestens Pfeifgefahr besteht. Manche werden sagen, daß diese „für eine Frequenz" zwischen $5 \cdots 6$ kHz bestehe, wo die Kurve dem Pfeifpunkt nahekommt, andere werden 8 kHz als gefährliche Frequenz ansehen (§ 76); aber keine dieser Vermutungen ist ganz klar (§ 97). und wir wissen, daß wir die „Eigen-Spiralfrequenz" bestimmen können, wozu wir nun systematische Verfahren einschlagen.

§ 82. Ein sehr einfacher Weg zur genaueren Untersuchung besteht darin, daß man freihändig ein Netz aus verzerrten Quadraten zeichnet, wobei die gegebenen Punkte für 5, 6, 7 kHz usw. Grundlinien der Quadrate sind. Es entstehen dann „Querkurven" (schwachgestrichelt) und eine „Begleitkurve" (starkgestrichelt) (§ 37) in Bild 81,1. Sie sind nur ganz roh gezeichnet. Man könnte sie nach Art von § 54 verbessern, aber für den vorliegenden Zweck erfüllen sie den Zweck ziemlich gut. Wir finden, daß der Pfeifpunkt unweit von der Mitte des Quadrats mit der Basis $5 \cdots 6$ kHz liegt. Nun entspricht dem verzerrten Quadratnetz ein unverzerrtes Quadratnetz in der Ebene der Spiralfrequenz, und dem Pfeifpunkt $A = 0$ entspricht in der Frequenzebene der gesuchte Eigenwert. Die Quadratseite in der Frequenzebene, die Spanne, hat eine Länge gleich der Kreisfrequenz, welche dem Frequenzschritt von 1 kHz entspricht. Die Einheit ist dort demnach $2\pi \cdot 10^3 \mathrm{s}^{-1}$. Wir können also aus Bild 81,1 einen Näherungswert ablesen: $\nu = (5{,}6 - j0{,}6)\, 2\pi \cdot 10^3\, \mathrm{s}^{-1}$. Das Abklingmaß ist negativ; wir haben Selbsterregung und wissen auch, nach welchem Zeitgesetz der Eigenvorgang *beginnen* wird.

21. Annäherung durch Polynome.

a) Verfahren für gegebene Argumente mit gleicher Spanne; Punktrechnung in der komplexen Ebene.

§ 83. Hier sollen nur die Zusammenhänge zwischen den Formeln der numerischen Differenzenrechnung und den Kurvenbildern gegeben werden. Die Formeln (39,1) und (39,3) sind geeignet, wenn man eine ungrade Anzahl von gegebenen Paaren (der Funktionswerte und ihrer Argumente) oder Kurvenpunkten hat. Bei der einfachsten Näherung, der linearen, benutzt man 2 Nachbarpunkte, z. B. P_0 und P_1, und erhält die Näherung $h = h_0 + z \Delta_0$ mit der „absteigenden" Differenz Δ_0. Wenn sie ausreicht, kann man alles Wünschenswerte numerisch oder zeichnerisch mühelos bestimmen, z. B. die Gitterpunkte Q_0^l und Q_0^r konstruieren wie in Bild 83,1, das außerdem die Ebene der Spiralfrequenz v und der bezogenen Spiralfrequenz z enthält (§ 38). Man bekommt für diese Gitterpunkte wesentlich andere Näherungswerte, wenn man mit der „aufsteigenden" Differenz arbeitet, also mit $h = h_0 + z\varDelta_{-1}$, wobei man die Punkte P_0 und P_{-1} benutzt. Bild 83,2 zeigt die „Fortsetzung" (Extrapolation quer) durch 3 lineare Näherungen mit absteigenden Differenzen, wobei als Bezugswerte

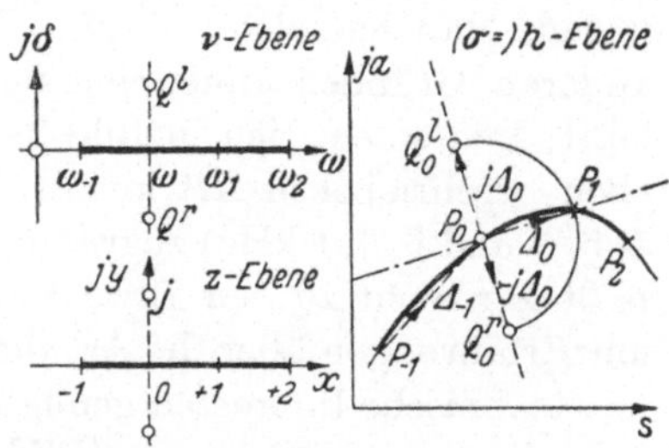

Bild 83,1. Spiralfrequenz, normierte Spiralfrequenz und Ortskurve mit „Querkurve".

der Reihe nach die Punkte 5, 6 und 7 kHz gewählt wurden. Man kommt danach zu ähnlichen Schlußfolgerungen über den Pfeifwert wie nach Bild 81,1, wird aber kaum den Eindruck haben, daß eines dieser Bilder „treffender" wäre als das andere.

Für die quadratische Näherung kann man die 3 ersten Glieder von (39,1) und (39,3) benutzen. Die Beziehungen zwischen diesen Gleichungen, dem Differenzenschema Tafel 39,1 und der Konstruktion sind nach Bild 40,1a und 40,2 leicht herzustellen, wenn man die einfachen Eigenschaften von Parabeln beachtet; denn aus den gestrichelten

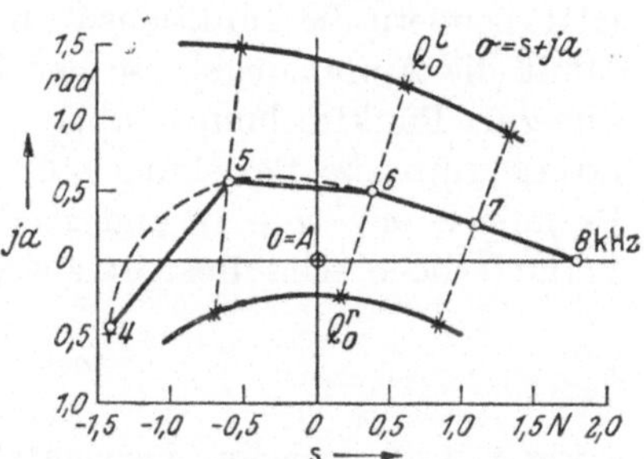

Bild 83,2. Erste (lineare) Näherung für den gegengekoppelten Verstärker.

Hilfslinien ergeben sich ohne weiteres die Koeffizienten M_1 und $D_2/2$ als halbe Summe und Differenz von $\varDelta_0$ und $\varDelta_{-1}$. Man kann daher diese Beiwerte leicht aus der Zeichnung abgreifen und dann nach (39,3) Punkte für beliebige komplexe z numerisch berechnen oder konstruieren. Das geht natürlich besonders leicht auf der Kurve (z reell) oder Querkurve durch P_0 [z rein imaginär, Formel (39,1)], wie es Bild 40,2 für die Gitterpunkte zeigt. Interessant ist nun folgendes: in Bild 40,2 ist die Parabel durch die 3 gegebenen Punkte gezeichnet; dagegen in Bild 40,1a die Kurve, wie man sie durch die 5 gegebenen Punkte legen

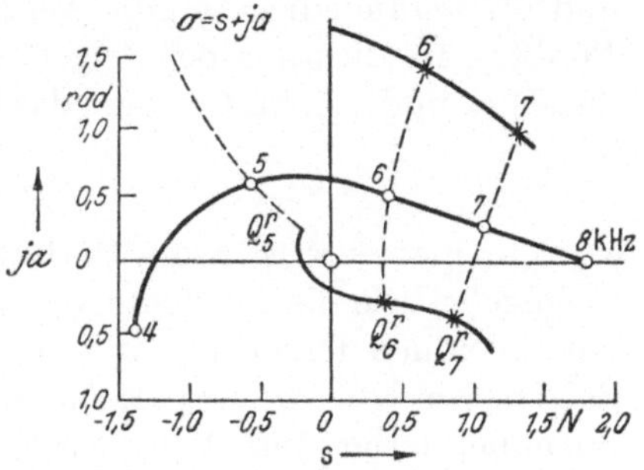

Bild 83,3. Zweite (quadratische) Näherung für den gegengekoppelten Verstärker.

würde. Die *Näherungsparabel* hätte hier ganz anderen Verlauf; denn sie hat stets die *stärkere Krümmung dort, wo die Punkte näher* zusammenliegen. Man hat also schlechte Näherung zu erwarten, wenn man aus anderen Gründen annehmen muß, daß die wirkliche Kurve nicht so läuft. Das macht sich in Bild 83,3 bemerkbar. Das Gitter wurde in der eben beschriebenen Art konstruiert, wobei jedesmal 3 Punkte (4, 5, 6; 5, 6, 7 und 6, 7, 8 kHz) zugrunde gelegt wurden, und der Gitterpunkt Q_5^r paßt gar nicht zu den Erwartungen. Wir verfolgen das in § 85 weiter, um Erfahrungen über die Art dieser Näherungen zu sammeln. Denn für nur technische Interessen genügten die freihändige Zeichnung (Bild 81,1) oder die lineare Näherung (Bild 83,2), die man nach Gefühl noch verbessern könnte. Jetzt wollen wir noch allgemein erörtern, wie die Ausdrücke (40,1) bis (40,4) für die Beiwerte des Näherungspolynoms und die entsprechenden Konstruktionen in Bild 40,1 zustande kommen.

Die Ausdrücke ergeben sich, wenn man das Differenzenschema Tafel 39,1 ausrechnet, aber dabei nicht die formalen $\mathit{\Delta}$-Ausdrücke einsetzt, sondern die Funktionswerte $h_k = h(z_k)$ stehen läßt. Wir verlassen damit die Auffassungsweise der Differenzenrechnung, und zwar gehen wir zur Punktrechnung über, die aber üblicherweise (JAHNKE [L], LOTZE [L]) ohne Beziehung auf die komplexe Ebene dargestellt wird. Es mögen $w = u + jv$ und $z = x + jy$ jetzt irgendwelche komplexe Veränderliche sein. Besteht zwischen ihnen die Gleichung

$$w = \frac{n_1 z_1 + n_2 z_2}{n_1 + n_2}, \tag{83,1}$$

worin n_1 und n_2 reelle „Gewichte" sind, so kann man $q = n_2/(n_1 + n_2)$ und $1 - q$ als relative Gewichte der „Massenpunkte" z_1 und z_2 ansehen, und w ist dann ihr Schwerpunkt mit dem relativen Gewicht 1 und dem Gewicht $n_1 + n_2$. Führt man nämlich q in (83,1) ein, so kann man schreiben

$$w = z_1 + q(z_2 - z_1), \tag{83,2}$$

und für veränderliche q gibt das Punkte auf einer Geraden durch den Punkt z_1 in Richtung des Zeigers von z_1 nach z_2, also auf der Geraden durch z_1 und z_2. Bildet man das Teilverhältnis

$$(z_1 - w)/(z_2 - w) = q/(1 - q) = n_2/n_1, \tag{83,3}$$

so sieht man, daß sich die Entfernungen des Punktes w von z_1 und z_2 umgekehrt wie die Gewichte verhalten. Im Grenzfall $n_2 = -n_1$ wird w ein unendlich ferner Punkt vom Gewicht Null in der Richtung des Zeigers von z_1 nach z_2. Jeder dazu parallele Zeiger gehört zum gleichen unendlich fernen Punkt. Im Sinne der Punktrechnung hat man dann w als den *freien*, d. h. verschiebbaren, Zeiger von z_1 nach z_2 anzusehen. Man setzt daher bei gleichen Gewichten $w = z_2 - z_1$ statt (83,1). In den Gl. (40,2) bis (40,4) haben die Brüche die Form (83,1), ebenso der ganze Klammerausdruck in (40,4) mit dem Faktor 1/4. Alle diese findet man somit durch Schwerpunktkonstruktionen. Hat man das vollendet, so bleiben in (40,1) bis (40,4) überall Differenzen von 2 Punkten gleichen Gewichts, die man als freie Zeiger deutet.

b) Verfahren für beliebige, auch komplexe, Ausgangsargumente; „verkürzte Polynome".

§ 84. Wenn man Argumente mit gleicher Spanne hat, kann man sie durch reelle ersetzen, und es liegt nahe, sie in ihrer natürlichen Reihenfolge anzuordnen; vor allem deswegen, weil man von Differenzen *benachbarter* Werte ausgeht. Sind die Argumente reell, aber ungleichmäßig verteilt, so ist die natürliche Reihenfolge nicht mehr so stark bevorzugt, und wenn die gegebenen Argumente z_k komplex sind, kann man im allgemeinen nicht mehr von einer Reihenfolge sprechen. Man wird dann die Indizes k, durch die eine bestimmte Folge festgelegt werden kann, nach anderen Gesichtspunkten verteilen. Man beginnt z. B. mit den Argumenten, die zu Kurvenpunkten in der Nähe des Pfeifpunktes gehören. Man kann aber nicht mehr mit den Differenzen allein der Funktionswerte rechnen, sondern muß Differenzenquotienten („dividierte Differenzen", „Steigungen") bilden. Man benutzt dann das *allgemeine* Newtonsche Polynom:

$$h(z) = a_0 + (z - z_0)\{a_1 + (z - z_1)[a_2 + (z - z_2)(a_3 + \cdots)]\}. \quad (84,1)$$

Ich habe hier eine „geschachtelte" Form gebildet, während man sonst (z. B. Runge-König [L], auch Hütte [L]) die rechte Seite ausmultipliziert. Wir können die ineinandergeschachtelten Polynome einzeln anschreiben. Auch sie führen anscheinend in der Literatur keinen Namen; ich will sie daher „*verkürzte Polynome*" nennen, weil der Grad jedesmal um 1 sinkt.

$$\left.\begin{aligned} h(z) &\equiv h_0(z) = a_0 + (z - z_0)\, h_1(z) \\ &\cdots\cdots\cdots\cdots\cdots \\ h_k(z) &= a_k + (z - z_k)\, h_{k+1}(z) \\ &\cdots\cdots\cdots\cdots\cdots \\ h_n &\equiv h_n(z) = a_n. \end{aligned}\right\} \quad (84,2)$$

Hier unterscheidet der Index k die verschiedenen *Funktionen* und deutet nicht wie früher (§§ 39 $\cdots$ 41) die *Argumente* z_k der unverkürzten Funktion $h(z_k)$ an. Für diesen Zweck wollen wir fortan Klammersymbole einführen:

$$h_k(z_i) \equiv [z_i]_k. \quad (84,3)$$

Wir setzen das Argument in eckige Klammern und Indizes, Striche für die Ableitungen usw. an die Klammer statt an h. Diese Symbole eignen sich auch verhältnismäßig gut, um die Punkte von Ortskurven, Gitterpunkte usw. zu beziffern. Solche Ziffern müssen sich möglichst von denen unterscheiden, die man braucht, um bestimmte Punkte der h-Ebene selbst zu bezeichnen, z. B. den Anfangspunkt 0 oder die Einheitspunkte 1, -1, j und $-j$ auf den Achsen. Die Klammersymbole sind natürlich nur brauchbar, wenn es unnötig ist, den Funktionsbuchstaben (z. B. h) anzugeben. Setzt man in (84,2) der Reihe nach $z = z_0 \ldots z_k \ldots z_{n-1}$, so erhält man die Beiwerte

$$a_k = h_k(z)_k = [z_k]_k \;\; (\text{für } k = 0, 1 \ldots n - 1) \;\;\text{ und }\;\; a_n = h_n. \qquad (84,4)$$

Die Darstellung durch (84,1) und (84,2) ist eine *Verallgemeinerung* des *Hornerschen Schemas*, das sich ergibt, wenn man alle z_k in ein und denselben Wert $\bar{z}$ zusammenrücken läßt. Die Beiwerte a_k werden dann gleich der k-ten Ableitung von h, genommen für $\bar{z}$ und durch $k!$ dividiert. Ähnliche Beziehungen bestehen auch hier. Wir betrachten die erste Ableitung. Differenziert man (84,2) nach z und setzt dann wieder $z = z_k$, so ergibt sich

$$[z_k]'_k = [z_k]_{k+1} \;\; (\text{für } k = 0, 1, \ldots, n - 1) \;\;\text{ und }\;\; [z]'_n = 0. \qquad (84,5)$$

Wenn man die verkürzten Funktionen berechnet, erhält man daher für jede Funktion in einem Punkte auch die Ableitung und damit eine lineare Näherung in diesem Punkt. In der entsprechenden Kurve ist also dann insbesondere die *Tangenten*richtung gegeben. Als Kurven gedeutet stellen die verkürzten Funktionen Parabeln höheren Grades dar, die alle für $z \to \infty$ nach $h_k = \infty$ gehen. Setzt man in (84,2) $z = r \underline{/\zeta}$ mit $r \to \infty$ und $h_n = a_n = a \underline{/\alpha}$, worin r und a die Beträge, ferner $\underline{/\zeta}$ und $\underline{/\alpha}$ die Dreher sind, so ergibt sich

$$h_k(z) \to [\infty]_k = a\, r^{n-k} \underline{/\alpha + (n - k)\, \zeta}. \qquad (84,6)$$

Man kann hieraus für beliebige ζ die Richtung bestimmen, in welcher die Kurve nach Unendlich geht. Läßt man z. B. z längs der positiven (oder negativen) reellen Achse wachsen, so ist $\zeta = 0$ (oder $180°$), d. h. die unendlich fernen Punkte aller Kurven liegen in der *gleichen* (oder entgegengesetzten) Richtung wie a_n. Läßt man dagegen z längs der imaginären Achse wachsen (Querkurve), so ändern sich die Richtungen von einer Kurve zur nächsten um einen *rechten* Winkel.

Das Gleichungssystem (84,2) ist für den *Aufbau* übersichtlich, nämlich für die Berechnung von Funktionswerten zu gewünschten Argumentwerten, wenn die Konstanten a_k bereits bekannt sind. Um aber diese aus gegebenen Paaren z_k, $[z_k]$ zu bestimmen, also für den *Abbau*, drückt man besser jedes Polynom durch das vorhergehende, das „*verlängerte*", aus:

$$h_{k+1}(z) = \frac{h_k(z) - a_k}{z - z_k} = \frac{[z]_k - [z_k]_k}{z - z_k} \;\; (k = 1, 2, \ldots, n). \qquad (84,7)$$

Hieraus sieht man, daß jede Funktion aus der vorhergehenden als Differenzenquotient gebildet wird. Es treten aber nicht die Differenzen „benachbarter" Paare auf (von denen man hier höchstens formal, nämlich mit Bezug auf den Index sprechen könnte), sondern gegen ein bestimmtes „*Bezugspaar*" z_k, $[z_k]_k$. Auch diese Art der Differenzenquotienten scheint noch keinen eigenen Namen zu haben; ich nenne sie daher „*gestaffelte Steigungen*".

Wir wollen die verkürzten Polynome jetzt für zeichnerische und numerische Rechnungen verwenden; beim Ziffernrechnen benutzen wir dazu ein Schema, das von dem üblichen (RUNGE-KÖNIG [L], HÜTTE [L]) abweicht, weil dies nur für reelle Funktionen und Argumente entworfen ist.

c) Zahlenbeispiel: rückgekoppelter Verstärker.

§ 85. Als Beispiel berechnen wir Näherungen 3. und 4. Grades für den in § 81 usw. behandelten Verstärker, um die Vorteile und Nachteile dieser systematischen, anscheinend zuverlässigeren, aber jedenfalls weniger anpassungsfähigen Verfahren kennenzulernen.

Näherung 3. Grades durch zeichnerische Rechnung. Abbau.

Gegeben ist das Achsenkreuz und die Punkte [—2], [—1], [0] und [1] in Bild 85,1, die den Frequenzen 4, 5, 6 und 7 kHz entsprechen. Wir wählen $z_0 = [0]$. Dann führt der Zeiger $a_0 = [0]$ vom Anfangspunkt zum

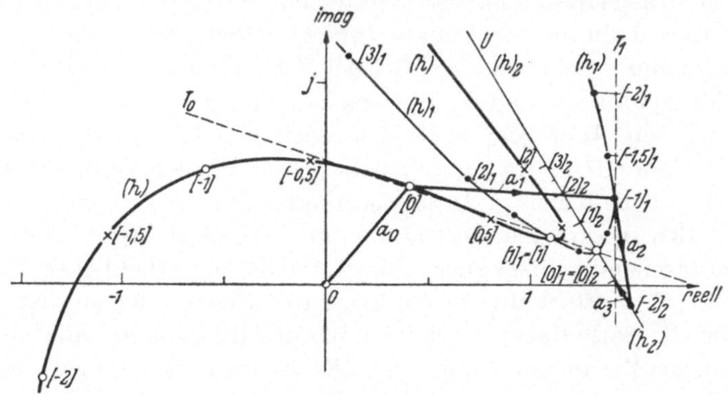

Bild 85,1. Näherung 3. Grades; Abbau und Aufbau längs der Kurve.

ersten Bezugspunkt 0. Wir können dann nach der Vorschrift (84,7) mit $k = 0$ drei Punkte der Kurve für h_1, bezogen auf [0] als neuen Anfangspunkt, konstruieren. Der Punkt $[1]_1$ fällt mit [1] zusammen, weil die Differenz der Argumente 1 ist. Der Punkt $[—1]_1$ liegt mit Bezug auf [0] symmetrisch zum Punkt [—1]. Um den 3. Punkt $[—2]_1$ zu finden, hat man den Zeiger von [0] nach [—2] durch die Differenz der zugehörigen Argumente, nämlich $-2 - 0 = -2$, zu dividieren.

Wählen wir nun $z_1 = -1$, so können wir a_1 als Zeiger vom ersten Bezugspunkt [0] zum zweiten Bezugspunkt $[-1]_1$ einzeichnen, der also Anfangspunkt für die zweite verkürzte Kurve h_2 ist. Für diese können wir in derselben Art 2 Punkte konstruieren, indem wir (84,7) mit $k = 1$ benutzen. Wir dividieren also z. B. den Zeiger nach $[1]_1$ durch $1 - (-1) = 2$ usw. Als dritte verkürzte „Kurve‟ ergibt sich schließlich $h_3 = a_3$ (also ein Punkt), wobei als Bezugsparameter $z_2 = -2$ gewählt wurde.

Aufbau: 1. Inter- und Extrapolation auf der Kurve.

Die vorletzte Gleichung heißt in unserem Fall

$$h_2 = a_2 + (z - z_2)a_3 = a_2 + (z + 2)a_3. \tag{85,1}$$

Da sie linear ist, liefert sie für $z = x =$ reell die gleichmäßig bezifferte Gerade (h_2), auf der wir Punkte für beliebige x einzeichnen können. Das ist geschehen im Bereich $z = -2 \cdots +3$ mit der Spanne 0,5. Beim Aufbau halten wir uns an das System (84,2), indem wir von hinten beginnen. Für die erste verkürzte Funktion folgt

$$h_1 = a_1 + (z - z_1)a_2 = a_1 + (z + 1)h_2, \tag{85,2}$$

d. h. wir haben vom Bezugspunkt (dem Endpunkt des Zeigers a_1) die Zeiger h_2 mit $z + 1$ malzunehmen. Dadurch erhalten wir die Punkte, durch die wir die Parabel (h_1) gelegt haben. Schließlich haben wir die Zeiger von [0] nach diesen Parabelpunkten mit $(z - z_0) = z$ malzunehmen und erhalten dadurch die Punkte für (h) selbst, durch die wir eine Parabel 3. Grades gelegt haben. Bei der Zeichnung der Kurven leisten uns die Tangenten T_1 und T_0 (sie ergeben sich dort, wo der Faktor 0 wird) sowie die Richtung nach den unendlich fernen Punkten [die durch die Gerade $U = (h_2)$ gegeben ist] gute Dienste. Kritisch ist zu bemerken, daß die Kurve im Interpolationsbereich von $z = x = -2 \ldots 1$ recht gut den erwarteten Verlauf nimmt, sich aber für Werte größer als 1 überraschend schnell zurückbiegt. Das ist ein erheblicher Mangel.

Aufbau: 2. Fortsetzung in die komplexe Ebene quer zur Kurve.

Da die Gl. (85,1) linear ist, können wir das Bild von h_2 ohne weiteres für komplexe Werte von z ergänzen. Es ist aber ein Mangel, daß die Einheit dort sehr klein ist, so daß die Zeichnung ungenau wird. Außerdem enthält das Bild 85,1 schon so viele Einzelheiten, daß Verwirrung entstünde. Solche Mängel treten bei zeichnerischen Rechnungen häufig auf; um die Verwirrung zu vermeiden, nehmen wir ein neues Blatt, und um einen besseren Maßstab zu erhalten, verdoppeln wir die Einheit für $h_1 \ldots h_3$, indem wir setzen:

$$\bar{h}_1 = 2h_1; \quad \bar{h}_2 = 2h_2; \quad \bar{h}_3 = 2h_3. \tag{85,3}$$

Damit geht (84,2) über in

$$\left.\begin{aligned}
h(z) &= a_0 + (z/2)\,\overline{h}_1(z), \\
\overline{h}_1(z) &= 2a_1 + (z+1)\,\overline{h}_2(z), \\
\overline{h}_2(z) &= 2a_2 + (z+2)\,\overline{h}_3(z), \\
\overline{h}_3 &= 2a_3.
\end{aligned}\right\} \qquad (85,4)$$

Wir beginnen daher die Konstruktion in Bild 85,2 damit, daß wir den Streckenzug $a_0 + 2a_1 + 2a_2 + 2a_3$ zeichnen, der die Punkte $0, [0]$, $[-1]_1, [-2]_2$ und $[-1]_2$ verbindet. Die Verlängerung des Zeigers $2a_3$ um sich selbst liefert den Punkt $[0]_2$, und damit haben wir für die lineare Funktion die Punkte für $z = -1$ und $z = 0$, welche die Basis des (unverzerrten) Quadrats bilden, das wir zunächst in das Parabelnetz

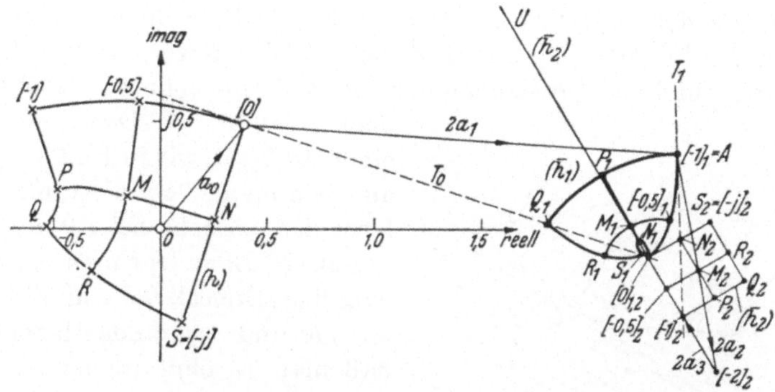

Bild 85,2. Näherung 3. Grades; Aufbau eines Quadrats.

von h_1 und dann in das Netz der kubischen Parabeln $h_0 \equiv h$ abbilden wollen. Das genannte Quadrat erscheint in Bild 85,2 rechts unten und ist in 4 kleinere Quadrate unterteilt mit der Spanne 0,5 in der reellen und imaginären Richtung. Da bei der kleinen Figur sogar die Klammersymbole unbeholfen sind, sind sie teilweise durch große Buchstaben ersetzt; z. B. ist der Gitterpunkt $[-j]_2$ auch mit S_2 bezeichnet, $[-0,5 - j\,0,5]_2$ mit M_2 usw. Um zum (quadratischen) Parabelnetz überzugehen, müssen wir wieder mit $z + 1$ multiplizieren. Die Erfahrung hat gezeigt, daß man dabei leicht Fehler macht. Daher schreibt man besser in einer kleinen Tafel auf, womit man bei den einzelnen Schritten malnehmen muß.

An Hand dieser Tafel kann man leicht feststellen, was zu tun ist. Wer dabei noch Schwierigkeiten findet, wird gut tun, dieses Beispiel auch numerisch durchzurechnen, nachdem er das folgende studiert hat, und die numerischen Rechnungen mit den zeichnerischen zu vergleichen. Man darf das Bild nicht durch viele Hilfspunkte und -linien verwirren. Ich empfehle daher folgende ganz einfache Hilfsmittel. Als Beispiel

Tafel 85,1.

Punkt (Bezifferung oder Buchstabe)	Argument z	Faktor für $\bar{h}_2 \to \bar{h}_1$: $z+1$	Faktor für $\bar{h}_1 \to h$: $z/2$
0	0	1	0
$-0{,}5$	$-0{,}5$	$0{,}5$	$-0{,}25$
-1	-1	0	$-0{,}5$
N	$-j\,0{,}5$	$1 - j\,0{,}5$	$-j\,0{,}25$
M	$-0{,}5 - j\,0{,}5$	$0{,}5 - j\,0{,}5$	$-0{,}25 - j\,0{,}25$
P	$-1 - j\,0{,}5$	$-j\,0{,}5$	$-0{,}5 - j\,0{,}25$
S	$-j$	$1 - j$	$-j\,0{,}5$
R	$-0{,}5 - j$	$0{,}5 - j$	$-0{,}25 - j\,0{,}5$
Q	$-1 - j$	$-j$	$-0{,}5 - j\,0{,}5$

nehmen wir den Punkt R für $z = -0{,}5 - j$. Bezeichnen wir zur Abkürzung den Punkt $[-1]_1$ mit A, so ist $A R_2$ der Zeiger, der mit $0{,}5 - j$ (3. Spalte, Tafel 85,1) malzunehmen ist. Wir multiplizieren zuerst mit

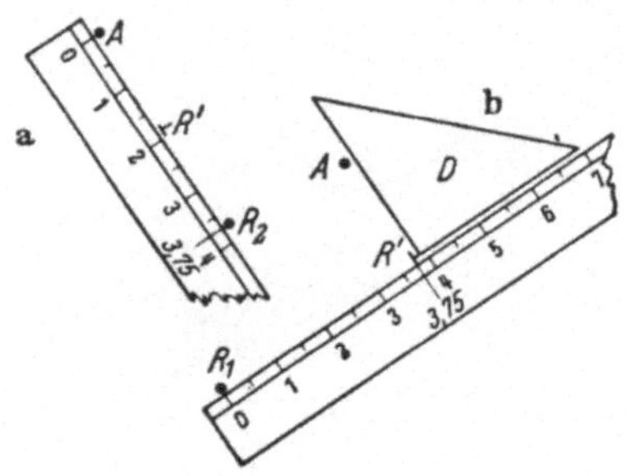

Bild 85,3. Multiplikation mit $0{,}5 - j$ ohne Hilfslinien.

dem Realteil 0,5. Dazu legt man einen Maßstab wie in Bild 85,3a an, auf dem man 3,75 abliest, und markiert das 0,5fache bei 1,9 als Hilfspunkt R'. Dann legt man ein rechtwinkliges Dreieck D wie in Bild 85,3b an $A R'$ und daran den Maßstab so, daß man — ohne irgendeine Linie zu ziehen — unmittelbar den Punkt R_1 einzeichnen kann. Da die Gitterpunkte oft sehr einfache Argumente haben, wird man die Rechnungen häufig im Kopf machen können. Um zu den Gitterpunkten die Gitterlinien zu zeichnen, benutzt man die (gestrichelten) Tangenten T_0 und T_1 (Bild 85,2) und die Tatsache, daß sich die Gitterlinien senkrecht schneiden. Außerdem leistet im Parabelnetz die Gerade U nach dem unendlich fernen Punkt Hilfe, weil sie achsenparallel ist. Sofern man sich auf das in Bild 85,2 links dargestellte, verzerrte Quadrat beschränkt, kann man mit der Näherung 3. Grades zufrieden sein.

Näherung 4. Grades durch numerische Rechnung.

§ 86. Wir verfolgen noch eine Näherung 4. Grades, um zu zeigen, wie man numerisch rechnet, und weil dabei eine Besonderheit auftritt, auf die man achten muß. Außerdem kann man dann beurteilen, welchen Aufwand solche Rechnungen erfordern. Zu den Ausgangspaaren nehmen wir noch das Paar $z = 2$ und $[2] = 1{,}8$ hinzu. Wir bringen zunächst die Tafel für den Abbau gemäß (84,7). In welcher Reihenfolge die gegebenen z_k als Bezugswerte gewählt sind, erkennt man aus ihrem Index. Ferner daran, daß in der entsprechenden Zeile a_k auftritt. Die betreffenden Zahlen sind in der Tafel fettgedruckt. Hinter einem Wert a_k treten in der Zeile nur noch 0 und der unbestimmte Ausdruck 0/0 auf. Die Zeile kann daher beim Abbrechen des Schemas weggelassen werden.

Tafel 86,1. *Abbau durch eine Folge verkürzter Polynome.*

f/kHz	z	h	$h - a_0$	$z - z_0$	h_1
4	$z_3 = -2$	$-1,4 - j\,0,47$	$-1,8 - j\,0,96$	-2	$0,9 + j\,0,48$
5	$z_1 = -1$	$-0,6 + j\,0,56$	$-1,0 - j\,0,07$	-1	$\mathbf{1,0 - j\,0,07 = a_1}$
6	$z_0 = 0$	$\mathbf{0,4 + j\,0,49 = a_0}$	0	0	$0/0$
7	$z_2 = 1$	$1,1 + j\,0,24$	$0,7 - j\,0,25$	1	$0,7 - j\,0,25$
8	$z_4 = 2$	$1,8$	$1,4 - j\,0,49$	2	$0,7 - j\,0,245$

z	$h_1 - a_1$	$z - z_1$	h_2	$h_2 - a_2$	$z - z_2$
-2	$-0,1 + j\,0,55$	-1	$0,10 - j\,0,55$	$0,25 - j\,0,460$	-3
1	$-0,3 - j\,0,18$	2	$\mathbf{-0,15 - j\,0,09 = a_2}$	0	0
2	$-0,3 - j\,0,175$	3	$-0,10 - j\,0,058$	$0,05 - j\,0,032$	1

z	h_3	$h_3 - a_3$	$z - z_3$	h_4
-2	$\mathbf{-0,083 + j\,0,153 = a_3}$	0		
$+1$	$0/0$			
$+2$	$0,050 + j\,0,032$	$0,133 - j\,0,121$	4	$\mathbf{0,0333 - j\,0,0303 = a_4}$

In den veröffentlichten Schemen sind die z_k nach der natürlichen Folge des Index $(z_0, z_1, z_2, \ldots)$ geordnet. Das Schema wirkt dann äußerlich besser geordnet; aber oft kann man eine bessere innere Ordnung schaffen, die das Rechnen erleichtert. Hier z. B. sind die z_k nach ihrer Größe geordnet. Eine ähnlich gegliederte Ordnung zeigt Tafel 85,1. Da keine „Nebenrechnungen" vorhanden sind, kann man wohl sagen, daß der Rechenaufwand nicht übertrieben groß ist.

Für den *Aufbau* erhalten wir eine Tafel nach dem folgenden Muster, in dem nur eine Dreifachzeile für ein *komplexes* Argument als Beispiel enthalten ist (die natürlich ihrer Länge halber mehrfach abgebrochen werden mußte). Die Zeile ist 3fach, weil man beim Zahlenrechnen Nebenrechnungen vermeiden soll und weil es *hier* einfacher ist, die komplexen Zahlen bei der Multiplikation in der GAUSSschen Form zu belassen; zumal die Argumente so einfache Zahlen sind, daß man im Kopf malnehmen kann. Man bedient sich der Rechenvorrchrift (84,2) von unten nach oben. Für jeden weiteren Punkt kommt unter dem gleichen Kopf eine Zeile hinzu (*einfach bei reellem, dreifach bei komplexem* Argument), und für jede Einheit im Grad n der Näherung erhält man 3 Spalten mehr. So

Tafel 86,2. *Aufbau (Beispiel für ein komplexes Argument).*

		$a_4 = 0{,}0333 - j\,0{,}0303$	$a_3 = -0{,}083 + j\,0{,}153$	
z	$z - z_3$ $= z + 2$	$(z - z_3)a_4$	$h_3 = a_3 + \cdots$	$z - z_2$ $= z - 1$
$-1 - j\,0{,}5$	$1 - j\,0{,}5$	$\begin{array}{l} 0{,}0333 - j\,0{,}0303 \\ -\,0{,}0152 - j\,0{,}0166 \\ \hline 0{,}0181 - j\,0{,}0469 \end{array}$	$-0{,}065 + j\,0{,}106$	$-2 - j\,0{,}5$

		$a_2 = -0{,}150 - j\,0{,}090$		
z	$h_3\,(z - z_2)$	$h_2 = a_2 + \cdots$	$z - z_1$ $= z + 1$	$h_2\,(z - z_1)$
$-1 - j\,0{,}5$	$\begin{array}{l} 0{,}130 - j\,0{,}212 \\ 0{,}053 + j\,0{,}033 \\ \hline 0{,}183 - j\,0{,}179 \end{array}$	$0{,}033 - j\,0{,}269$	$-\,j\,0{,}5$	$-0135 - j\,0017$

		$a_1 = 0{,}40 + j\,0{,}49$
z	$z\,h_1$	$h = a_0 + z\,h_1$
$-1 - j\,0{,}5$	$\begin{array}{l} -0{,}865 + j\,0{,}087 \\ -0{,}044 - j\,0{,}433 \\ \hline -0{,}909 - j\,0{,}346 \end{array}$	$-0{,}50 + j\,0{,}14$

kann man den Aufwand übersehen. Zu Studienzwecken wurden Punkte
berechnet von einer Anzahl, die für den technischen Zweck weit über-

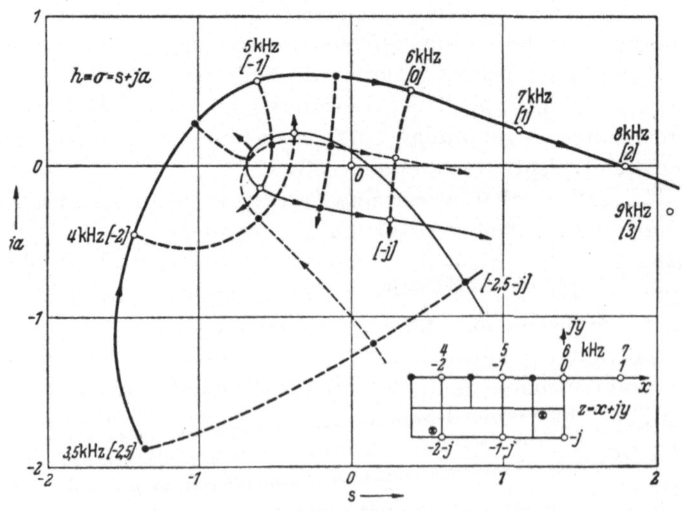

Bild 86,1. Die numerisch berechnete Näherung 4. Grades; unten rechts: die gewählten
Argumentwerte.

trieben ist. Bild 86,1 zeigt das Gitter in der h-Ebene und unten rechts klein das Gitter und die Gitterpunkte der z-Ebene, für die gerechnet wurde. Stark ausgezogen ist die „Näherungsortskurve" für reelle Frequenzen, also die Näherung an unsere „gegebene" oder „wirkliche" Ortskurve, schwach gestrichelt die Begleitkurve mit $y = -0{,}5$ und schwach ausgezogen die Begleitkurve mit $y = -1$. Durch starkgestrichelte Linien sind die Querkurven hervorgehoben, um zu zeigen, wie sie „*in die Ebene hinausgreifen*". Der Anfangspunkt 0 ist Pfeifpunkt. Nach ihm greift eine Linie mit etwa 5,7 kHz und — das sollte hier gezeigt werden — eine Linie mit etwa 3,8 kHz. Die Näherungsortskurve paßt gut zu den ausgewählten Punkten, aber nicht gut zu den Punkten für 9 kHz (eingezeichnet) und 10 kHz, die zwar gegeben sind, aber bei unserer Näherung nicht berücksichtigt wurden. Auch bei tiefen Frequenzen ist die Kurve schlecht angepaßt; denn aus Bild 81,2 (besser aus Fig. 10 in der Originalveröffentlichung) kann man sehen, daß die Verstärkung unter 4 kHz abnimmt. Bei dem extrapolierten Punkt für 3,5 kHz beginnt dagegen der Realteil von h ($= \sigma$), d. h. das Verstärkungsmaß im gewöhnlichen Sinn, nach tiefen Frequenzen hin anzuwachsen.

d) Der Bereich brauchbarer Näherung und die Mischung der Kriterien I. und II. Art.

§ 87. Es ist eine alte Erfahrung, daß bei der Annäherung einer reellen Funktion eines reellen Arguments die Interpolation weit zuverlässiger ist als die Extrapolation. Wir sahen, daß dies auch gilt, wenn wir eine komplexe Funktion (die Ortskurve) eines reellen Arguments haben. Wenn z. B. x_0, x_1, x_2, x_3 in Bild 87,1 die gegebenen Argumente sind, so ist die Annäherung längs der stark gezeichneten Strecke wesentlich besser als außerhalb. Bei der Fortsetzung quer zur Ortskurve haben wir eine komplexe Funktion eines komplexen Arguments. Dies steht etwa zwischen der Inter- und Extrapolation, wenn wir von mittleren Argumentwerten (z. B. $x_1 < x < x_2$) ausgehen. Wir werden erwarten, daß die Annäherung in einem Gebiet G von etwa ovaler Form oder Streifenform (§ 95) brauchbar sein wird. Dies soll nur ein Wink sein, an die Grenze der Brauchbarkeit zu denken; denn zuverlässige Fehlerabschätzungen sind bei empirisch gegebenen Kurven unmöglich und bei analytisch gegebenen schwierig.

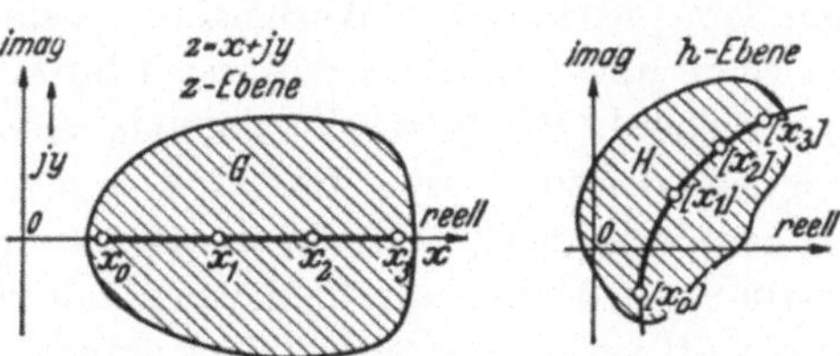

Bild 87,1. Die Gebiete G und H brauchbarer Annäherung.

Aus den einzelnen Bildern kann man die in Tafel 87,1 eingetragenen Näherungen für Eigenwerte entnehmen (§§ 11, 25), wobei man in

Tafel 87,1. *Näherungen für Eigenwerte*

(bezogen auf eine Spanne von $1\,\text{kHz} \cdot 2\pi = 2000 \cdot \pi\,\text{s}^{-1}$).

Aus Bild	Näherung	Im Annäherungs-gebiet	Außerhalb des Annäherungsgebiets
81,1	freihändig	$5,6 - j\,0,6$	
83,1	2. Grades	$5,7 - j\,0,7$	
85,1 u. 2	3. Grades	$5,71 - j\,0,63$	etwa $8,2 + j\,2$ (abklingend)
86,1	4. Grades	$5,67 - j\,0,64$	etwa $3,9 - j\,0,9$ (Pfeifwert!)

Bild 85,1, 85,2 und 86,1 den Pfeifpunkt 0 in 2 verschiedene verzerrte
Quadrate legen kann. Im „Annäherungsbereich" besteht gute Übereinstimmung; dicht außerhalb ist das Verfahren ganz unbrauchbar.

Eine Mischung zeichnerischer und analytischer (bei allgemeinen
Untersuchungen, § 110) oder numerischer Verfahren ist meist günstig;
man kann aber auch alles numerisch machen. Zum Beispiel liefert
Tafel 86,1 die Konstanten für ein Polynom 4. Grades. und wir können
dessen Wurzeln mit den in der Algebra entwickelten numerischen
Methoden bestimmen, aber auch dazu wird man gut tun, den Anfangswert der Wurzel aus der Kurve abzuschätzen. Man könnte auch auf
den Gedanken kommen, die Frage, ob Pfeifwerte vorhanden sind, dadurch
zu klären, daß man die bekannten analytischen Kriterien auf die Gleichung 4. Grades anwendet, z. B. das von HERMITE (s. SCHMEIDLER [L];
das von HURWITZ gilt nur bei reellen Koeffizienten). Das darf man aber
im allgemeinen nicht, denn dadurch werden *sämtliche* Wurzeln geprüft,
und unser Beispiel zeigt, daß die Näherungsfunktion schon dicht bei
den gegebenen Punkten falsche Pfeifwerte liefern kann. Die erwähnten analytischen Kriterien benutzen aber — ebenso wie das Ortskurvenkriterium I. Art — den Gesamtverlauf der geschlossenen Kurve (der
*Näherungs*funktion!).

Zu allen Näherungsverfahren — seien sie zeichnerisch, numerisch
oder irgendwie gemischt — sei noch folgendes gesagt: Man kann genauere
Werte bestimmen und vor allem die Sicherheit erhöhen dafür, daß man
sich dem „wirklichen" Wert nähert, wenn es möglich ist, während man
die Näherungsfunktion sucht, noch für einzelne Argumente die genauen
„wirklichen" Werte zu bestimmen, also z. B. „nachträglich" zu berechnen oder zu messen. Das Argument wird dabei häufig komplex sein;
dann muß man also Wuchsverhältnisse (und nicht Scheinverhältnisse)
bestimmen. Wenn man für die anzunähernde Funktion eine Formel hat,
ist das oft vergleichsweise einfach; muß man die Wuchsfunktion messen,
so müßte man eine „unmittelbare Messung" versuchen (§§ 48, 49).

Die hier gemeinte Verbesserung des Näherungsverfahrens besteht
darin, daß man sich — etwa wie hier im Kapitel G beschrieben — zunächst einen ersten Näherungswert des Arguments, also z. B. des Eigenwerts, verschafft. Er werde p_1 genannt. Dann bestimmt man dafür oder

für einen dicht dabei liegenden Wert p_2, mit dem sich bequemer arbeiten (rechnen oder messen) läßt, den genauen „wirklichen" Funktionswert $h(p_1)$ oder $h(p_2)$ und nimmt das Paar $h(p_1) = [p_1]$ und p_1 oder das entsprechende Paar für p_2 in die Reihe derjenigen Paare auf, aus denen man die zweite Näherung bestimmt. Oft kommt man auf diese Art ohne viel Mühe zu einem sehr guten Näherungswert. Sollte das beim zweiten Schritt noch nicht gelungen sein, so kann man natürlich das Verfahren fortsetzen. Ein Beispiel dieser Art habe ich in meinem Aufsatz aus dem Jahre 1931 gegeben (STRECKER [1], S. 131).

22. Annäherung durch Kettenbrüche oder gebrochene rationale Funktionen.

§ 88. Empirisch gegebene Prüffunktionen werden meist Systemverhältnisse sein, denen analytisch bei Netzwerken gebrochene rationale Funktionen entsprechen. Wir werden allerdings den analytischen Ausdruck oft nicht kennen, aber Näherungen gleicher Art werden sich den Meßwerten besser anpassen. Für manche Anwendungsgebiete, z. B. die Verwirklichung von Netzwerken, sind sie daher sehr wichtig. Das Problem, sie zu finden, ist wohl noch nicht ganz gelöst, sondern anscheinend nur für die von THIELE stammende Kettenbruchform oder die entsprechende Form von CAUCHY, worin der Kettenbruch als rationale gebrochene Funktion geschrieben ist (NÖRLUND [L]). Dabei sind Zähler und Nenner Polynome von nahezu gleichem Grade; das ist aber bei den Systemverhältnissen ebenso. Auf die Form von CAUCHY will ich nicht eingehen, weil sie schwer zu handhaben ist, wenn man über linear gebrochene Funktionen („Kreisnäherungen") hinausgeht. Solche Anwendungen sind früher besprochen (STRECKER [2] und § 41). Für das praktische Rechnen ist die Kettenbruchform geeigneter. Das einzige mir bekannte Verfahren (NÖRLUND [L], S. 415) geht von willkürlich gegebenen Wertepaaren aus, welche nach steigendem Index k der gegebenen Argumente $z_0, z_1, \ldots, z_k, \ldots$ angeordnet werden. Es werden die sog. reziproken Differenzen benutzt, und zwar von Werten, die in dieser — nur formal bedingten — Ordnung *benachbart* sind. Die reziproken Differenzen sind komplizierter, als der Name besagt; denn es sind in Wirklichkeit reziproke Differenzenquotienten, von denen teilweise noch Funktionswerte abgezogen werden. Ich will hier ein Verfahren mit „*verkürzten Kettenbrüchen*" entwickeln, das gedanklich und für die Rechnung übersichtlicher und einfacher ist. Ich habe auch weiter oben die besonderen Namen: geschachtelte Funktionen, verkürzte Polynome und gestaffelte Steigungen eingeführt, mit aus dem Grunde, weil sich dann leicht zeigen läßt, inwiefern das Verfahren mit dem der verkürzten Polynome ähnlich ist und inwiefern es davon abweicht. Es werden deshalb auch wenige Worte genügen, um zu zeigen, wie das neue Verfahren durchgeführt wird. Man muß auch hier bei jedem Schritt Kehrwerte von in der Regel komplexen Zahlen bilden. Dazu geht man doch wohl besser zur Polarform der komplexen Zahlen über. Dabei hat man nach meinen Erfahrungen die geringsten Unbequemlichkeiten, wenn man nur mit spitzen Winkeln zwischen —90 und +90° rechnet und dafür statt des Betrages die „*Stärke*" einführt (STRECKER [6]); das ist in unserem Fall der *Betrag*, wenn der Winkel der komplexen Zahl spitz ist, aber der *Betrag mit negativem Vorzeichen*, wenn der Winkel der komplexen Zahl selbst zwischen 90 und 180° oder —90 und —180° liegt. Für das zeichnerische Rechnen wird man weiter, soweit möglich, statt des Kehrwerts den „inversen", also den konjugiert komplexen des reziproken einführen, weil sein Winkel *gleich* dem der ursprünglichen Zahl ist.

§ 89. Wir behandeln nur die Kettenbrüche, die sich leicht in gebrochene rationale Funktionen umwandeln lassen und umgekehrt. Wenn man den THIELESCHEN Kettenbruch mit *unbestimmten* Konstanten anschreibt:

$$h(z) = a_0 + \cfrac{z - z_0}{a_1 + \cfrac{z - z_1}{a_2 + \cfrac{z - z_2}{a_3 + \cdots,}}} \tag{89,1}$$

so sieht man, daß er ebenfalls als eine Folge von „geschachtelten" Funktionen, und zwar „*verkürzten Kettenbrüchen*" dargestellt werden kann, nämlich:

$$\left.\begin{aligned} h(z) &\equiv h_0(z) = a_0 + \frac{z - z_0}{h_1(z)} \\ &\qquad \cdots\cdots\cdots\cdots \\ h_k(z) &= a_k + \frac{z - z_k}{h_{k+1}(z)} \\ &\qquad \cdots\cdots\cdots\cdots \\ h_n &\equiv h_n(z) = a_n. \end{aligned}\right\} \tag{89,2}$$

Alle Kettenbrüche haben dieselbe allgemeine Form, aber jeweils eine Konstante weniger. Für die Konstanten gilt wieder die Gl. (84,4), und aus der Form (89,2), die für den *Aufbau* geeignet ist, ergibt sich für den *Abbau*

$$h_{k+1}(z) = \frac{z - z_k}{h_k(z) - a_k} = \frac{z - z_k}{[z]_k - [z_k]_k} \; ; \quad (k = 0, 1, 2, \ldots, n - 1). \tag{89,3}$$

Alle diese Beziehungen entsprechen genau denen für eine Folge verkürzter Polynome, abgesehen davon, daß man bei jedem Schritt zum „*Kehrwert der gestaffelten Steigungen*" übergehen muß. Das erschweit zwar die Rechnung, aber diese bedarf wohl kaum einer grundsätzlichen Erläuterung.

§ 90. Wir betrachten nur ein einfaches Beispiel. Gegeben sind die 3 Paare: z, $[z]$ in den beiden ersten Spalten der Tafel 90,1. Als „Ortskurve" durch diese Punkte für reelle z erhalten wir dann einen Kreis. Wir wollen den Abbau numerisch und zeichnerisch (Bild 90,1) durchführen; beim Aufbau begnügen wir uns mit der Konstruktion, die mit Rechenschieber und Zeichnung einfacher ist als rein numerisch, weil sich dann die Kehrwerte oder die inversen Werte leichter bilden lassen. Unsere Gleichung nimmt die Form an:

$$h(z) = a_0 + \cfrac{z - z_0}{a_0 + \cfrac{z - z_1}{a_2}}. \tag{90,1}$$

Wir führen besser den Kehrwert $b_2 = 1/a_2$ der letzten Konstanten ein, weil wir dann einmal weniger durch eine komplexe Zahl zu dividieren haben. Mit den Zahlenwerten für die Argumente wird dann

$$h(z) = a_0 + \frac{z}{a_1 + b_2(z-1)} = a_0 + \frac{z}{b_2 z + a_1 - b_2}. \tag{90,2}$$

Gl. (89,3) liefert die Bestimmungsgleichungen

$$h_1 = (z - z_0)/(h - a_0) \tag{90,3}$$

und

$$b_2 = \frac{1}{a_2} = \frac{1}{[-1]_2} = \frac{[z_2]_1 - a_1}{z_2 - z_1}. \tag{90,4}$$

Die Rechnungen, die in Tafel 90,1 in Klammern stehen, braucht man nicht. Sie wurden als Probe gemacht; denn für $z = \infty$ ergibt sich aus (90,2) der Zeiger $[\infty] - [0] = 1/b_2 = a_2$, und diesen Wert können wir mit dem konstruierten vergleichen (s. Ende von § 91). Für die gemischte Rechenweise wird man die in der Tafel verzeichneten Größen nicht ohne weiteres verwenden können, weil sie von ganz verschiedener Größenordnung sind. Das wird häufig vorkommen, und man wird daher im allgemeinen wie in § 85 Maßstabsfaktoren einführen. Beim vorliegenden Beispiel kann man außerdem von der Kehrwertbildung

Tafel 90,1.

z	$h(z) = z$	$\dfrac{z - z_0}{= z}$	$h - a_0$	$1/(h - a_0)$	$h_1 = z_1$
$z_0 = \quad 0$	$\mathbf{4{,}5 + j\,2{,}5 = a_0}$	0			
$z_1 = \quad 1$	11	1	$6{,}5 - j\,2{,}5$	$0{,}1433\underline{/21}^\circ$	$\mathbf{0{,}1336 + j\,0{,}0515 = a_1}$
$z_2 = -1$	0	-1	$-4{,}5 - j\,2{,}5$	$-0{,}1942\underline{/-29{,}05}^\circ$	$0{,}1699 - j\,0{,}0944$

z	$z_2 - z_1$	$[z_2]_1 - a_1$	
-1	-2	$0{,}0363 - j\,0{,}146$	$b_2 = -0{,}0182 + j\,0{,}073 \;\big[= -0{,}0745\underline{/-75{,}9}^\circ\big]$ $a_2 \big[= -13{,}4\underline{/75{,}9}^\circ\big]$

zur Inversion übergehen und den Maßstabsfaktor P^2 als Quadrat der Inversionspotenz ansehen:

$$\bar{h}_1 = F^2\, h_1 = \frac{P^2}{h - a_0}\,(z - z_0)\,. \tag{90,5}$$

Auf diese Weise läßt sich folgendes einfaches Rechenverfahren entwickeln (Bild 90,1). Wir wählen den ersten Bezugspunkt $[0] = a_0$ (den Schnittpunkt der beiden Kreislinien) zum Inversionszentrum und die Inversionspotenz so, daß der Bezugspunkt $\overline{[1]}_1$ der verkürzten Kurve zusammenfällt mit dem Punkt $[1]$ der Ausgangskurve für das gleiche Argument $x_1 = 1$. (Das gibt oft günstige Maßstäbe.) Dazu berechnet man P mit Hilfe von (90,5): es soll sein — weil die z hier reell sind —

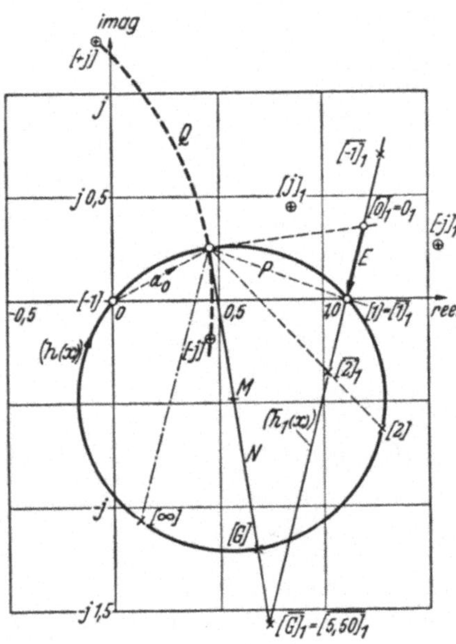

Bild 90,1. Konstruktion einer „Kreis“-Näherung.

$$\frac{P^2}{|\,[z_1] - a_0\,|}\,(z_1 - z_0) = |\,[z_1] - a_0\,|\,. \tag{90,6}$$

Da hier $z_1 - z_0 = 1$ ist, wird P unmittelbar gleich der Entfernung des zweiten Bezugspunktes vom ersten. Es ist jetzt nur noch der Punkt $[-1]_1$ für $z_2 = -1$ zu berechnen. Wir ersetzen wieder die Division in (90,5) durch Inversion. Dazu messen wir die Länge $P = 6{,}98$ und dividieren P^2 durch die Länge 5,16 von $[-1] \cdots [0] = a_0$; dann multiplizieren wir mit $z_2 - z_0 = -1$. Das gibt $-9{,}45$. Diese Länge tragen wir in der Richtung von a_0 ab. Wegen des Minuszeichens liegt $\overline{[-1]}_1$ auf der entgegengesetzten Seite des Inversionszentrums wie $[-1]$. Da die verkürzte Funktion linear ist, genügen die beiden Punkte für $z = 1$ und $z = -1$, um weitere Punkte für beliebige z zu finden.

§ 91. Mit der Tatsache, daß wir den Kehrwert durch den inversen ersetzt haben, hängt es zusammen, daß die Winkel „umgelegt“ sind. Wir müssen also im Diagramm für $\bar{h}_1$ den Richtungssinn der imaginären Achse entgegengesetzt wählen wie sonst üblich. Die „Ortskurve“ $\bar{h}_1(x)$ geht als gerade Linie durch die beiden gefundenen Punkte. Darauf haben wir die Punkte für einige andere reelle z eingetragen, nämlich die Punkte $[\bar{0}]_1$ und $[\bar{2}]_1$ für $z = z_0 = 0$ und $z = 2$. Mit Hilfe des neuen „Anfangspunktes" $\overline{[0]}_1 \equiv 0_1$ ergibt sich der positive reelle Einheitszeiger E im $\overline{h}_1$-Diagramm. Außerdem geht durch diesen Anfangspunkt die Tangente an die h-Kurve (weil $z_0 = 0$ ist). Damit haben wir auch die Normale N, die gleichzeitig eine Zentrale ist, weil unsere h-Ortskurve $h(x)$ ein Kreis ist. N schneidet den Kreis selbst im Gegenpol G zum Berührungspunkt $\overline{[0]}$ der Tangente und die Gerade $\overline{h}_1(x)$ im entsprechenden Punkt $\overline{[G]}_1$. Wir können die Länge von 0_1 bis zu diesem Punkt ausmessen und durch $|E|$ dividieren. Dadurch erhalten wir den Bezifferungswert $G = 5{,}50$.

Den Träger des Kreises $h(x)$ können wir natürlich von vornherein aus den 3 Punkten konstruieren, und wenn wir die Gerade $\overline{h}_1(x)$ beziffert haben, können wir die Bezifferung in bekannter Weise auf den Kreis projizieren. Wir können aber (vor allem in der Nähe von a_0, wo die Schnittwinkel ungünstig sind) die Kreispunkte auch einfach berechnen. Denn die Auflösung von (90,5) gibt — wegen $z_0 = 0$ —

$$h - a_0 = P^2 z / \overline{h}_1, \tag{91,1}$$

wobei $\overline{h}_1$ ebenfalls vom Punkt a_0 zu messen ist. Am besten sieht man das aus folgender Tafel.

Tafel 91,1.

z	$\lvert [z]_1 - [0] \rvert = \lvert \overline{h}_1 \rvert$	$P^2\,\lvert z \rvert\,/\,\lvert \overline{h}_1 \rvert$	h aus der Zeichnung
2	8,26	11,84	$12{,}60 - j\ 6{,}20$
5,5	18,58	$14{,}67^1$	$6{,}55 - j\,12{,}00$
j	4,32	11,30	$-0{,}65 + j\,12{,}50$
$-j$	10,92	4,47	$4{,}58 - j\ 1{,}98$

Wegen der Multiplikation mit j und $-j$ siehe Bild 85,3. Punkte, die bei $\overline{h}_1$ spiegelbildlich zur „Ortskurve" liegen, also zur reellen Achse (d. h. konjugierte Werte von z), liefern Punkte, die auch bei h „spiegelbildlich" (d. h. invers zur „Ortskurve" — dem Kreis) liegen. Diese Tatsache kann man benutzen, um zu einer Begleitkurve die spiegelbildliche leichter zu finden. Die Probe ergibt für die Entfernungen der Punkte $[j]$ und $[-j]$ vom Kreismittelpunkt 18,35 und 2,92. Die Wurzel aus ihrem Produkt ist 7,31, während der Halbmesser nach Tafel 91,1 7,34 ist. Eine weitere Probe ergibt sich, wenn wir den Punkt $[\infty]$ für $z = \infty$ konstruieren, der auf der Parallelen zu E durch a_0 liegt. Mißt man die zugehörige Sehne auf der Zeichnung nach, so erhält man $-13{,}56/75{,}8°$ in guter Übereinstimmung mit a_2 in Tafel 90,1. Für die praktische Konstruktion braucht man natürlich nicht die vielen Hilfslinien.

---

[1] $=$ Kreisdurchmesser.

Dritter Teil

Erweiterung des Anwendungsbereichs.

Kapitel H.
Kriterien für den Grad oder die Sicherheit der Stabilität.

23. Der Stabilitätsspielraum.

§ 92. Wir beschäftigen uns nun mit der Stabilität in einem neuen Sinn des Wortes. Bisher bedeutete stabil dasselbe wie „nicht selbsterregungsfähig" und daher „sich nicht selbsterregend". Dies ist eine mehr qualitative Eigenschaft, die zunächst keine quantitative Bestimmung zuläßt. Wir haben auch schon den anderen Sinn des Wortes Stabilität erwähnt (§ 75), den wir etwa als Beständigkeit, Zuverlässigkeit oder als Unempfindlichkeit gegen Störungen und Änderungen erfassen können. Wenn man den Doppelsinn zuläßt, so handelt es sich jetzt um die Stabilität der Stabilität; ohne Doppelsinn also etwa um die *Zuverlässigkeit* der Stabilität, wenn Stabilität im alten Sinn verwendet wird. Dabei wird die Stabilität bewertet, und sie wird dadurch zu einer quantitativen Eigenschaft, für die gewisse Gütemaße möglich sind. Man spricht übrigens noch in manchem anderen Sinn von Stabilität, z. B. bei der Untersuchung, ob die sich einstellenden Amplituden eines selbsterregten Systems (das also hier unstabil genannt wird) gewissen stetigen Umbemessungen sprunghaft oder ebenfalls stetig folgen; je nachdem wird es stabil oder unstabil genannt. In den sog. Reißdiagrammen gibt es auch „halbstabile" Gebiete (Barkhausen [L], Bd. 3, Bild 21).

Im Titel des Buches ist diese graduelle bewertete Stabilität mit gemeint, denn ich hoffe, sie mit der hier geschaffenen Ausdrucksweise klar, wenn auch nur sehr kurz, behandeln zu können. Für das Güteoder Zuverlässigkeitsmaß werde ich den (bisher wohl noch freien) Namen „*Spielraum*" als allgemeinen Ausdruck verwenden.

§ 93. Auch hier gibt es wie beim Stabilitätsproblem im engeren Sinn zwei Betrachtungsweisen (§§ 23, 61). Bei der ersten spielt die Stabilitäts*grenze* die Hauptrolle, sie beschäftigt sich daher mit geänderten, insbesondere umbemessenen Systemen. Bei der anderen bildet das *ungeänderte* System die Grundlage, und als Gütemaß eignen sich dann die Realteile der Eigenwuchsmaße oder daraus abgeleitete Größen.

Im ersten Falle bildet die Stabilitätsgrenze das Kennzeichen für die Änderungsfähigkeit des Systems. Der Stabilitätsspielraum wird dann ein *„Bemessungsspielraum"*; er spielt seit langem eine wichtige Rolle in der Nachrichtentechnik, z. B. bei der Beurteilung von Übertragungssystemen mit vielen Verstärkern, die in beiden Richtungen übertragen sollen, aber auch bei Verstärkern, die unerwünschte Rückkopplung haben, was z. B. außerhalb des Übertragungsbereiches gegengekoppelter Verstärker eintritt. In diesem Falle interessieren einen oft wirklich gerade die Änderungen des Systems durch Witterung, Schwankungen der Speisespannung, ungenaue Einpegelung und ähnliches. Man untersucht in solchen Fällen gern, um wieviel man die Verstärkung erhöhen darf, bis Selbsterregung einsetzt. Kann man die Verstärkung an mehreren Stellen erhöhen, so sind die möglichen Zusatzverstärkungen von der Stelle abhängig, und man betrachtet meist die kleinste als maßgebend. In der Fernsprechtechnik hat man für diesen Verstärkungsspielraum bestimmte Meßvorschriften und Ausdrücke wie *Pfeifsicherheit* oder *Pfeifpunktsabstand*. Es gibt aber sehr viele andere Möglichkeiten, ein System so umzubemessen, daß es an die Selbsterregungsgrenze kommt. Man kann auch die Verstärkung anders beurteilen, nicht durch das Verstärkungsmaß, sondern durch den Verstärkungsfaktor. Wenn z. B. der Zwischenverstärker von § 64 für 2,5fache Verstärkung vorgesehen ist und bei einer 3,4fachen Verstärkung pfeift, könnte man den Unterschied 0,9 als Bemessungsspielraum bezeichnen. Für die Technik ist meist das Verstärkungsmaß zweckmäßiger. Der 2,5fachen Verstärkung entspricht $s = 0{,}92$ N (N = Neper) und der 3,4fachen 1,22 N. Der Bemessungsspielraum, in diesem Fall ein Pfeifpunktsabstand, ist dann 0,30 N. In anderen Fällen ändert man vielleicht das System durch Verstellung eines Widerstandes oder einer induktiven Rückkopplung. Dann ergibt sich der Bemessungsspielraum in anderer physikalischer Dimension. In früheren Beispielen (STRECKER [1], S. 65, 119]) drückt sich der Bemessungsspielraum durch dimensionslose Größen (Rückkopplungsgrad, Symmetriegrad) aus. Wie dort und im § 71 hier erläutert wurde, kann man diese Fälle durch eine Folge umbemessener Systeme behandeln. Meistens wird die Annahme gemacht, daß sich bei Einstellung eines Verstärkungsreglers nur der Betrag der Verstärkung, aber nicht der Winkel ändert. Das trifft zwar in der Regel nicht genau zu, aber reicht in vielen Fällen praktisch aus. Dann kann man schon aus einer einzigen Ortskurve für eine bestimmte Reglerstellung den Bemessungsspielraum ablesen (Bild 64,4 und 98,2).

Bei manchen Systemen macht sich die Nichtlinearität bemerkbar, und zwar setzen die selbsterregten Vorgänge bei bestimmten Bedingungen ein, aber bei anderen aus (Reißdiagramme). Man kann dann nicht ohne nähere Angaben von einer Selbsterregungsgrenze schlechthin sprechen. Meistens bezieht man sich auf das Einsetzen.

§ 94. Während sich die besprochene Auffassung ganz in die Darstellung des I. und II. Teiles fügt, treten bei der zweiten Auffassung neue Gesichtspunkte auf. Der Gedanke, daß man über das ungeänderte System etwas aussagen will, paßt allerdings ganz in den Rahmen. Als Kennzeichen für die Bewertung der Stabilität benutzt man dann eine Größe, die besagt, wie rasch das System nach einer vorübergehenden Störung in den früheren Zustand zurückkehrt. Diesen Kennzeichen wendet man neuerdings besonders in der Regeltechnik die Aufmerksamkeit zu (KLOTTER [L], CREMER [L], OPPELT [L], S. 12]). Der einfachste Stabilitätsspielraum ist dann das *Abklingmaß* der Eigenwerte, vor allem das kleinste unter ihnen. Es wurde auch vorgeschlagen, das Verhältnis $v_k = \delta_k/\omega_k$ heranzuziehen. Solch ein Verhältnis wird vom AEF vorläufig als „*Dämpfungszahl*" bezeichnet. Dieser Name ist dem Nachrichtentechniker nicht sympathisch, weil er unter Dämpfung

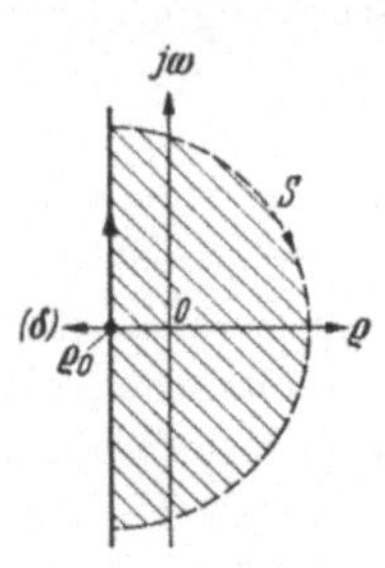

Bild 95,1. Konstantes Abklingmaß δ. Das verbotene Gebiet in der p-Ebene.

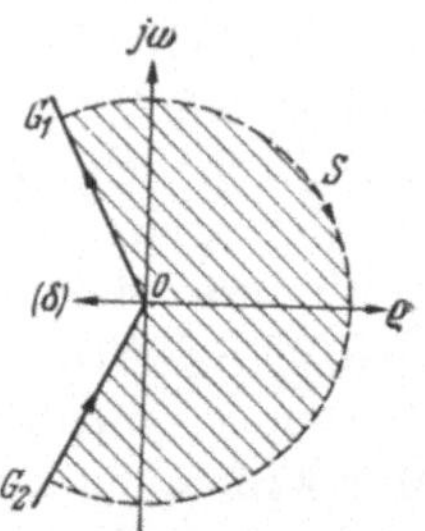

Bild 95,2.   Konstantes Abklingverhältnis $v|v|$. Das verbotene Gebiet in der p-Ebene.

das Gegenteil von Verstärkung versteht. Ich werde „*Abklingverhältnis*" sagen. In der Regeltechnik ist dafür *Stabilitätsgüte* vorgeschlagen worden.

§ 95. Wenn man von einem System fordert, daß es einen bestimmten Stabilitätsspielraum dieser Art innehält, wird der Bereich in der Wuchsmaßebene, der den Eigenwerten verboten ist, anders als bisher. Man fordert z. B., daß der Realteil ϱ_k sämtlicher Eigenwuchsmaße höchstens gleich einem festen negativen Wert ϱ_0 sein soll (Bild 95,1). Während früher die rechte Halbebene (rechts von der ω-Achse) verboten war, ist es jetzt die Halbebene rechts von der Begleitkurve, die aus der Geraden mit $\varrho = \varrho_0$ besteht. Man wird, den verbotenen Bereich wie früher durch einen großen Sprungbogen S abschließen, der den unendlich fernen Punkt umgeht, und gegebenenfalls den Drehsprung bestimmen, wenn die Frequenz durch Unendlich geht. Verlangt man dagegen, daß das Abklingverhältnis v einen bestimmten positiven Wert nicht unterschreitet: $v_k = \delta_k/|\omega_k| \geqq v_0$, so ist den Eigenwerten nach Bild 95,2 ein Gebiet verboten, das durch zwei Strahlen G_1 und G_2 sowie gegebenenfalls durch einen Sprungbogen S begrenzt ist.

Schon in meinem Aufsatz von 1931 (STRECKER [1], s. auch ARTUS [L]) habe ich den Fall behandelt, daß das den Eigenwuchsmaßen verbotene

Gebiet durch eine beliebige (geschlossene, sich selbst nicht schneidende) Kurve wie in Bild 95,3 begrenzt ist. Man kann dann die gleichen Prüffunktionen und Prüfpunkte wie bisher benutzen. Der Unterschied gegen den I. und II. Teil besteht darin, daß die Ortskurve, von der wir ausgehen können, nun nicht mehr für rein imaginäre Wuchsmaße (Wechselvorgänge) bestimmt (berechnet oder gemessen) werden muß, sondern für komplexe (Wuchsvorgänge). Ist die Prüffunktion in analytischer Form gegeben, so ist das umständlicher, aber grundsätzlich durchführbar; die unmittelbare Messung bringt Schwierigkeiten mit sich (§§ 48 bis 50). Der *Prüfpunkt* spielt seine alte Rolle als Pfeifpunkt weiter,

aber das tritt nicht ohne weiteres in Erscheinung; denn wenn die neue Ortskurve durch den Prüfpunkt geht, bedeutet das im allgemeinen nicht, daß das System an der Selbsterregungsgrenze steht, sondern an der durch die neue Vorschrift gegebenen Grenze. Der Prüfpunkt könnte eher „*Grenzpunkt*" genannt werden. Nur wenn gleichzeitig die Grenzkurve in der Wuchsmaßebene

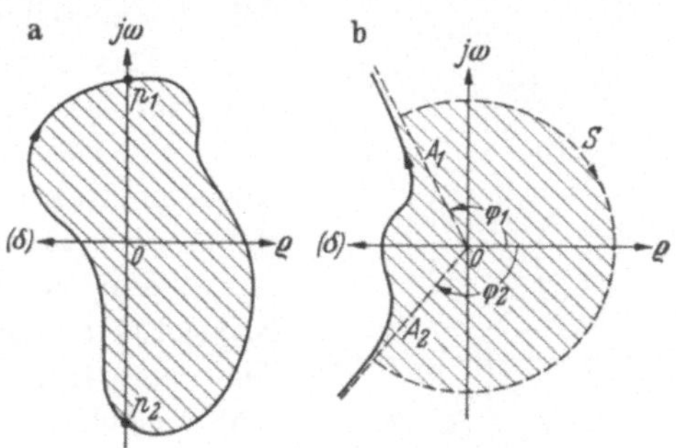

Bild 95,3. Verbotene Gebiete in der p-Ebene von beliebiger Gestalt.

durch die imaginäre Achse geht, ist der zugehörige Eigenwert (p_1 oder p_2 in Bild 95,3 links) rein imaginär, und das System befindet sich an der Selbsterregungsgrenze.

Die *Drehzahl* wird wie früher festgestellt. Der Winkelsprung beim Durchgang durch den Prüfpunkt spielt aber eine noch geringere Rolle als bei der Stabilitätsprüfung im engeren Sinn. Denn es ist praktisch belanglos, ob der zugehörige Eigenwert mathematisch genau auf der Grenzlinie liegt oder ein unmeßbar kleines Stückchen daneben. Der Winkelsprung beim Durchgang der Ortskurve durch Unendlich hat zwar dasselbe Vorzeichen (Tafel 67,1), aber wenn gleichzeitig die Frequenz durch Unendlich geht (bei Polynomen), kann sein Betrag anders sein. Es kommt darauf an, in welcher Richtung die Grenzlinie in der Wuchsmaßebene ins Unendliche geht und aus welcher Richtung sie wiederkommt. Für den Winkelsprung ist der Winkel zwischen diesen beiden Richtungen maßgebend, also z. B. zwischen den beiden Asymptoten A_1 und A_2 im Bild 95,3 rechts. Geht die Bezifferung der Ortskurve mit ω^n (§§ 9, 32), so ist der Winkelsprung dort $n(\varphi_2 - \varphi_1)$.

Im Bild ist φ_2 negativ — und der Drehpunkt ist gleich dem Winkelsprung geteilt durch 2π —, im Bild also etwa $-2n/3$. Die *Deutung* der Drehzahl ergibt sich wieder aus der Anzahlgleichung (§ 62), nur sind N und P nunmehr die Eigenwerte und Pole der Prüffunktion, welche im verbotenen Gebiet liegen. Das ist bei N gerade das, was wir wollen, nicht aber bei der Anzahl P der Pole! Da kann es sehr unerwünscht sein. Bei vielen praktisch wichtigen Fällen, z. B. wenn die Prüffunktion ein Polynom ist, spielt das allerdings keine Rolle, nämlich immer dann, wenn man mit dem hinreichenden Kriterium (63,2) auskommt. Ist also D negativ, so ist das Problem gelöst; es ist dann festgestellt, daß verbotene Eigenwerte vorhanden sind. In anderen Fällen, also für $D \geqq 0$, wird sich kaum ein allgemein gangbarer, systematischer Weg angeben lassen, um die Anzahl P der Prüffunktions-

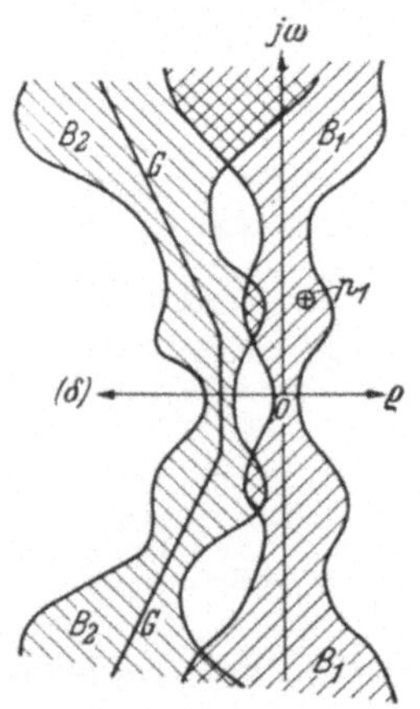

Bild 95,4. Streifen B_1 und B_2 guter Annäherung in der p-Ebene.

pole festzustellen, die im verbotenen Gebiet liegen. Das beste wird wahrscheinlich sein, das Kriterium II. Art sinngemäß anzuwenden.

Das Kriterium II. Art ist nur in einem gewissen Näherungsgebiet hinreichend genau (§ 87), das natürlich nur unbestimmt gegeben ist. Wenn wir das Kriterium im Sinne von Kapitel G anwenden, also von der Abbildung der imaginären Achse (von Wechseleigenschaften) ausgehen, wird es in einem Streifen B_1 brauchbar sein, der sich mit unregelmäßiger Breite längs der imaginären Achse erstreckt (Bild 95,4). Ist G die Grenzlinie der neuen Forderung, so wird man auch längs dieser Linie solch einen unregelmäßigen Streifen B_2 haben, in den hinein man gute Näherungen bekommen kann, wenn man von G ausgeht. Das Kriterium II. Art kann daher das gestellte Problem nicht in allen Fällen lösen. Wünscht man z. B. stabile Verstärker zu bauen und findet einen Pfeifwert, so ist geklärt, daß der Wunsch nicht erfüllt ist, unabhängig davon, ob noch andere Pfeifwerte vorhanden sind, die so große positive Anklingmaße haben, daß man sie nicht erreichen kann. Dagegen sind solche anderen Pfeifwerte nicht gleichgültig, wenn man einen Generator zu bauen wünscht; denn solche rasch anklingenden Eigenschwingungen haben bessere Aussichten, in die bleibende Schwingung überzugehen. Wenn G ganz in dem Näherungsstreifen B_1 längs der ω-Achse liegt, wird man am besten das Kriterium II. Art so benutzen, wie es im Kapitel G beschrieben wurde. Das heißt, man geht von der Ortskurve $h(j\omega)$ für Wechselvorgänge aus und bestimmt mittelbar (§ 54) die Ortskurve $h(p)$ für diejenigen Wuchsmaße, die auf der Grenzlinie G liegen, oder man bestimmt alle Eigenwerte p_k im Näherungsstreifen G_1, so daß man feststellen kann, wie sie mit Bezug auf die Grenzlinie G liegen. Selbstverständlich kann man das Kriterium II. Art auch unmittelbar auf die Grenzlinie G und die ihr entsprechende Ortskurve $h(p)$ anwenden. Man hat aber zu erwarten, daß es häufiger versagt als beim Stabilitätsproblem im engeren Sinn. Denn ein Eigenwert mit positivem Realteil wie p_1 in Bild 95,4 ist immer wichtig, und es kann sein, daß man ihn von der ω-Achse her erfassen kann, während er von der Grenzlinie G her unerreichbar ist und dann wahrscheinlich auch in der Abbildung $h(p)$ dieser Grenzlinie keine auffällige Besonderheit erkennen läßt. Wenn also $D \geqq 0$ ist, so daß man mit dem hinreichenden Kriterium I. Art nicht auskommt, wird es sich empfehlen, außer der Ortskurve $h(p)$ für Wuchsvorgänge, die das Bild von G darstellt, auch noch die Ortskurve $h(j\omega)$ für Wechselvorgänge zu untersuchen. Wenn man gezwungen ist, $h(p)$ unmittelbar zu bestimmen, so bedeutet die Bestimmung von $h(j\omega)$ sicherlich nur eine relativ kleine zusätzliche Arbeit.

Kapitel J.

Nichtlineare Systeme.

§ 96. Die bisherigen Betrachtungen gelten nur, solange sich die Vorgänge durch lineare, gewöhnliche oder partielle, Differentialgleichungen erfassen lassen. Dann gilt das Überlagerungs- oder Superpositionsprinzip. Wenn die Vorgänge über ein gewisses Maß hinauswachsen, gilt das nicht. Die Systeme müssen dann als nichtlinear betrachtet werden. Dagegen gilt sehr oft umgekehrt, daß man die Vorgänge als linear betrachten kann, wenn sie genügend klein sind, und wenn das System nur für solche Vorgänge betrachtet wird, kann man es auch selbst als linear bezeichnen. Selbsterregte Vorgänge wachsen als Wuchsvorgänge exponentiell an, solange das System linear ist. Ein Generator ist nur brauchbar, wenn er sich selbsttätig abbremst, und das kann nur geschehen, wenn nichtlineare Eigenschaften hervortreten. Häufig führt man besondere nichtlineare Elemente als Begrenzer in das System ein. Die verschiedenen Arten von Nichtlinearität sind sehr schwierig zu erfassen, und das übersteigt den Rahmen dieses Buches weit. Einen allgemeinen Überblick und Literaturhinweise findet man z. B. bei ROTHE u. KLEEN [L]. Die Forschung hat hauptsächlich zwei Richtungen eingeschlagen. In der ersten betrachtet man starke nichtlineare „negative Widerstände" (z. B. Lichtbogen, Dynatron) in einem linearen und meistens sehr einfach aufgebauten System. Eine neuere Untersuchung rührt von CARTWRIGHT [L] her. Bei der zweiten Richtung ersetzt man die wirkliche Schaltung durch eine Folge von Systemen, deren Beschaffenheit durch die augenblickliche Stärke der Vorgänge bestimmt ist und von denen jedes wie ein lineares System behandelt wird. Hierzu gehört das Verfahren der Schwingkennlinien (MÖLLER [L]) für Röhrenschaltungen. Dabei wird nur die Grundschwingung der vorhandenen periodischen Vorgänge betrachtet. Ein anderes Beispiel, das für uns besonders interessant ist, weil es zeigt, wie gut sich die Ortskurventheorie auf manche nichtlinearen Fälle anwenden läßt, ist ein System mit einem zeitlich langsam arbeitenden künstlichen Amplitudenbegrenzer wie der brückenstabilisierte Sender nach MEACHAM (MATTHES [L]). Hier trifft die Annahme sehr gut zu, daß sich das System selbst stetig umbemißt, wobei die einzelnen Systeme der Folge praktisch gut linear sind. In solchen Fällen kennzeichnet man die umbemessenen Systeme z. B. durch die Amplitude einer geeigneten Vorgangsgröße als Parameter. Aus dieser Gruppe wollen wir noch zwei Beispiele betrachten: einen rückgekoppelten Verstärker und Systeme, die ich Pegelwandler nenne.

24. Anlaufvorgang bei weichem Einsatz der Selbsterregung.

§ 97. MÖLLER [L] hat gezeigt, wie man den Anlaufvorgang berechnen kann. Die Ortskurven können helfen, die dafür notwendigen Unterlagen zu beschaffen. Im folgenden wird auch ein anderes Integrationsverfahren vorgeschlagen. Schließlich ist das Beispiel wichtig, um die Frage zu klären, welche Frequenzen beim Anlaufvorgang auftreten. Meist wird nur von einer Frequenz gesprochen, über die Meinungsverschiedenheiten bestehen (§ 76, OPPELT [L, S. 101 und Anm. 60], ENGEL u. OLDENBOURG [L, S. 45]). Richtiger ist es, von den *Eigenfrequenzen der durchlaufenen Folge von Systemen* zu sprechen. Wenn im Einschwingvorgang ein anklingender Anteil vorhanden ist, wird er von einem gewissen Augenblick an so weit vorherrschen, daß man ihn allein betrachten kann. Diesen Teilvorgang wollen wir als *„Anlaufvorgang"* bezeichnen. Bei MÖLLER ist die Differentialgleichung dafür abgeleitet worden. Zur Erläuterung sei folgendes bemerkt: Wäre das System linear, so folgte der Anlaufvorgang dem einfachen Zeitgesetz eines Wuchsvorganges

$$u(t) = S_0\, e^{\varrho t}\, e^{j\omega t}. \tag{97,1}$$

Hier ist u der Augenblickswert derjenigen Vorgangsgröße, an welcher man den Anlaufvorgang verfolgt, S_0 die Anfangsamplitude und $\varrho + j\omega$ der Eigenwert. Man kann nun den Saum $S(t) = S_0 e^{\varrho t}$ einführen (§ 46), der ja die Augenblicksamplitude darstellt. Beim nichtlinearen System folgt der Saum nicht dem Exponentialgesetz, sondern einem zunächst noch unbekannten Gesetz. Um dieses zu ermitteln, ersetzen wir den wirklichen Vorgang jeweils für eine kurze Zeitspanne Δt durch einen Vorgang der Form (97,1) mit der gleichen Größe des Saumes und dem gleichen Anklingmaß ϱ. Von der Ausfüllung des Saumes durch einen Träger mit veränderlicher Frequenz sieht man also bei dieser Näherung ab. Für ϱ führen wir das Anklingmaß des Eigenwertes ein, den wir (wie später noch im einzelnen gezeigt wird) für das augenblickliche nichtlineare Ersatzsystem feststellen. Da das Ersatzsystem vom Parameter S abhängt, ist auch ϱ eine Funktion von S. Wir ersetzen also S durch

$$S(t + \varDelta t) = S(t)e^{\varrho(S) \cdot \varDelta t}. \tag{97,2}$$

Entwickelt man links nach TAYLOR, rechts die Exponentialfunktion und bricht mit dem zweiten Gliede ab, so erhält man die Differentialgleichung des Anlaufvorganges

$$dS/dt = S \cdot \varrho(S) = \psi(S). \tag{97,3}$$

Durch Trennung der Veränderlichen kann man das auf eine Quadratur zurückführen:

$$t = \int\limits_{S_0}^{S} \frac{dS}{\psi(S)}. \tag{97,4}$$

So verfährt man üblicherweise, aber für das Ende des Anlaufvorganges ist es günstiger, bei der Differentialgleichung (97,3) zu bleiben. Man wird diese Gleichung mechanisch, numerisch oder zeichnerisch integrieren müssen, weil ja $\varrho(S)$ in der Regel nur empirisch gegeben ist. Für (97,3) eignet sich z. B. das Verfahren von RUNGE-KUTTA (WILLERS [2], HÜTTE [L]).

§ 98. Wir wenden uns jetzt einem Zahlenbeispiel zu, das ziemlich genau dem in §§ 85, 86 behandelten gegengekoppelten Verstärker entspricht, der sich für die angenommene Reglerstellung als unstabil erwiesen hatte. Die Eigenwertbedingung besteht darin, daß das komplexe Verstärkungsmaß $\sigma(f) = s(f) + ja(f) = 0$ verschwindet (der Verstärkungsfaktor wird 1), worin alle Größen Funktionen der Frequenz allein sind, solange sich das System linear verhält. Übersteigt S eine gewisse Grenze S_1, so wird der Verstärker übersteuert und nichtlinear. Wir wollen annehmen, daß dadurch der Winkel a nicht beeinflußt wird, sondern nur das reelle Verstärkungsmaß s, und zwar in der Art, daß die Verstärkung für alle Frequenzen gleichmäßig abnimmt. Wir erhalten somit

$$\sigma(f, S) = s(f) - \delta s(S) + ja(f) = 0. \tag{98,1}$$

Da δs eine einfache Funktion von S allein ist, während die Verstärkungskurve $s(f)$ für kleine Aussteuerung eine im allgemeinen komplizierte, jedenfalls eine komplexe Funktion ist, ist es praktischer, mit einem *wandernden Pfeifpunkt* zu arbeiten:

$$\sigma(f, S) = s(f) + ja(f) = \delta s(S). \tag{98,2}$$

Dann haben wir links eine einzige Prüffunktion (Ortskurve) für alle Systeme und rechts den von S abhängigen Pfeifpunkt. Vorläufig wissen

wir nur, daß er reell ist. Um ihn einzeichnen zu können, müssen wir
die Amplitudenabhängigkeit der Verstärkung kennen (gemessen allein
für die Grundschwingung der
periodischen Vorgänge). Bei
gegengekoppelten Verstärkern
ist die Verstärkung bis zur
Übersteuerungsgrenze S_1 fast
unabhängig von S und sinkt
dann plötzlich rasch ab, z. B.
wie es im Bild 98,1 dargestellt
ist (BLACK [L]). An Stelle
von S ist dabei die *relative
Aussteuerung* $A = S/S_1$ eingeführt. Die Ortskurve für σ (für
den linearen Zustand) sei im

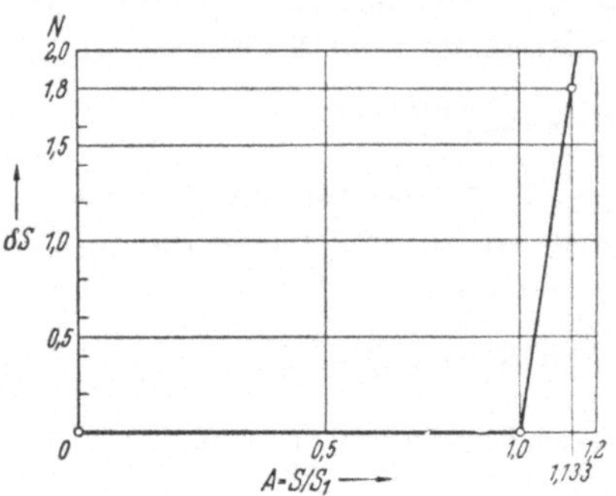

Bild 98,1. Verstärkungsabnahme δs abhängig von
der relativen Aussteuerung A.

Bereich von $6 \cdots 8\,\mathrm{kHz}$ durch die obere Randkurve von Bild 98,2
gegeben, welche der Ortskurve von Bild 81,1 entspricht, abgesehen

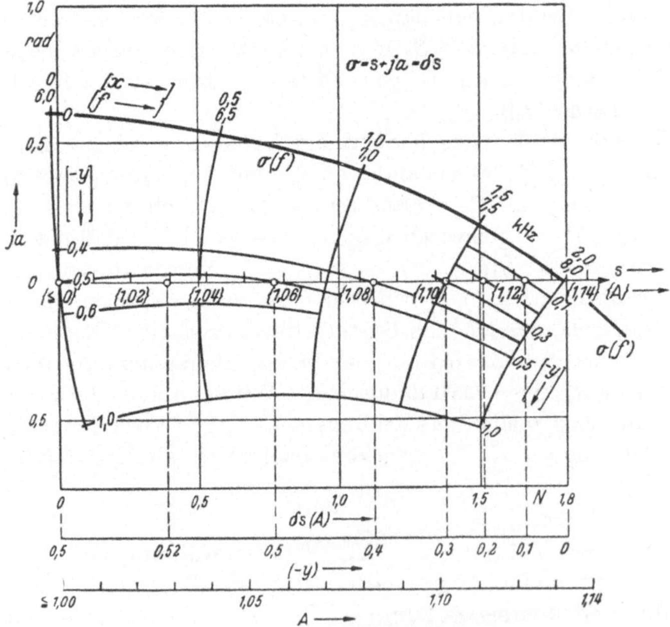

Bild 98,2. Die Ortskurve der Verstärkung σ mit Gitternetz und der wandernde Pfeifpunkt $\{A\}$.
Bestimmung des Realteils ϱ der Pfeifwerte aus y.

von kleinen, für den augenblicklichen Zweck gemachten Änderungen.
Im linearen Zustand, $A \leqq 1$, ist der Pfeifpunkt identisch mit dem
Anfangspunkt O. Der Maßstab in der komplexen Ebene $s + ja$ ist

identisch mit dem der Skala für δs. Für A gilt die unterste Skala im Bild und sie stellt mit der darüberliegenden Skala für $\delta s(A)$ denselben Zusammenhang dar wie Bild 98,1. Um die Beziehung zwischen A und ϱ herzustellen, brauchen wir nur noch eine Skala für ϱ zu finden. Dazu dient das Gitternetz in der σ-Ebene, das wir in der früher beschriebenen Weise aus der Ortskurve entwickeln können. Die Eigenwerte für die verschiedenen Aussteuerungen ergeben sich mit Hilfe des wandernden Pfeifpunktes $\{A\}$, der auf der reellen Achse dieselbe Skala bildet wie A auf der darunterliegenden Skala. Im krummen Gitternetz ist eine bezogene Veränderliche $z = x + jy$ eingeführt, wobei die Spanne $\varDelta x = 1$ einem Frequenzschritt $\varDelta f = 1 \text{ kHz}$ entspricht. Wir können im Gitternetz, das wir zu diesem Zweck nach Augenmaß fein

unterteilt haben, zu jedem $\{A\}$ den zugehörigen Wert von y ablesen. Einfacher ist es, wenn man die Schnittpunkte der Begleitkurve für konstantes y mit der reellen Achse auf die A-Skala hinunterprojiziert. Dann ergibt sich dort eine dritte Skala (die mittlere) für $-y$. Wir rechnen mit $-y$, dem bezogenen Anklingmaß. Um daraus

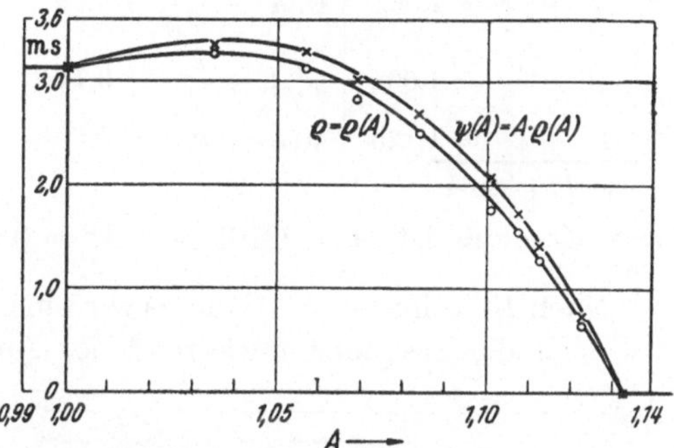

Bild 98,3. Anklingmaß ϱ und Änderungsgeschwindigkeit ψ des Saums abhängig von der relativen Aussteuerung A.

das Anklingmaß selbst zu bestimmen, bedenken wir, daß die Einheit für das Wuchsmaß $\varDelta\omega = 2\pi\,\varDelta f = 2\pi \text{ kHz} = 2\pi \text{ ms}^{-1}$ ist. Daher ist $\varrho = -2\pi y \text{ ms}^{-1}$. In Bild 98,3 ist $\varrho(A)$ und ebenso $A \cdot \varrho(A) = \psi(A)$ als Funktion von A dargestellt. Damit haben wir die Unterlagen für die Integration zusammen.

§ 99. Für kleine Aussteuerung ist ϱ unabhängig von A, und dann ergibt sich

$$A = A_0\, e^{\varrho t} = A_1\, e^{\varrho \tau} \qquad (A \leq 1) \tag{99,1}$$

mit $\tau = t - t_1$, und wenn man die Zahlenwerte einsetzt, erhält man die Kurve K_1 in Bild 99,1 Es fragt sich, wie sich der Vorgang im Übersteuerungsbereich fortsetzt. Das ist im vorliegenden Fall ziemlich klar. Aus Bild 98,1 und 98,2 sehen wir, daß der Saum nicht mehr über den Wert $A = 1,133$ hinauswächst, und wenn wir die entsprechende Linie K_2 in Bild 99,1 einzeichnen, so sehen wir, daß der Saum in einen kurzen Bogen von K_1 zu K_2 übergehen muß. Das ist hier so einfach, weil die Verstärkung mit einem ganz scharfen Knick abbiegt und äußerst rasch abnimmt. Die weitere Untersuchung hat hier sicherlich kein technisches Interesse mehr. Wir wollen aber doch noch einen Punkt des Abrundungsbogens berechnen, um ein geeignetes Verfahren kennenzulernen; denn es gibt ja auch sehr weich begrenzende Systeme.

Wenn wir nur einen Punkt berechnen wollen, so eignet sich der Zeitpunkt $\tau = 1{,}04$, wo sich K_1 und K_2 schneiden. Für die sehr einfache Integration von (97,3) nach RUNGE-KUTTA erhalten wir folgende Tafel, die ich gar nicht erkläre, weil das an leicht zugänglichen Literaturstellen geschehen ist (HÜTTE [L], WILLERS [2], SCHULZ [L]).

Tafel 99,1.

τ	A	$\psi(A)$	$\dfrac{\Delta\tau \cdot \psi(A)}{\Delta\tau = 0{,}04}$		$\dfrac{A}{A_0 = 1{,}000}$
$\tau_0 = 0$ ms	$A_0 = 1{,}00$	$\psi(A_0) = 3{,}14/\text{ms}$	$k_1 = 0{,}126$	$k_1 = 0{,}126$	
	$A_0 + \dfrac{k_1}{2} = 1{,}063$	$\psi\!\left(A_0 + \dfrac{k_1}{2}\right) = 3{,}18$	$k_2 = 0{,}127$	$2\,k_2 = 0{,}254$	
	$A_0 + \dfrac{k_2}{2} = 1{,}064$	$\psi\!\left(A_0 + \dfrac{k_2}{2}\right) = 3{,}14$	$k_3 = 0{,}126$	$2\,k_3 = 0{,}126$	
	$A_0 + k_3 = 1{,}126$	$\psi(A_0 + k_3) = 0{,}50$	$k_4 = 0{,}020$	$k_4 = 0{,}020$	$k = 0{,}109$
$\tau_0 + \Delta\tau = 0{,}04$				$6\,k = 0{,}652$	$A_1 = 1{,}109$

Das Ergebnis ist $A = 1{,}109$ für $\Delta\tau = 0{,}04$ ms.

Nach Berechnung des Saumes wird man sich ein Bild machen wollen, wie sich die Frequenz f während des Anlaufs ändert. Das kann man aus Bild 98,2 in Abhängigkeit von A ähnlich wie für ϱ bestimmen. Im vorliegenden Fall geht das System so rasch vom linearen in den ausgesteuerten Zustand, daß das keinen Sinn hat. Die Übergangszeit von etwa 0,06 ms ist ja klein gegen die in Betracht kommenden (in Bild 99,1 eingezeichneten) Periodendauern T. Die Frequenz geht

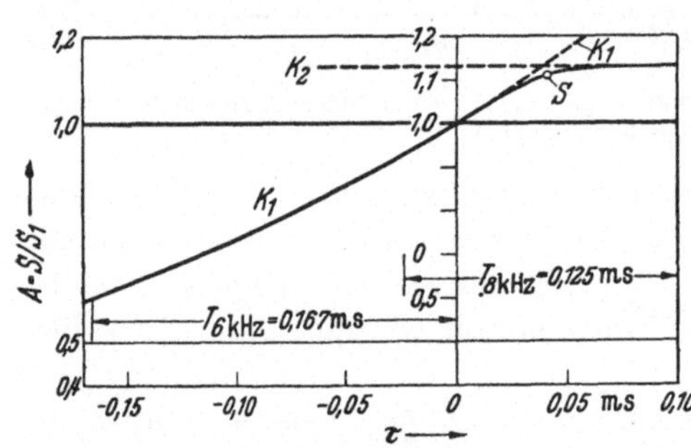

Bild 99,1. Der Saum und die Periodendauer des Anlaufvorgangs.

hier also ziemlich sprunghaft von 6 in 8 kHz über. Wenn das System weich begrenzt und das Anklingverhältnis wesentlich kleiner ist, kann diese Betrachtung von Interesse sein. Man muß allerdings bedenken, daß die getrennte Berechnung des Saumes und der Frequenz ein Näherungsverfahren ist, bei dem die Beziehung zwischen Augenblicksamplitude und Augenblicks*phase* verlorengeht. Wir können aber jetzt die Meinungsverschiedenheit über die sich einstellende Frequenz klären: sie ändert sich stetig, wenn die Begrenzung stetig arbeitet. Im vorliegenden Fall beginnt sie mit dem Imaginärteil 6 kHz des Wuchsmaßes (geteilt durch $2\,\pi$) für den linearen Teil des Anlaufvorganges und endet mit der

Frequenz, bei der die Ortskurve für Wechselvorgänge die reelle Achse schneidet; das letzte aber nur deshalb, weil der Verstärkungswinkel a unabhängig von der Amplitude angenommen wurde.

25. Pegelwandler (Dehner, Presser, Regler).

a) Geräte zur selbsttätigen Änderung von Systemverhältnissen.

§ 100. Wir wollen zum Schluß noch einen Blick auf Systeme richten, deren Eigenschaften absichtlich stark nichtlinear sind. Bei ihnen sind die Schwierigkeiten sehr viel größer. Wir wollen uns auf Systeme beschränken, deren Eigenschaften sich langsam ändern, verglichen mit den sich abspielenden Vorgängen. Bei dem im vorigen Abschnitt betrachteten gegengekoppelten Verstärker war das keineswegs der Fall, und es ist zweifelhaft, wieweit die Überlegungen der Wirklichkeit nahekommen. Dagegen ist die Annäherung sehr gut bei dem in § 96 erwähnten Beispiel (MATTHES [L]) eines Schwingungserzeugers, dessen Amplituden durch einen wärmeträgen Begrenzer stabilisiert werden (wobei also unstabil nicht bedeutet: selbsterregungsfähig). Bei der Gruppe von Geräten, die wir behandeln wollen, kann der eine oder der andere Fall eintreten. Wir wollen uns auf den Fall beschränken, daß die *Änderung der Systemeigenschaften* nur Frequenzen enthält, die unterhalb der Nutzfrequenzen liegen. Ich spreche von Nutzfrequenzen und *Nutzvorgängen*, weil die selbsttätige Änderung ebenfalls durch Vorgänge, nämlich die „*Stellvorgänge*", bewirkt wird. Diese Gruppe von Geräten könnte man als Systemverhältniswandler bezeichnen. In der Praxis benennt man sie näher nach der technischen Aufgabe, die sie erfüllen sollen. Sie werden *benutzt* als Volumregler, Lautstärkeregler, Schwundregler, Restdämpfungsregler, Pegelregler, Dynamikänderer (Dehner und Presser), Amplitudenbegrenzer, Geräuschminderer, und verwandt mit ihnen sind Echosperren, Rückkopplungssperren usw. In der Nachrichtentechnik wird das Wort Regler auch dann gebraucht, wenn es dem neueren Sprachgebrauch der Regeltechnik widerspricht (*VDI-Ausschuß für Regelungstechnik* [L]). Die Regeltechnik unterscheidet zwischen Regelung und Steuerung. Danach regeln z. B. die sog. Vorwärtsregler der Nachrichtentechnik nicht, sondern sie steuern; nur die selbsttätigen Rückwärtsregler fallen unter den Reglerbegriff. Ich meine jetzt aber einen allgemeineren Begriff, denn die Regelung soll einen vorgeschriebenen Wert der „Regelgröße" (d. i. der zu beeinflussenden Größe) herstellen und aufrechterhalten. Das ist gewöhnlich ein Festwert; ändert er sich ausnahmsweise abhängig von der Zeit oder einer anderen nicht beeinflußten Größe, so spricht man von Zeitplan- oder Folgereglern.

Der allgemeinere Fall, den wir hier im Auge haben, paßt weder zum Begriff der Regelung nach dem gewöhnlichen Sprachgebrauch noch nach diesen Begriffsbestimmungen. Bei einem Dehner z. B. sollen die Schwankungen der Eingangsspannung nach einem bestimmten Gesetz in noch größere Schwankungen der Ausgangsspannung *umgewandelt* werden. Dieses Gesetz kann in Abhängigkeit von der Eingangsspannung oder der Ausgangsspannung ausgedrückt werden. Die Bezeichnung Folgeregler paßt also nicht. Daher nenne ich die gemeinten Systeme: „*Wandler*". Die Wandlung umfaßt als Sonderfall die Regelung. Dagegen soll der Unterschied von der Steuerung beibehalten werden. Im übrigen können wir auch die Begriffe der Regeltechnik beibehalten, wenn wir „Regelung" durch „Wandlung" ersetzen: die *Wandelstrecke* und der *Wandler* bilden den *Wandelkreis*, und die *Wandelgröße* ist die beeinflußte Größe, also z. B. die Ausgangsspannung des gesamten Systems. Als *Störgröße* bezeichnet man in der Regeltechnik jede Größe, deren *Änderung* den Regelvorgang auslöst. In unserem Fall ist die Eingangsspannung also Störgröße. Vom Standpunkt des Nachrichtentechnikers ist dieser Name nicht sehr passend, sondern die Wandelgröße erscheint ihm als gewandelte Größe und daher die Störgröße als ungewandelte. Diese Ausdrücke sind aber etwas umständlich. Gut eignet sich dagegen der Name „*Stellgröße*" z. B. für die Gitterspannung an der „Stellröhre". Praktisch werden die Aufgaben zum großen Teil durch „vorwärts"arbeitende Geräte, also durch Steuerung, gelöst. Bei den Sperren wäre z. B. ein Wandler nicht stabil; denn wenn die Ausgangsspannung unterdrückt wird, kann man von ihr keine Stellgröße mit bestimmtem Wert ableiten.

Bei der praktischen *Benutzung* sind die beeinflußten Größen, von denen sich die Namen herleiten, häufig schlecht definierte unregelmäßige Größen wie das Volumen oder die Lautstärke, oder sie sind ziemlich abstrakt wie Schwund, Pegel, Restdämpfung oder Dynamik. Solchen Größen ordnet man gewisse Vorgangsgrößen als „*Ersatzgrößen*" zu; man mißt z. B. die Restdämpfung durch die Amplitude einer mitübertragenen Schwingung (die in der Nachrichtentechnik bisher Steuerschwingung genannt wird). Um die Einrichtungen (messend oder rechnend) zu *untersuchen*, kann man die unregelmäßigen Vorgänge schlecht gebrauchen. Daher benutzt man sinusförmige veränderliche Vorgangsgrößen mit konstanter *Amplitude* (Wechselspannung oder Gleichspannung). Man kann also allgemein von Amplitudenwandlern sprechen; man denke an die eingebürgerten Namen Amplitudenbegrenzer oder Amplitudensiebe. Besser scheint es mir, von den Logarithmen, den sog. Pegeln, auszugehen und daher „*Pegelwandler*" zu sagen, denn die angestrebten Wandelgesetze lassen sich meistens für die Pegel einfacher aussprechen. (Ein Pegelwandler mit konstantem Wandelfaktor multipliziert die Pegeldifferenz mit diesem Faktor, ebenso wie ein Spannungswandler [d. h. Transformator] die Potentialdifferenz mit einem bestimmten Fak-

tor [dem Übersetzungsverhältnis] multipliziert.) Die Begriffe Amplitude
und Pegel sind zunächst nur für eingeschwungene Wechsel- oder Gleich
vorgänge gedacht und verlieren mehr und mehr an Sinn, je komplizierter
die Vorgänge werden. Daher hat die Nachrichtentechnik z. B. den
Begriff Volumen geprägt (s. STRECKER-HÖLZLER [L]). Dem entspricht,
daß man die Arbeitsweise der stark nichtlinearen Wandler für ganz
unregelmäßige, aus vielen Schwingungen verschiedener Frequenz zu-
sammengesetzte Vorgänge ebenfalls nicht übersehen kann, wenn man
ihr Verhalten nur für sinusförmige Vorgänge kennt. Soweit man aber
die Einrichtungen kennenlernt, sind Amplitude und Pegel definierbar,
und daher kennzeichnen die vorgeschlagenen Namen treffend sowohl
die theoretische als auch die praktische Grenze, bis zu der die Einsicht
reicht.

Soviel ich sehen kann, legt sich die Regeltechnik eine einschneidende,
aber unnötige Beschränkung auf, die wir fallenlassen können: sie beschränkt sich auf gerichtete Glieder, die nur *einseitig übertragen* (deutlich
bei OPPELT [L], S. 37, weniger deutlich S. 69 und beim *VDI-Ausschuß* [L], Ziffer 312). In der Nachrichtentechnik spricht man von
Vierpolen, bei denen ein Kernwiderstand oder Kernleitwert oder die
Determinante der Kettenmatrix verschwindet. Diese Determinante gibt
ein Maß für das Verhältnis der Übertragungsfähigkeit in beiden Richtungen. Ich habe sie deshalb „Umkehrverhältnis“ genannt in einem
Aufsatz (STRECKER [5]), der auch Anregungen für die praktische Berechnung von Übertragungsfaktoren solcher allgemeinen Vierpole enthält. Ist das Umkehrverhältnis Null, so erleichtert das die Feststellung
der Übertragungsfaktoren; man kann z. B. die Kettenwiderstände oder
anderen Abschlußwiderstände (§ 75) leichter bestimmen. Aber die Überlegungen gelten auch in anderen Fällen (§ 75).

b) Typen von Pegelwandlern.

§ 101. Stellt man die Wandelgröße P_2 in Abhängigkeit von der Störgröße P_1 dar, so erhält man die Arbeitskennlinie der Wandeleinrichtung
oder „*Wandelkennlinie*“. Als eigentliche Größen betrachten wir die Pegel P
(der Amplituden oder Effektivwerte) und als Ersatzgrößen die entsprechenden Vorgangsgrößen, in der Regel Spannungen. Die Soll-
Arbeitskennlinien lassen sich häufig schematisch durch einen Streckenzug darstellen. Jedenfalls bilden solche Streckenzüge ein einfaches Sinn-
bild für typische Geräte. In Bild 101,1 haben wir solch einen Streckenzug und daher abschnittsweise konstanten Wandelfaktor $\Delta P_2/\Delta P_1 = R$.
Der Buchstabe R ist hier aus der grundlegenden Arbeit über Regler
von KÜPFMÜLLER [3] übernommen, worin er den Regelfaktor bedeutet.
Er ist gleich der Steigung, allgemeiner gleich dem Differentialquotienten
der Wandelkurve. Im Bild sind 3 Grenzfälle hervorgehoben, die für

die Arbeitsweise von Bedeutung sind und sich daher zur Einteilung in Typen eignen. Für $R = 1$ haben wir ein gewöhnliches lineares System Li, also ohne Wandlung. Für $R = 0,5$ bekommen wir einen „*Wurzler* (rooter)“ Wu, der so genannt wird, weil die Amplitude der Wandelgröße sich wie die Quadratwurzel aus der Amplitude der Störgröße verhält. Einer geraden Linie mit der konstanten Steigung R entspricht in den Amplituden ein Potenzgesetz mit dem Exponenten R. Für $R = 0$ bekommen wir einen vollkommenen *Regler Re*, der konstanten Ausgangspegel liefert. Die Hauptgruppen sind die *Dehner De* mit $R > 1$,

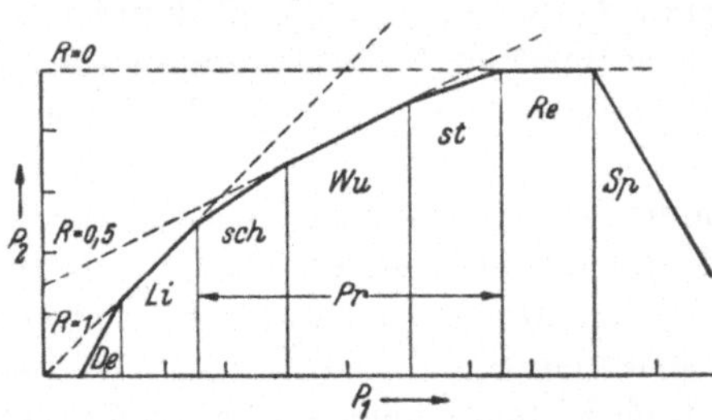

Bild 101,1. Schematische Arbeitskennlinie zur Unterscheidung der Typen von Wandlern und Steuerern.

die *Presser Pr* mit $R = 0 \ldots 1$ und die *Sperren Sp* mit negativem R. Die Presser kann man weiter gliedern in *schwache* mit $R = 0,5 \ldots 1$ und *starke* mit $R = 0 \ldots 0,5$. Die Regler *Re* erscheinen als Grenzfall der starken Presser, und man wird diese in der Praxis auch als Regler bezeichnen, weil mit einem Regler im hier gemeinten Sinn der Regelfaktor Null ohnehin nicht erreicht werden kann. Das läßt sich ebenso wie die negative Steigung der Sperren nur durch Steuerung erreichen. Der rechte Teil des Schemas hat also nur Bedeutung für Steuerung. Praktisch werden übrigens auch Dehner und Presser oft als Steuerer ausgeführt, z. B. im sog. Compandor (MATHES u. WRIGHT [L]; über praktische Ausführungen von Wandlern und Steuerern unterrichten z. B. VILBIG [L], MOEBES [L], ROTHE u. KLEEN [L], STRECKER-HÖLZLER [L]). Man baut auch Geräte, die weder wandeln noch steuern, sondern auf Augenblickswerte ansprechen, z. B. Amplitudenbegrenzer und Amplitudensiebe (STRECKER [7]). Die ganze Arbeitslinie von Bild 101,1, etwas verrundet, kann einen etwas weicharbeitenden „Bandpaß“ für die mittleren Pegel darstellen. Die Zusammensetzung von Li und Re ergibt einen Amplitudenbegrenzer und die Zusammensetzung von De und Li einen Geräuschminderer. Kennlinien, die das Gebiet von Li bis Sp umfassen, findet man bei modernen Schwund„reglern“ (im alten Sinn), die über einige Verstärkerstufen wandeln und über eine Verstärkerstufe steuern.

c) Grundsätzliches Schema des Wandelkreises.

§ 102. Das Bild 102,1 zeigt ein ziemlich allgemeines Schema eines offenen Wandelkreises, das Schaltungen entspricht, die in der Nachrichtentechnik gebräuchlich sind. Um das Ganze übersichtlicher zu machen, wurden aber einige besondere Annahmen gemacht, z. B. die

3 Eingänge E, E' und E'' zusammengelegt, so daß $u = u_1 + u_3 + u_5$ ist; ferner, daß an der „*Meßeinrichtung*" Me keine Pegeldifferenz auftritt; weiter, daß die Frequenz ω eine „Niederfrequenz" verglichen mit der „Hochfrequenz" Ω ist:

$$0 < \omega < \omega_G ; \quad 2\,\omega_G < \Omega_1 < \Omega < \Omega_2, \tag{102,1}$$

worin ω_G die Grenzfrequenz der Stellvorgänge ist, während Ω_1 und Ω_2 die Grenzfrequenzen der Nutzvorgänge sind. Ohne diese Einschränkungen wäre die Untersuchung in derselben Art durchführbar, aber verwickelter.

Für die Nachrichtenübertragung ist die Übertragungsstrecke $\ddot{U}$ vom Nebeneingang E' zum Nebenausgang A' wichtig. Das ist ein Vierpol

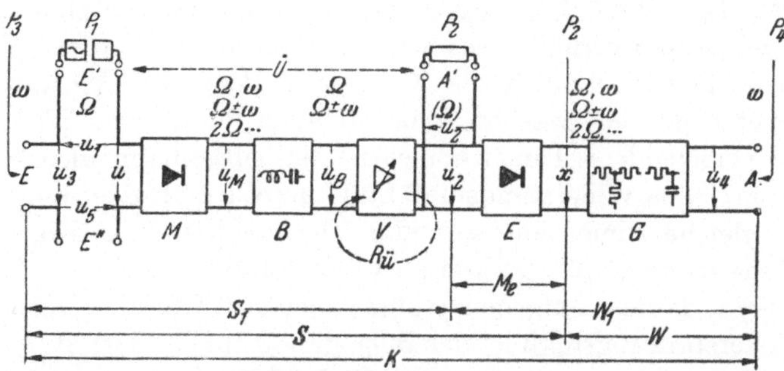

Bild 102,1. Der offene Wandelkreis.

zur Übertragung von Wechselvorgängen mit der Frequenz Ω. Bei A' beachten wir nur die Vorgänge dieser Frequenz. Für die Wandlung ist der Wandelkreis K mit dem Eingang E und Ausgang A die Hauptsache. Man teilt ihn für manche Überlegungen in Teilvierpole ein, und zwar zunächst in die Wandelstrecke S und den Wandler W. Man kann auch S_1 als Wandelstrecke und W_1 als Wandler ansehen. Das hängt davon ab, welche Größen man als eigentliche und welche als Ersatzgrößen ansieht. Die beiden Einteilungen unterscheiden sich um die Meßeinrichtung, die hier identisch ist mit dem Entmodler (oder Gleichrichter) E. Als eigentliche Größen betrachten wir die Pegel P und als Ersatzgrößen die entsprechenden Spannungen. Dabei verstehen wir unter Pegel etwa dasselbe wie WALLOT ([L], § 412). Wir brauchen Pegel für Gleichvorgänge, Wechselvorgänge und amplitudengemodelte Wechselvorgänge. Für alle diese Fälle können wir eine Definition wählen, die — soviel ich sehen kann — mit der von WALLOT übereinstimmt, welche ebenfalls nur anwendbar ist, solange es Sinn hat, von Amplituden zu sprechen. Dann liegt aber auch fest, was man unter „Augenblicksamplitude" zu verstehen hat, und ich kann den Begriff Saum (§ 47) zugrunde legen, der sehr ähnlich ist mit dem, was man gewöhnlich

„Einhüllende" nennt (WALLOT [L], § 400); nur lasse ich — wie bei
der „Stärke" (§ 88) — auch negative Werte zu. Bei einem Gleichvorgang ist der Saum mit dem Vorgang identisch. Ich verstehe also
unter *Pegel P den Hauptwert vom natürlichen Logarithmus des Saumes X*,
also P = Ln *X*. Als Hauptwert nimmt man meistens denjenigen, dessen
Imaginärteil φ (der gleich dem Phasenwinkel ist) die Bedingung erfüllt:
$0 \leq \varphi < 2\pi$. Die Unterscheidung von Haupt- und Nebenwerten des
Logarithmus brauchen wir bei der Diskussion der Stabilität. Der Pegel
soll also im allgemeinen eine reelle Größe (mit dem Imaginärteil $\varphi = 0$)
sein. Bei Wechselvorgängen hat es aber auch Sinn, von einer (unveränderlichen!) komplexen Amplitude zu sprechen, und dann kann man
den Hauptwert ihres komplexen Logarithmus als „*komplexen* Pegel"
einführen. Das „*Verhältnismaß*", worunter ich den natürlichen Logarithmus eines Systemverhältnisses verstehe, erscheint dann als Differenz
komplexer Pegel: nämlich als komplexer Pegel der Wirkung minus
komplexer Pegel der Ursache. Das hat auch Sinn, wenn Wirkung und
Ursache verschiedene Dimensionen haben. Man kann also auch von
einem komplexen Widerstandsmaß Ln *W* sprechen. Haben Wirkung und
Ursache gleiche Dimension, so nenne ich diese komplexe Pegeldifferenz
das „*Übersetzungsmaß*" (die komplexe Verstärkung) $ü = s + j a_ü = -g$
$= -b - j a$, das also entgegengesetzt gleich dem Übertragungsmaß g ist.
Für das Verstärkungsmaß ist der Buchstabe s üblich; b ist die Dämpfung
oder das Dämpfungsmaß. a ist das Winkelmaß, das beim Übertragungsmaß positiv zählt. Wenn man keine neue Bezeichnung für den „*Übersetzungswinkel*" $a_ü$ einführen will, schreibt man manchmal, wie im folgenden Text: $ü = s - a j$ (im § 81 habe ich aber geschrieben $\sigma = s + a j$).
$h = e^{ü}$ kann als „*Übersetzung*" bezeichnet werden; es wird aber sehr
oft — so auch hier — Übertragungsfaktor genannt. Es ist jedoch ein
Mangel, der durch ein Übereinkommen beseitigt werden müßte, daß
das Übertragungsmaß der Logarithmus vom *Kehrwert* des Übertragungsfaktors ist. Der *VDI-Fachausschuß* [L], Ziff. 315, spricht von Übertragungsgröße oder von Frequenzgang und meint damit h (vielleicht
auch $1/h$), aber diese Namen sind zu allgemein; sie passen mindestens
ebensogut für logarithmische Maße.

Der Modler M ist das Stellglied, weil das Übersetzungsmaß der
Wandelstrecke durch u_3 eingestellt wird. u_2 ist eine Spannung, z. B.
eine Gittervorspannung, mit der ein „Steuerbefehl" gegeben werden
kann. u_1 ist übertragungstechnisch die Nutzgröße und regeltechnisch
die Störgröße. Die niederfrequenten Spannungen u_3 und u_2 modeln die
Amplitude von u_1 und werden *nicht unmittelbar übertragen*, sondern nur
vermittelt durch die *Nutzschwingung als Trägerschwingung*. Das ergibt
sich aus (102,1) und ist schematisch durch den Bandpaß B angedeutet.
Im Nebenausgang sind die Trägerfrequenz Ω und die Seitenfrequenzen

$\Omega \pm \omega$ vorhanden. Wir betrachten aber dort von u_2 nur die Träger oder Nutzschwingung. Durch den Entmodler E holen wir den Saum x von u_2 heraus. Dabei entstehen wieder Kombinationsfrequenzen, von denen wir durch die Glättungseinrichtung G nur den Gleichanteil und den NF-Anteil durchlassen. Daß die *Trägerübertragung hier das Wesentliche* ist, wird manchmal nicht beachtet. Wir wollen daher kurz auf an sich bekannte Eigenschaften solch einer Übertragung eingehen und daraus unsere Folgerungen ziehen. Vorher einige kurze Bemerkungen über das Verfahren.

d) Das Untersuchungsverfahren.

§ 103. Wir denken uns das veränderliche System ersetzt durch eine *Menge* von umbemessenen Systemen, die sich für kleine Änderungen der Vorgangsgröße in gewisser Beziehung wie lineare verhalten. Jedes System der Menge ist gekennzeichnet durch eine sinusförmige Nutz-eingangsspannung

$$u_1 = \overline{U}_1 \cos \Omega t. \tag{103,1}$$

Ohne die Allgemeinheit einzuschränken, können wir $\overline{U}_1$ als reell ansehen und damit den Anfangsphasenwinkel Null setzen, indem wir die Zeit an einem geeigneten Punkt zu zählen beginnen. Dann können wir jedes System durch die 2 Parameter $P_1 = \mathrm{Ln}\,\overline{U}_1$ und Ω kennzeichnen. Man wird anstreben, daß das System frequenzunabhängig arbeitet, dann bleibt nur der Parameter P_1, und wir haben eine *Folge* von umbemessenen Systemen und können die Aufgabe der Wandlung durch eine einzige Arbeitskennlinie wie in Bild 101,1 kennzeichnen. Solch ein System kann sich *fastlinear* verhalten in dem Sinn, daß bei der Nutzausgangsspannung keine Oberschwingungen entstehen (der Klirrfaktor bleibt klein). Dazu genügt, daß die Nutzeingangsspannung nur ein kleines fastlineares Stück der Stellkennlinie aussteuert. Die gewünschte Nichtlinearität in der Form einer Amplitudenabhängigkeit bleibt beim einzelnen System verborgen, weil eine Änderung der Nutzamplitude als Übergang zu einem anderen System der Folge gedeutet wird. Wie sich das wirkliche System bei kompliziertem u_1 verhält, kann man daraus nicht erkennen, wie bereits erwähnt wurde. Um diese Pseudolinearität sicherzustellen, braucht man nur $u_1 \ll u_3 + u_5$ zu halten. Damit auch der Wandelkreis fastlinear arbeitet, muß auch die Trägerübertragung *pseudolinear* sein. Hierzu gehört, daß der Vierpol zwischen M und E „*frei von linearen Verzerrungen*" ist. Das ist in der Übertragungstechnik bekannt, wurde aber in der Regeltechnik m. W. nicht beachtet. Die Anführungsstriche weisen darauf hin, daß eine Trägerübertragung streng genommen nicht verzerrungsfrei sein kann, denn es müßte sonst die Dämpfung unabhängig und das Winkelmaß proportional der Frequenz sein, und zwar für *alle Frequenzen*, während die Modlungsfrequenzen andererseits *niedriger* als die Trägerfrequenz sein müssen, weil sich sonst die Seitenbänder vermischen. Wir nehmen aber an, daß die Glättungseinrichtung G im Wandler W nur ein Frequenzband bis ω_G durchläßt (s. aber § 110), dann ist die Trägerübertragung in einem bestimmten System unserer Menge (d. h. für feste Werte von P_1 und Ω) verzerrungsfrei, wenn der Vierpol zwischen M und E für das Frequenzband von $\Omega_u = \Omega - \omega$ bis $\Omega^0 = \Omega + \omega$ praktisch konstantes Verstärkungsmaß s_S und konstante Gruppenlaufzeit T_S hat. Hieraus folgt, daß sich der Amplitudenfaktor und die Gruppenlaufzeit um so weniger ändern dürfen, je näher Ω an ω liegt. Bleiben s_S und T_S für die Umgebungen aller Ω zwischen Ω_1 und Ω_2 dieselben, so hängen die Systeme nicht mehr vom Parameter Ω ab, und wir bekommen eine Folge mit dem einzigen Parameter P_1. Lineare Verzerrungen sind nunmehr nur im Wandler zugelassen, denn wir wollten voraussetzen, daß x unmittelbar gleich dem Saum von u_2 ist. Dann ist also $\ddot{u}_E = 0$ und $\ddot{u}_S = \ddot{u}_{S'}$. Sollte E Dämpfung, Laufzeit oder Verzerrung haben, so können wir seine Übersetzung $\ddot{u}_E$ zum Wandler hinzunehmen. Dem Wandler müssen wir aber andererseits Verzerrung zuschreiben, mindestens eine Frequenzbegrenzung. Wenn wir ebenso wie KÜPFMÜLLER [*3*] gelegentlich von einem verzerrungsfreien Wandelkreis sprechen, so ist das eine streng genommen unzulässige und daher vorsichtig zu handhabende Schematisierung.

e) Die Übertragung im Wandelkreis.

§ 104. Wir betrachten als einfaches Beispiel den Fall, daß die Modelung im Gitterkreis einer Stellröhre geschieht (Bild 104,1). Wenn wir für Augenblickswerte kleine Buchstaben, für Gleichspannungen große Buchstaben und für (komplexe) Amplituden der Wechselspannung große überstrichene Buchstaben schreiben, so ist die Gitterspannung

$$u = U_3 + \overline{U}_3 \cos(\omega t + \varphi_3) + \overline{U}_1 \cos\Omega t + U_5, \qquad (104,1)$$

$$u = U_3 + v; \quad (v \ll U_3), \qquad (104,2)$$

worin U_3 die Spannung ist, die der Wandler im geschlossenen Wandelkreis liefern soll, die also von $\overline{U}_1$ abhängt. Solange der Wandelkreis offen ist, kann aber U_3 beliebig sein und bedeutet dann die Spannung, um die herum wir formal die Kennlinie als Reihe entwickeln. Die gesamte Gittergleichspannung enthält noch den Steuerbefehl U_5. Vorläufig betrachten wir den Wandelkreis als offen und können daher U_3 und $\overline{U}_1$ als 2 unabhängige Veränderliche ansehen. $\overline{U}_3$ können wir als reell betrachten, weil wir einen Phasenwinkel φ_3 hinzugefügt haben.

Die Summe v aller Spannungen außer U_3 soll klein gegen U_3 sein. Wir arbeiten also auf einem kleinen Stück der Arbeitskurve Bild 101,1, das geradlinig ist und die Steigung R hat. Für die Verstärkung oder Pegeldifferenz $P_2 - P_1$ haben wir also die Steigung $R - 1$, wenn wir P_1 als unabhängige Veränderliche betrachten. Wir bezeichnen diese Verstärkung als $\sigma_S(P_1)$ zum Unterschied von derselben Verstärkung $s_S(P_3)$, wenn wir sie als Funktion von $P_3 = \mathrm{Ln}\, U_3$ betrachten. Soweit bei einer Vorgangsgröße Wechselspannungspegel vorkommen, wollen wir sie auch durch Überstreichen von den Gleichspannungspegeln unterscheiden.

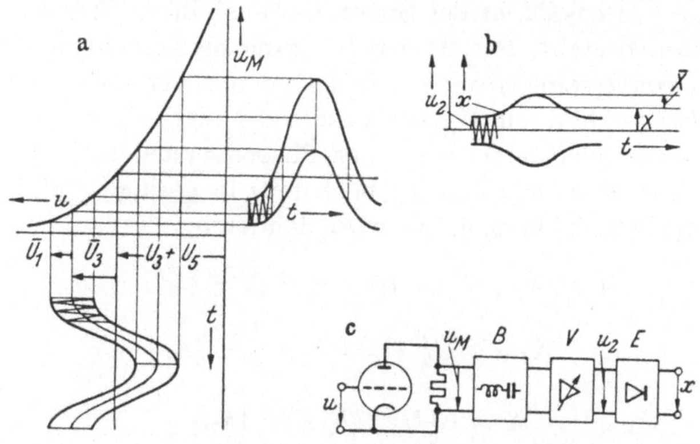

Bild 104,1. Beispiel für die Trägerstrecke. a) Stellkennlinie, b) Trägervorgang und Saum, c) Schaltschema.

Bei P_1 ist das nicht nötig. Wir betrachten P_3 zunächst als unabhängige Veränderliche und erst später als Funktion von P_1. Die Stellkennlinie in Abhängigkeit von P_3 ist nicht bekannt; aber ein kleines Stück kann wieder durch eine Gerade angenähert werden, deren Differentialquotienten oder Steigung wir mit K bezeichnen. Für die Spannungen als Ersatzgrößen ergibt sich dann stückweise ein Potenzgesetz, das bei entsprechender Schaltung auch für die Augenblickswerte gilt (Bild 104,1a u. c). Wir können also schreiben:

$$u'_M = du_M/du = C'\, u^K. \tag{104,3}$$

Durch Integration erhalten wir im allgemeinen wieder ein Potenzgesetz, nämlich:

$$u_M = \begin{cases} C'\, u^{K+1} & (K \neq -1) \\ C''\, \ln u & (K = -1) \end{cases}. \tag{104,4}$$

Eine besondere Rolle spielt also nur der Fall $K = -1$. Man kann nun u_M berechnen. Da dies Verfahren zur Berechnung der Modelungserzeugnisse bekannt ist (z. B. Wallot [L]), will ich den Weg nur andeuten. Man entwickelt (104,2) in eine Potenzreihe nach v bis zum Glied mit v^2. Als Beiwerte erhält man (104,4) und (104,3), ferner die

Hälfte der 2. Ableitung, alle genommen für U_3. Dann bildet man v^2. Läßt man alle Glieder weg, deren Frequenzen $(0, \omega, 2\omega)$ durch den Bandpaß ohnehin nicht durchgelassen werden — s. die in Bild 102,1 oben eingetragenen Frequenzen und Bild 104,1 b —, so bleibt die Trägerschwingung mit den beiden Seitenschwingungen übrig:

$$u_M = (u'_M)_{U_3}\, v + \tfrac{1}{2}\,(u_M)_{U_3}\, v^2 + \cdots, \tag{104,5}$$

$$u_M = C'\, U_3^K\, \overline{U}_1\Big(1 + K\,\frac{U_5}{U_3}\Big) \cos\Omega t\left[1 + \frac{K\,\overline{U}_3}{U_3\,(1 + K U_5/U_3)}\cos(\omega t + \varphi_3)\right]. \tag{104,6}$$

Der Faktor von $\cos\Omega t$ ist der Saum, der aus einem Gleich- und einem Wechselanteil besteht. Bei der Übertragung bis zum Entmodler ändert der Saum x von u_2 seine Größe entsprechend dem Verstärkungsfaktor $|h_R|$ dieses Restweges, und sein Wechselanteil wird um die Gruppenlaufzeit T_S verzögert, was gleichwertig mit einer Phasenverschiebung $-a_S = \omega\, T_S$ ist. Dabei sind also $|h_R|$ und T_S höchstens in geringem Maße von der Trägerfrequenz Ω abhängig. Es wird demnach

$$x = X + \overline{X}\cos\left[\omega\,(t - T_S) + \varphi_3\right] \tag{104,7}$$

mit

$$X = C' U_3^K\, \overline{U}_1\left(1 + K\,\frac{U_5}{U_3}\right)|h_R| \tag{104,8}$$

und

$$\overline{X} = C'\, U_3^{K-1}\overline{U}_1 K\overline{U}_3\,|h_R|. \tag{104,9}$$

Vergleicht man den Gleichanteil X in (104,8) mit dem Gleichanteil $U_3 + U_5$ von u in (104,1), so sieht man, daß der Steuerbefehl U_5 das gewünschte einfache Potenzgesetz nach (104,3) zerstört. Wir kommen zu einem System, das nicht mehr der ursprünglichen Systemfolge angehört. Auch das ist ein Zusammenhang, der z. B. bei der Aufnahme von Übergangsfunktionen der Wandelstrecke oder des Wandelkreises nicht immer beachtet wird. Wir wollen den Steuerbefehl weglassen und können dann den Übertragungsfaktor h_S der Trägerstrecke oder Wandelstrecke S für den Gleichanteil bilden, den wir mit einem großen Buchstaben bezeichnen:

$$H_S(j\Omega) = X/U_3 = C' U_3^{K-1}\overline{U}_1\,|h_R(j\Omega)|. \tag{104;10}$$

Unter Benutzung dieser Gleichung erhält man für den Wechselanteil

$$h_S(j\omega;\, j\Omega) = \overline{X}\big/\!\underline{-\omega\, T_S}\big/\overline{U}_3 = K H_S(j\Omega)\big/\!\underline{-\omega\, T_S}. \tag{104;11}$$

Hier zeigt sich eine weitere Besonderheit, die wohl ebenfalls nicht beachtet wurde. Es ist nämlich für $\omega = 0$:

$$h_S(0;\, j\Omega) = K H_S \neq H_S, \tag{104;12}$$

d. h. der Gleichanteil wird außer in dem praktisch unbrauchbaren Fall $K = 1$ nach einem anderen Gesetz übertragen als demjenigen, das für den Wechselanteil im Grenzfall $\omega = 0$ gilt. Man kann den Gleichvorgang hier nicht als Grenzfall eines Wechselvorgangs ansehen. Auch das ist ein Rest davon, daß das Übertragungssystem im wesentlichen nichtlinear ist, weil es eine Trägerstrecke enthält.

Für die Nutzstrecke S' gilt (weil wir x als Saum von u_2 selbst definiert haben):

$$|\overline{U}_2| = C' U_3^K \overline{U}_1 |h_R(j\Omega)|, \qquad (104;13)$$

also gleich (104,8) mit $U_5 = 0$. Der Betrag des Übersetzungsfaktors ist demnach:

$$|h_{S_1}(j\Omega)| = |\overline{U}_2|/\overline{U}_1 = C' U_3^K |h_R(j\Omega)|, \qquad (104;14)$$

was man ohne weiteres auch aus (104,3) ableiten könnte. Der Wandler W ist ein linearer Vierpol, dessen Eigenschaften wir durch seinen Übersetzungsfaktor $h_W(j\omega)$ kennzeichnen können, woraus wir für $\omega = 0$ den Übersetzungsfaktor für Gleichstrom erhalten. Die Übersetzungsfaktoren H und h des ganzen Wandelkreises, die wir ohne Index lassen, ergeben sich als Produkte von (104,10) und (104,11) mit h_W. H bildet die Grundlage für die Bestimmung der Gleichgewichtszustände in ungestörtem Beharrungsfall und liefert damit die Beziehungen zwischen $\overline{U}_1$ und U_2 sowie K und R. Dagegen ist h die Prüffunktion und $h = 1$ die Prüfgleichung zur Untersuchung der Frage, ob das Gleichgewicht labil (und damit nur theoretisch, nicht aber praktisch möglich) oder stabil ist.

f) Das Gleichgewicht im Beharrungsfall und die Eigenwertbedingung.

§ 105. Wir wollen uns vorstellen, daß sich das System im ungestörten Gleichgewicht befindet. Wenn dieser Zustand stabil ist, genügt dazu, daß genügend lange Zeit alle Störungen ferngehalten wurden. Das kann man sich leicht vorstellen und auch physikalisch annähernd verwirklichen. Einen labilen Zustand müßte man aber künstlich herstellen. Auf dem Gedanken, daß man Störungen nicht ganz fernhalten kann, beruht es, daß wir selbsterregungsfähige und wirklich selbsterregte Systeme praktisch gleichsetzen. Man kann aber u. U. praktisch feststellen, daß es nur kleiner Kräfte bedarf, um den labilen Gleichgewichtszustand künstlich immer wieder herzustellen. Bild 105,1 zeigt die verschiedenen Kennlinien des Wandelkreises im Beharrungszustande und ihre Beziehungen. In Bild 105,1 sehen wir zunächst die Arbeitskennlinie α entsprechend Bild 101,1. Daraus geht die Stellkennlinie $\sigma_S(P_1)$ hervor, wenn man jeden Punkt um P_1 herunterzieht; denn die Verstärkung der Wandelstrecke ist die Pegeldifferenz $P_2 - P_1$. Wir wollen annehmen, daß wir diese Verstärkung auch als Funktion $s_S(P_3)$ kennen so wie sie in Bild 105,1b dargestellt ist. Dann können wir dort P_2 ge' winnen, indem wir zu dieser Pegeldifferenz P_1 addieren. Betrachten wir P_3 und P_1 zunächst als unabhängige Veränderliche, was bei offenem Regelkreis physikalisch richtig ist, so entsteht durch Verschiebung um feste Werte des Parameters P_1 nach oben die in Bild 105,1b gezeichnete Linienschar. Nun geht $P_4 = \mathrm{Ln}\, U_4$ aus P_2 dadurch hervor, daß man

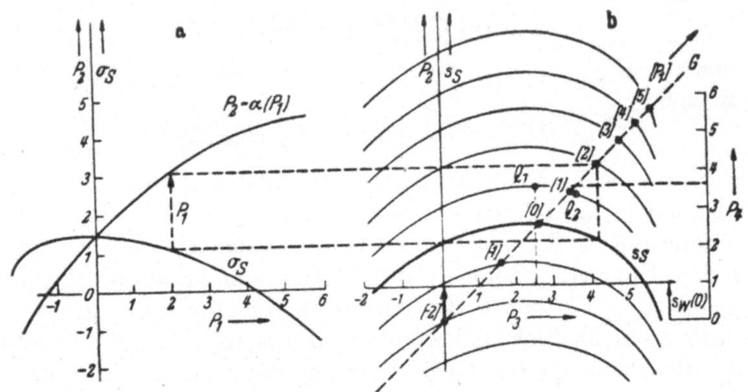

Bild 105,1. Der Wandelkreis im Beharrungszustand.

die spannungsunabhängige Verstärkung oder Pegeldifferenz $s_W(0)$ des Wandlers für Gleichspannungen addiert:

$$P_4 = P_2 + s_W(0). \tag{105,1}$$

Wir können also P_4 an der rechts gezeichneten Skala ablesen. Im Gleichgewichtszustand wird $P_3 = P_4$. Es gilt also auch

$$P_2 = P_3 + s_W(0). \tag{105,2}$$

Damit bekommen wir die Gleichgewichtslinie G, welche die Kurvenschar in den Gleichgewichtspunkten schneidet, die gleichzeitig die Bedingung erfüllen

$$P_2 = P_1 + s_S(P_3). \tag{105,3}$$

Projiziert man diese Schnittpunkte in das linke Teilbild hinüber, so ergibt sich das gestrichelte Rechteck; mit dessen Hilfe kann man sämtliche Kennlinien leicht zeichnerisch konstruieren, wenn entweder $\alpha(P_1)$ oder $\sigma_S(P_1)$ oder $s_S(P_3)$ gegeben ist.

Wenn man annimmt, daß die Übergangszeit gegen die Laufzeit sehr klein ist, kann man im Bild 105,1b die *Theorie der ,,Umläufe"* im Wandelkreis anwenden, die auf unendliche Reihen führt, denen als Vorgang eine unendliche Folge von Vorgängen, als welche man meist plötzliche Sprünge nimmt, entspricht. Zu $P_1 = 0$ gehört z. B. $P_2 = 1{,}5$ und $P_3 = P_4 = 2{,}5$. Springt nun P_1 auf 1, so denkt man sich, daß P_3 zunächst konstant bleibt, so daß der Punkt Q_1 erreicht wird, zu dem $P_4 = 3{,}55$ gehört. Diesen Wert wird also P_3 nach einem ,,Umlauf" annehmen, und wir erhalten auf der Linie für $P_1 = 1$ den neuen Punkt Q_2, der etwas über die Gleichgewichtslage hinausgeschossen ist. Man kann dieses Verfahren fortsetzen. Die Voraussetzung, daß die Übergangszeit sehr klein gegen die Laufzeit ist, wird praktisch selten erfüllt sein aus Gründen, die schon Küpfmüller[3] angegeben hat, wobei er von verzerrungsfreien Systemen ausging. Wegen der Frequenzbegrenzung läßt sich die Verzerrungsfreiheit praktisch nicht erreichen. Aber wenn die Laufzeit so groß wäre, wie angenommen, würde sich unser Fall in einem Oszillogramm nicht sehr von dem verzerrungsfreien unterscheiden. Die Umlauftheorie ist aber außerdem nur dann zuverlässig, wenn das Verfahren konvergiert, woraus auf Stabilität geschlossen wird. Die Ortskurventheorie zeigt, daß man dagegen aus der Divergenz nicht sicher auf Unstabilität schließen kann (Nyquist [L], Strecker [I]), und die Erfahrung hat das bestätigt (Peterson, Kreer u. Ware [L]). In der Praxis sollen die Wandler nicht so hart arbeiten, und dann braucht man eine Theorie, die nicht nur die Beharrungszustände erfaßt, z. B. die Theorie der Integralgleichungen für verzerrende Systeme nach Küpfmüller oder die Ortskurventheorie.

Analytisch erhalten wir die Gleichgewichtsbedingung aus (104;10). Wir multiplizieren mit dem Übersetzungsfaktor des Wandlers $h_W(0) = U_4/X$ für Gleichspannungen und setzen das Produkt $H = 1$. Es ergibt sich dann

$$H = H_S(j\Omega)\,h_W(0) = 1. \tag{105,4}$$

Entsprechend erhält man den Übersetzungsfaktor des Wandelkreises für Wechselstrom aus (104;11):

$$h(j\omega;\,j\Omega) = KH_S(j\Omega)\,h_W(j\omega)\,\underline{/-\omega T_S}. \tag{105,5}$$

Setzen wir darin H_S aus (105,4) ein, so erhalten wir die Prüffunktion für die Untersuchung der *Stabilität um eine Gleichgewichtslage*:

$$h(j\omega) = K\,h_W(j\omega)\,\underline{/-\omega T_S}/h_W(0) = K/Q(j\omega)\,e^{j\omega T}S. \tag{105,6}$$

Die Eigenwertgleichung geht daraus hervor, wenn wir $j\omega$ durch p ersetzen und $h = 1$ setzen. Es ist aber zweckmäßig, zu Logarithmen überzugehen, weil man mit Übertragungsmaßen besser vertraut ist und die Ortskurve übersichtlicher wird. Wir müssen nur beachten, daß $g = \ln(1/h)$ ist. Dann wird also

$$\boxed{g(p) = -\ln K(P_1) + \Delta g_W(p) + p\,T_S = 0} \tag{105,7}$$

unsere Prüfgleichung, worin

$$\Delta g_W(p) = g_W(p) - g_W(0) \tag{105,8}$$

die „*Übertragungsmaßverzerrung*" des Wandlers ist. Hier finden wir die Abhängigkeit von dem Parameter P_1 der Systemfolge und vom Wuchsmaß p verteilt. Da $K(P_1)$ von der Frequenz oder allgemeiner vom Wuchsmaß unabhängig ist, eignet sich $A = \ln K$ als Prüfpunkt. Wir können dabei die Vieldeutigkeit aller Logarithmen auf die Vieldeutigkeit von A abwälzen, indem wir den Hauptwert $A_0 = \operatorname{Ln} K$ einführen und für die Nebenwerte A_n:

$$A_n(P_1) = \operatorname{Ln} K(P_1) + j\,2n\pi. \tag{105,9}$$

Für jedes System der Folge haben wir also *unendlich viele Pfeifpunkte*, die auf einer Parallelen zur imaginären Achse im Abstand 2π gleichmäßig verteilt sind. Die Lage aller dieser Punkte ist durch den *Hauptwert* $A_0(P_1)$ festgelegt. Die Prüfgleichung nimmt dann die Form an:

$$\boxed{F(p) = \Delta g_W(p) + p\,T_S = A_n(P_1)}. \tag{105;10}$$

Wir können A_n auch als Funktion von $R(P_1)$ darstellen. Die Beziehung zwischen den beiden wichtigen Steigungen R und K ergibt sich aus (105,2), wenn wir P_2 einmal durch $\alpha(P_1)$ und andermal durch (105,3) ersetzen:

$$P_3 = \alpha(P_1) - s_W(0), \tag{105;11}$$

$$P_4 = P_3 = s_S(P_3) + P_1 - s_W(0). \tag{105;12}$$

Differenzieren wir die erste Gleichung nach P_3 und die zweite nach P_1, so ergibt sich (wegen $d\alpha/dP_1 = R$ und $ds_S/dP_3 = K$; gemäß den Definitionen der Steigungen in § 104) $dP_3/dP_1 = R$ und $1 = K + dP_1/dP_3$, woraus folgt:

$$\boxed{R = 1/(1-K); \quad K = (R-1)/R}. \tag{105;13}$$

K ist übrigens identisch mit $-k$ von KÜPFMÜLLER [3].

g) Allgemeine Diskussion der Stabilität.

§ 106. Wir wollen uns zunächst ein Bild von der Lage der Pfeifpunkte machen. Manchmal arbeitet man bequemer mit K und manchmal mit R. Es genügt zunächst, die Hauptwerte A_0 zu betrachten. K ist reell. $\operatorname{Ln} K$ hat den Imaginärteil Null, wenn K positiv ist, und $j\pi$, wenn K negativ ist. Der Realteil ist stets gleich $\operatorname{Ln}|K|$, also positiv, wenn $|K| > 1$, und negativ, wenn $|K| < 1$ ist. Am übersichtlichsten stellt man die Hauptwerte A_0 in der komplexen Ebene dar und beziffert sie mit K und R. In Bild 106,1 bedeuten die Ziffern in verschlungenen Klammern R und die in eckigen Klammern K. Die Zahlen ohne Klammer sind die Zahlen der komplexen Ebene selbst. Ich möchte nur hervorheben, daß sich hier die Wandlertypen viel deutlicher gliedern. Ganz links in unendlicher Ferne liegt das lineare System Li, welches bei den für die Wandelstrecke gemachten Voraussetzungen unbedingt stabil ist. Der Wurzler Wu spielt eine besondere Rolle, weil der Realteil seiner Pfeifpunkte Null ist. Der Regler Re liegt rechts in unendlicher Ferne. Auf der reellen Achse schließen sich dann die Sperren Sp an. Der Anfangspunkt Null ist ein Ausnahmepunkt. Wir müssen hier unterscheiden, ob wir von der Seite der Sperren her kommen mit immer steiler abfallender Arbeitskennlinie oder von der Seite der Dehner De mit immer steiler ansteigender Arbeitskennlinie. Die Dehner De erfüllen das ganze Gebiet der negativ reellen Halbachse. Wir wollen nunmehr zunächst einige schematische oder allgemeine Fälle betrachten. Dazu schreiben wir die Funktion der Ortskurve etwas ausführlicher:

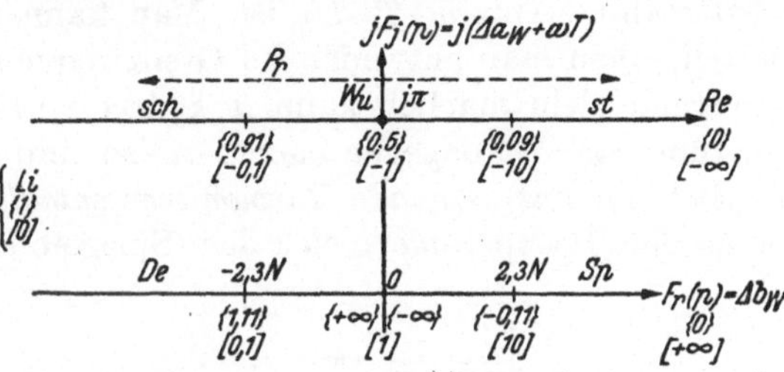

Bild 106,1. Hauptwerte der Pfeifpunkte. $\{R\}$ Steigung der Arbeitskennlinie; $[K]$ Steigung der Stellkennlinie.

$$F(j\omega) = F_r + jF_j \tag{106,1}$$

mit

$$F_r = \Delta b_W = b_W(j\omega) - b_W(0) \tag{106,2}$$

und

$$F_j = \Delta a_W + a_S = a_W(j\omega) - a_W(0) + \omega T_S. \tag{106,3}$$

$a_S = \omega T_S$ ist das Winkelmaß der Trägerstrecke als Bestandteil des Wandelkreises betrachtet.

„Verzerrungsfreier" Tiefpaß im Wandler.

§ 107. Um uns dem sog. Idealfall einer verzerrungsfreien Übertragung möglichst zu nähern, nehmen wir an, daß die Glättungsschaltung einen schematischen oder sog. idealen Tiefpaß enthält (KÜPFMÜLLER [3]). Dann ist im Durchlaßbereich die Dämpfung konstant, d. h. $F_r = 0$ für Frequenzen bis ω_G, und springt dann auf $+\infty$, während $\Delta a_W = \omega T_W$ im Durchlaßbereich proportional der Frequenz ist. Für F entstehen dadurch Kurven, die im Durchlaßbereich ein Stück der imaginären Achse durchlaufen und dann rechtwinklig abbiegen, wie es die folgenden Bilder zeigen. Wir können nunmehr die Laufzeiten zusammenfassen und schreiben:

$$F_j = \omega(T_W + T_S) = \omega T. \tag{107,1}$$

Unsere Ortskurve ist also im wesentlichen ein Stück der imaginären Achse mit gleichmäßiger Bezifferung. Wir betrachten zunächst Presser. Eine *wichtige* Rolle spielt dann die *Frequenz* $\omega_0 = \pi/T$ oder $f_0 = 1/2\,T$, worauf schon KÜPFMÜLLER [3] hingewiesen hat. Das ist nämlich die *tiefste* Frequenz, die als *Eigenfrequenz* (Realteil der Eigenspiralfrequenz) möglich ist. Man erkennt das ohne weiteres aus Bild 107,1 für einen Wurzler, dessen Hauptpfeifpunkt A_0 ebenfalls auf der imaginären Achse liegt und der sich also gerade im Pfeifpunkt befindet, sofern $\omega_G \gqq \omega_0$ ist. Daneben treten alle ungeraden Harmonischen ebenfalls eingeschwungen auf, also mit konstanter Amplitude, die noch unterhalb ω_G liegt. Der Wurzler wird stabil, wenn $\omega_G T < \pi$ ist. Man kann also einen Wurzler stabil halten, wenn man entweder die Grenzfrequenz ω_G oder die Laufzeit T genügend klein machen kann (s. §§ 108 $\cdots$ 110 wegen der praktischen Ausführung). Ist dagegen $\omega_G T > \pi$, so sind *alle periodischen Vorgänge möglich, die nur ungerade Harmonische enthalten.* Das sind alle Kurven, deren eine Halbperiode gleich dem Spiegelbild der anderen an der Zeit-

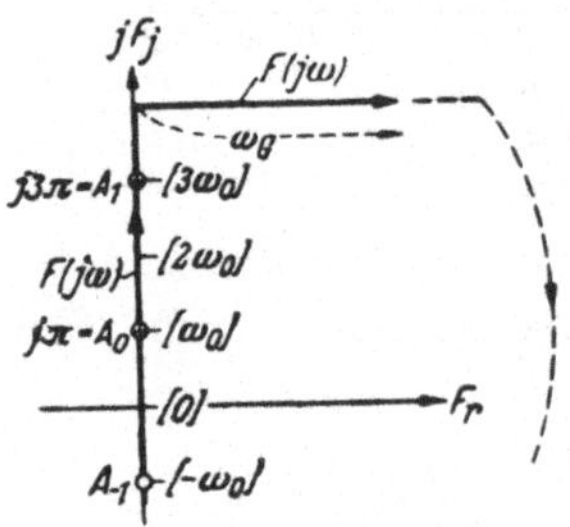

Bild 107,1. Wurzler.

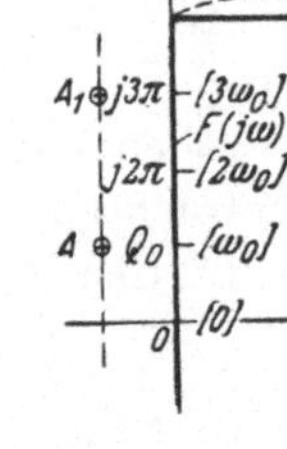

Bild 107,2. Schwacher Presser.

achse ist, u. a. also auch angenähert „rechteckige" Formen. Welche von diesen Kurven eintritt, hängt von den Anfangsbedingungen ab. Als Anfangszeitpunkt ist derjenige anzusehen, von dem ab alle Störungen als unmaßgeblich klein betrachtet werden können, und es kommt eben darauf an, wie die Störungen bis dahin waren.

Bei einem schwachen Presser (Bild 107,2) sind die Pfeifpunkte nach links um $-\mathrm{Ln}\,|K| = \mathrm{Ln}\,|1/K|$ verschoben. (Es muß dort A_0 statt A heißen!) Da die Frequenzteilung längs der imaginären Achse auf der Ortskurve gleichmäßig ist, können wir das Kriterium II. Art bis in die Nähe der Grenzfrequenz einfach und genau anwenden. Dagegen läßt bei und über ω_G unsere schematische Annahme das nicht mehr zu. Wir erhalten ein unverzerrtes Quadratnetz, d. h., wenn δ hinreichend klein ist, verhält sich $\delta : \omega_0 = \overline{A_0 Q_0} : \overline{Q_0 O} = \mathrm{Ln}\,|1/K| : \pi$. Es ist also:

$$\delta = 2 f_0 \,\mathrm{Ln}\,|1/K|. \tag{107,2}$$

Eine Näherungsformel ähnlicher Art hat bereits Küpfmüller ([*3*], Formel 34) angegeben. Sie liefert andere Werte, ist aber auch unter der Annahme abgeleitet worden, daß die Oberschwingungen wesentlich rascher abklingen als die Grundschwingungen. Hier haben wir aber für alle Eigenwerte dasselbe Abklingmaß (sofern die Eigenfrequenzen nicht zu dicht bei ω_G liegen). Als Eigenvorgang sind dann alle beim Presser beschriebenen periodischen Schwingungen möglich, wenn das Ganze noch mit dem Abklingmaß δ gedämpft wird.

Ein starker Presser ist dagegen selbsterregungsfähig, wenn $f_G T > 0{,}5$ ist. Das Anklingmaß ϱ ergibt sich aus (107,2), wenn man dort $\mathrm{Ln}\,|K|$ schreibt, denn wenn man $1/K$ durch K ersetzt, spiegeln sich die A_n an der imaginären Achse. Man hat also wieder dieselben periodischen Vorgänge, jedoch diesmal das Ganze anklingend. Ist daher $f_G T < 0{,}5$ (Bild 107,3), so liegt es nahe, zu sagen, daß auch ein beliebig starker Presser stabil ist; aber ich möchte sagen, daß praktisch gesprochen unser Schema hier versagt, weil ja die Frequenzbezifferung bei der kleinsten Überschreitung von ω_G gleich ins Unendliche springt. Die Punkte A_0 ergeben also ein zwar positives, aber unendlich kleines

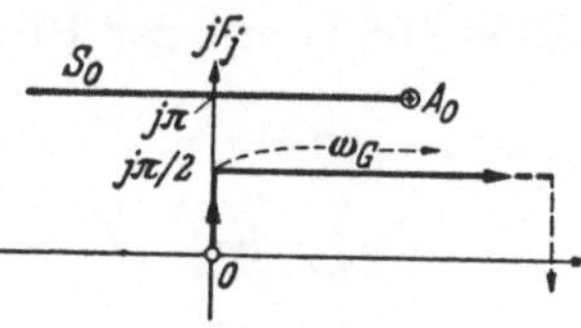

Bild 107,3. Starker Presser.

Abklingmaß, und wir befinden uns demnach an der Grenze der Selbsterregung (§ 31). Die Teile der Ortskurven, die in den Bildern 107,1 bis 107,3 schön deutlich parallel zur reellen Achse gezeichnet sind, bedeuten nicht allzuviel, weil sie in einem Sprung durchlaufen werden. Solche Fälle wird man besser an einem Schema studieren, das sich enger an die Wirklichkeit anschließt.

Wenn K positiv ist, erhalten wir Dehner oder Sperren. Alle Pfeifpunkte rücken dann um $j\pi$ herunter. Die Hauptpfeifpunkte der Sperren liegen auf der positiven reellen Halbachse, d. h. die Sperren haben immer mindestens einen reellen Pfeifwert, zu dem ein anklingender aperiodischer Vorgang gehört. Daher kann man sie nicht in dieser Art ausführen. Für die Dehner bekommt man abklingende Vorgänge, und zwar liefert der Hauptwert einen *aperiodischen*. Der gedämpft *abklingende periodische* Anteil enthält alle Harmonischen mit der Grund-

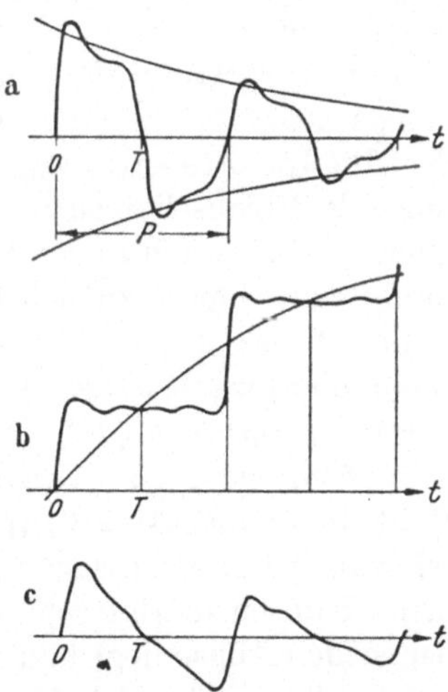

Bild 107,4. Mögliche Eigenvorgänge bei stabilen Pressern und Dehnern.

frequenz $\omega_0 = 2\,\pi\,T$. Bei gleich großer Laufzeit ist die *Grundfrequenz also doppelt so hoch wie bei einem Presser*. Man versteht das leicht, wenn man an die Umlauftheorie denkt, und auf Grund des Bildes 107,4, das mögliche Eigenvorgänge zeigt bei a) für einen Presser und bei b) für einen Dehner. In c) ist der abklingende aperiodische Anteil von b) herausgezeichnet.

h) Presser und Regler.

§ 108. Da wir mit Hilfe der Ortskurventheorie leicht Ergebnisse von großer Allgemeinheit erhielten, lohnt es sich, auch Fälle zu betrachten, die sich mehr an praktische Ausführungsformen anschließen. Schwierigkeiten machen hauptsächlich starke Presser, die man praktisch als Regler ansprechen wird, wenn die Absicht besteht, R so klein wie möglich zu machen. Bei ihnen liegt der von R oder K oder P_1 abhängige Hauptpfeifpunkt A_0 in der rechten Halbebene der Prüffunktion (Bild 108,1) auf der Parallelen G_0 zur reellen Achse mit dem Imaginär-

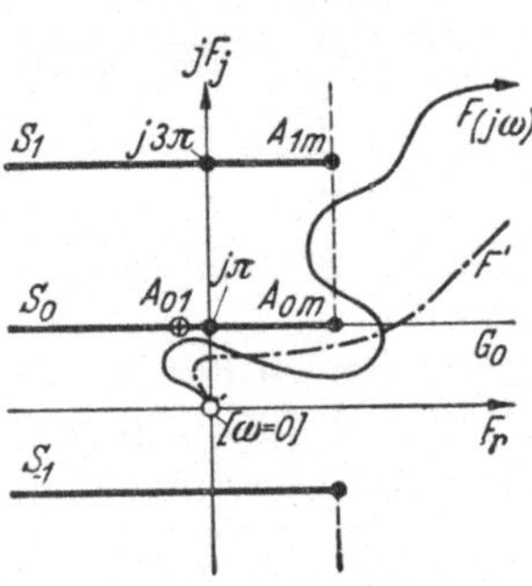

Bild 108,1. Starker Presser.

teil π. Dem kleinsten Wert von R, der für irgendein P_1 verlangt wird, entspricht dort ein Punkt A_{0m}, und alle Pfeifpunkte für andere P_1 liegen links davon auf dem Strahl S_0. Ähnlich ist es mit den Nebenpfeifpunkten. Die Prüfortskurve darf also nicht durch die Halbstrahlen S_k gehen. Man kann sich dort z. B. Schnitte denken, über welche die Ortskurve nicht stetig fortgesetzt werden kann. Dann steht ihr die ganze *zerschnittene* Ebene zur Verfügung. Die eingezeichnete Kurve F (nur der Zweig für positive Frequenzen) wäre z. B. zulässig. Sie kommt in die Nähe der Pfeifpunkte A_{01}, A_{0m} und A_{1m}. Praktisch werden die Kurven folgende Eigenschaften haben: Wenn wir den Zweig für positive Frequenzen bei wachsender Frequenz verfolgen, beginnt er im Anfangspunkt und wächst zunächst in Richtung der positiv-imaginären Achse; während des *ganzen* Verlaufs (d. h. für alle Frequenzen zusammengenommen) wächst sowohl der Imaginärteil als auch der Realteil, jedoch kommt *gelegentlich* (d. h. innerhalb endlicher Frequenzbänder) fallender Dämpfungsgang vor (Resonanz, Dämpfungsminima), seltener fallendes Winkelmaß (negative Gruppenlaufzeit). Daher wird eine Gestalt wie F schwerer zu erzielen sein als die von F'. Praktisch werden nur sehr einfache Kurven in Betracht kommen, wobei der positive Zweig oberhalb der reellen Achse liegt und hauptsächlich den Schnitt S_0 vermeiden muß (s. das durch die Schnitte S_0 und S_{-1} und durch die senkrechten gestrichelten Linien abgegrenzte Gebiet im Bild 108,1). Wenn diese Bedingung erfüllt ist, wird man selten die weiteren Bedingungen verletzen (§ 109). Es kommt also darauf an, daß man *hohen Dämpfungszuwachs erreicht, ehe das Winkelmaß den Wert π durchläuft.* Dies ist aber bei unseren Schaltungen ein kleiner Winkel, der noch dazu auf die Elemente des Wandelkreises aufgeteilt werden muß. Wir wollen zunächst den Anteil der Wandelstrecke abschätzen. Diese wird auf irgendeine Weise als Bandpaß (oder Hochpaß) wirken, und das Winkelmaß steigt dann innerhalb der Lochbreite $\Delta\Omega = 2\pi\,\Delta F = \Omega_2 - \Omega_1$ um 2π oder das m-fache davon. Um einen Mittelwert der Gruppenlaufzeit T_S abzuschätzen, nehmen wir an, daß das Winkelmaß linear mit Ω anwächst. Dann ist $T_S = da/d\Omega = \Delta a/\Delta\Omega = m/\Delta F$, also gleich dem m-fachen Kehrwert der Bandbreite. Für die Modelungsschwingung ist also wirksam

$$a_S = \omega T_S = 2\pi m\,\omega/\Delta\Omega. \tag{108,1}$$

Dieses Ergebnis ist leicht zu verstehen, denn man kann es auch einfacher so ableiten: Für den Bereich von der Breite ω zwischen der Seitenfrequenz $\Omega^0 = \Omega + \omega$ und der Trägerfrequenz Ω entfällt der Bruchteil $\omega/\Delta\Omega$ von der im ganzen Nutzfrequenzband vorhandenen Phasenverschiebung $2\pi m$. Die Verhältnisse liegen also sehr günstig bei der langsamen Regelung in einem hochfrequenten Nutzkanal, z. B. bei der Schwundregelung. Hier wird $f = \omega/2\pi$ in der Regel kleiner als 0,1 Hz und $\Delta F > 1$ kHz sein. Ungünstiger sind dagegen z. B. Restdämpfungsregler, die mit einer „Steuerschwingung" arbeiten, wenn diese mit einem besonderen schmalen Bandpaß ausgesiebt wird. Ist z. B. $f = 1$ Hz, $\Delta F = 100$ Hz, $m = 3$, so wird $a_S = 0,06\,\pi = 0,2$. Das ist schon ein beachtlicher Wert (s. z. B. Bild 109,3). Auf jeden Fall muß man darauf achten, solche Bandpässe im Vergleich zu den Frequenzen des Stellvorgangs genügend breit zu halten. Das ist deshalb wichtig, weil die Glättungsschaltungen Winkelmaße haben, die der zulässigen Grenze π zustreben, sofern man über ein „RC-Glied" (=Widerstand längs, Kondensator quer) hinausgeht.

Die Glättungsschaltungen spielen also die Hauptrolle. Wir wollen annehmen, daß die anderen Bestandteile des Wandlers zu dessen Dämpfungs- und Phasenverzerrung wenig beitragen. Es kommt nicht nur auf den Aufbau der Glättungsschaltung an, sondern auch darauf, wie sie abgeschlossen ist. Wir können uns die Glättungsschaltung am Ende des offenen Wandelkreises denken wie in Bild 102,1. Dann haben wir dort zunächst den Abschlußwiderstand, mit dem man rechnen oder messen will (§ 75), z. B. den Kettenwiderstand des *ganzen Wandelkreises*. Wir können annehmen, daß dieser Abschlußwiderstand so groß ist (z. B. daß die Rückwirkung auf den Gitterkreis durch Rückkopplung, Röhrenkapazitäten usw. so klein ist), daß wir bei A in Bild 102,1 Leerlauf haben. Im Augenblick war aber weniger dieser Abschlußwiderstand gemeint. Meistens wird man als Glättungsschaltung einen kurzen Kettenleiter haben, z. B. ein Spulenleitungsglied oder einige RC-Glieder. Es liegt dann nahe, daß man von dem aus der Vierpoltheorie bekannten „Wellenübertragungsmaß" oder „Kettenübertragungsmaß" ausgeht. Diese erhielte man, wenn man die Glättungsschaltung mit einer Nachbildung *ihres* Wellen- oder Kettenwiderstandes abschlösse. In der Praxis benutzt man aber nicht solche Nachbildungen. Sie wären auch sehr kompliziert, weil sie sowohl im Durchlaß- als auch im Sperrbereich hinreichend genaue Annäherungen bilden müßten. Die folgenden Überlegungen, verglichen mit den Zahlenbeispielen des § 109, zeigen, daß man zu Fehlschlüssen kommen kann, wenn man nicht die *im Betrieb* wirklich auftretenden Größen berechnet (um Verwechslungen vorzubeugen: Diese *betriebsmäßigen* Größen werden durch das sog. Betriebsübertragungsmaß ebenfalls nicht unmittelbar erfaßt). Wir können aber das Wellenübertragungsmaß zu einer allgemeinen Orientierung benutzen, um Vermutungen zu gewinnen, die dann geprüft werden müssen.

In verlustfreien Filtern bekommen wir für das Wellenübertragungsmaß Ortskurven, deren Träger denen von Bild 107,1 · · · 3 entsprechen, die insbesondere bei der Grenzfrequenz rechtwinklig abknicken. Nur die Frequenzbezifferung unterscheidet sich von der des schematischen Tiefpasses. Die Theorie besagt, daß das Winkelmaß eines verlustfreien Filters von einer Grenzfrequenz zur anderen (also bei einem Tiefpaß

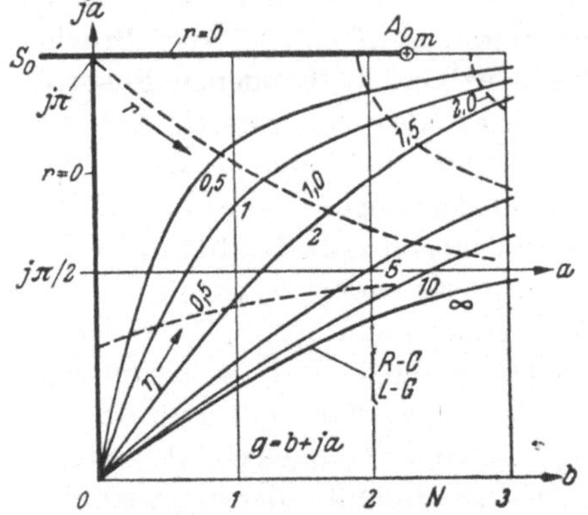

Bild 108,2. Spulenleitungsglied mit erhöhten Verlusten [bei a) Halbglied ohne Verluste].

von $-\omega_G$ bis $+\omega_G$) um π oder ganze Vielfache davon anwächst. Für ein Spulenleitungs-Halbglied liegt der Eckpunkt bei $j\,\pi/2$, d. h. wir bekommen eine Kurve nach Art von Bild 107,3, die oberhalb der Grenzfrequenz mitten zwischen S_0 und der reellen Achse verläuft (Bild 108,2; Kurve *a*). Das scheint sehr günstig zu sein. Zwei Halbglieder, d. h. ein ganzes Glied oder mehr, erscheinen aber als ausgeschlossen (s. die geknickte Linie für $r = 0$ in Bild 108,2), weil eine gewisse Laufzeit T_S vorhanden ist und die Gesamtkurve F somit oberhalb von S_0 verläuft. Es erscheint wenig aussichtsreich, daß man diese Verhältnisse durch andere Abschlußwiderstände verbessern könnte. Insbesondere wird der Leerlauf ungünstig sein, denn dann können Resonanzen eintreten, wodurch die Kurve über die imaginäre Achse nach links hinübergezogen wird. Dagegen verspricht es eine wesentliche *Stabilisierung, wenn man die Verluste absichtlich erhöht.* Solche Kurven sind von MATTHIES u. STRECKER [L] berechnet worden. Aus der dort gegebenen (nichtkonformen) Darstellung stammen die Kurven $r = 0$; $0,5; 1 \cdot \cdot \cdot \infty$ in der (konformen) Darstellung von Bild 108,2. Wie in der Originalarbeit gezeigt ist, kann man diese Kurven benutzen, gleichgültig, ob die Verluste als Längswiderstand R in Reihe zur Induktivität L oder Querableitungen G parallel zur Kapazität C eingeführt sind. Es ist $r = R\sqrt{C/L}$ oder $= G\sqrt{L/C}$; $\eta = \omega/\omega_G$ und $\omega_G = 2/\sqrt{LC}$. Verschwindet im ersten Fall L und im zweiten Fall C, so wird $r = \infty$, und man erhält symmetrische RC- oder LG-Glieder. Dann verliert η seinen Sinn, und man wird eine andere Bezugsfrequenz einführen (§ 109). Praktisch verwendet man hauptsächlich die billigeren RC-Glieder. Der weiche Kurvenverlauf läßt erwarten, daß man u. U. zwei oder bei nicht zu starker Pressung auch mehr solcher Glieder hintereinanderschalten kann.

Praktische Anwendungsbeispiele.

§ 109. Der ganze Wandelkreis bildet in der Regel eine nicht ganz einfache Vierpolkette, deren Berechnung grundsätzlich nicht schwierig ist, aber praktisch recht umständlich sein kann. In einer früheren Arbeit

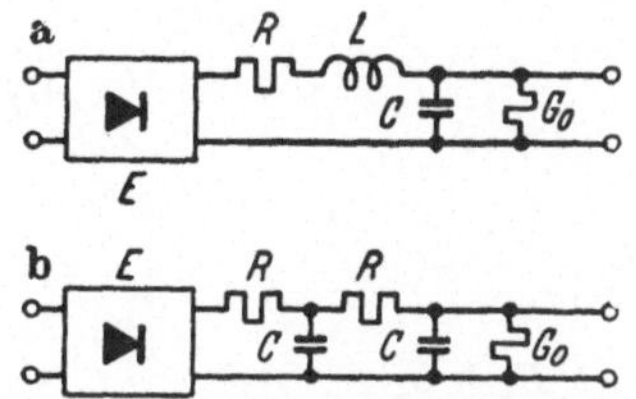

Bild 109,1. Glättungsschaltungen.

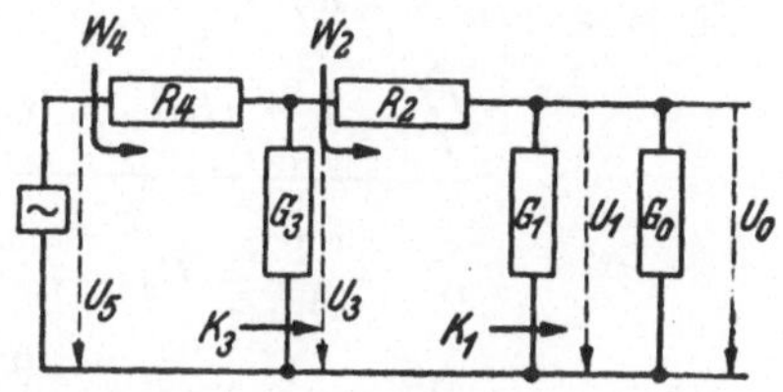

Bild 109,2. Kettenleiter mit Belastungsleitwert (G_0).

(STRECKER [5]) habe ich die Verfahren zusammengestellt, die mir am geeignetsten erscheinen, um die *betriebsmäßigen* Eigenschaften solcher *Ketten allgemeiner Vierpole* zu berechnen. Wir wollen jetzt nur den Einfluß der Glättungsschaltung beurteilen, und dafür können wir die Berechnung sehr einfach machen, wenn wir für die Quelle und den Abschlußwiderstand einfache Annahmen machen dürfen. Nach dem vorigen Paragraphen kommen hauptsächlich die in Bild 109,1 gezeigten Schaltungen in Frage, allgemein also Kettenleiter oder Abzweigschaltungen nach Bild 109,2. Wir werden sie als Spannungsteilerschaltungen behandeln (in anderen Fällen besser als Stromteiler). Die Zweige haben fortlaufende Indizes und der Belastungsgleitwert den Index 0. R oder G sind die Zweigwiderstände oder -leitwerte. Der Netzwiderstand oder Netzleitwert der Teilsysteme bis jeweils zum Abschlußleitwert G_0 einschließlich ist mit W oder K bezeichnet. Wir wollen vorübergehend in Kauf nehmen, daß die Indizes andere Bedeutung haben als an anderen Stellen dieses Buches: es ist also hier U_0 gleich U_3 sonst, und U_2 stellt die Urspannung im Entmodler E dar, soll also $\overline{X}$ entsprechen. Wir müssen dann den „Innenwiderstand" des Entmodlers in R_4 einbeziehen. Der Einfachheit halber nehmen wir an, daß er rein ohmisch ist; dann können wir die Schaltungen so bemessen, daß er in R von Bild 109,1 mitenthalten ist. Aus der Spannungsteilung ergibt sich sofort

$$u_3/u_0 = u_3/u_1 = K_1 W_2 = \overset{2}{\underset{1}{\Pi}}, \qquad (109,1)$$

$$u_5/u_3 = K_3 W_4 \quad \text{und} \quad u_5/u_0 = K_1 W_2 K_3 W_4 = \overset{4}{\underset{1}{\Pi}}. \qquad (109,2)$$

Man sieht ohne weiteres das allgemeine Bildungsgesetz, wonach die Kehrwerte von den Spannungsübersetzungen der Teilvierpole gleich einem Produkt von Netzleitwerten und Netzwiderständen sind. Diese Produkte kann man folgendermaßen durch die Zweigwiderstände und -leitwerte ausdrücken:

$$K_1 = G_0 + G_1, \qquad (109,3)$$

$$W_2 = \frac{1}{K_1} + R_2 = \frac{1 + K_1 R_2}{K_1}, \qquad (109,4)$$

$$\overset{2}{\underset{1}{\Pi}} = 1 + G_1 R_2 + G_0 R_2, \qquad (109,5)$$

$$K_3 = \frac{1}{W_2} + G_3 = \frac{1 + W_2 G_3}{W_2}, \qquad (109,6)$$

$$W_4 = \frac{1}{K_3} + R_4 = \frac{W_2 + W_2 G_3 R_4 + R_4}{1 + W_2 G_3}, \qquad (109,7)$$

$$K_3 W_4 = 1 + G_3 R_4 + R_4/W_2, \qquad (109,8)$$

$$\overset{4}{\underset{1}{\Pi}} = (1 + G_3 R_4) \overset{2}{\underset{1}{\Pi}} + K_1 R_4, \qquad (109,9)$$

$$\overset{4}{\underset{1}{\Pi}} = 1 + G_1 R_2 + (G_1 + G_3) R_4 + G_1 R_2 G_3 R_4 + G_0 (R_2 + R_4 + R_2 G_3 R_4). \qquad (109;10)$$

In (109,5) und (109;10) haben wir den mit dem Abschlußleitwert G_0 behafteten „*Belastungsteil*" ans Ende gesetzt, so daß wir als ersten Teil den „*Leerlaufteil*" sehen.

Wir betrachten zunächst Bild 109,1 b und erledigen folgende Zwischenrechnungen: Formel (109;10) liefert uns wegen (109,2) den Kehrwert der Spannungsübersetzung, der für uns bequemer ist als die Spannungsübersetzung selbst. Dividieren wir ihn durch den Wert, den er bei der Frequenz Null annimmt, so erhalten wir das *Verzerrungsverhältnis* Q, dessen Logarithmus nach (105,6) bis (105,8) die *Übertragungsmaßverzerrung* $\Delta g_W(j\omega)$ ist. Im Laufe der Rechnungen führen wir noch *bezogene* Werte ein, und zwar für die *Frequenz* das Produkt der Kreisfrequenz und Zeitkonstante, nämlich $\zeta = \omega C R = \omega \tau_G$ und für die *Strombelastung* durch den Abschlußwiderstand: $v = G_0 R$. Dann wird

$$Q = (1 + j\, 3\zeta - \zeta^2 + 2v + jv\zeta)/(1 + 2v). \qquad (109;11)$$

Bei $v = 0{,}5$ ist der Verbraucher G_0 an den Vierpol für Gleichspannungen angepaßt. Dann wird $G_0 = 1/2\,R$, und $2\,R$ ist der Ersatzwiderstand oder „Innenwiderstand", wenn man den Vierpol als Quelle betrachtet. Man erhält das Schaltschema, die Gleichung für Q und die Ortskurve für Δg_W mit der Bezeichnung c) in Bild 109,3. Im Leerlauf ist $v = 0$, und es gilt b) des genannten Bildes.

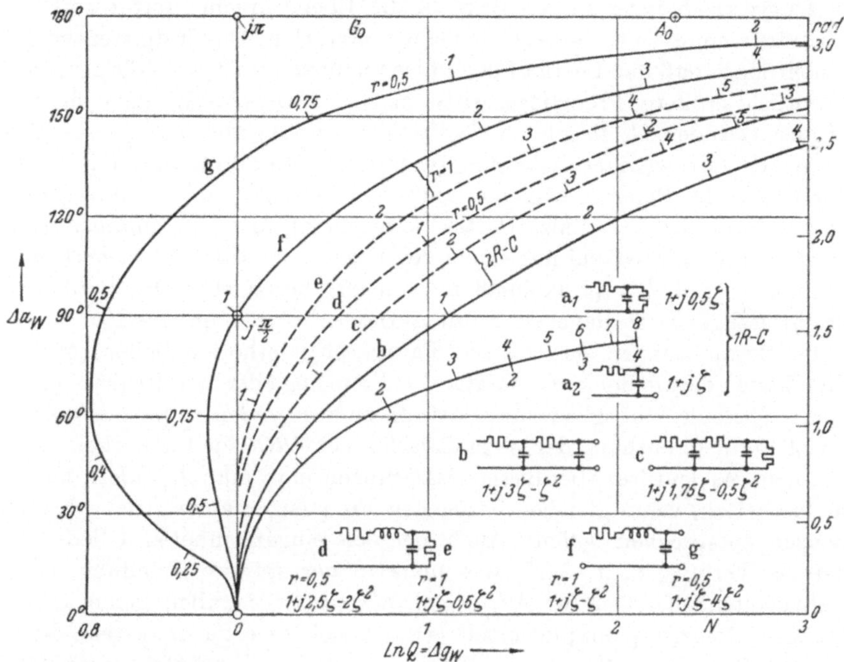

Bild 109,3. Übertragungsmaßverzerrungen von Glättungsschaltungen (mit Schaltschema und Gleichung für das Verzerrungsverhältnis Q). Beziffert mit ζ.

Bei der Spulenleitung beschränken wir uns auf ein Halbglied und können dann die einfache Gl. (109,5) benutzen. Mit dem am Schluß des § 108 eingeführten Verlustmaß r erhalten wir

$$Q = [1 + j\zeta - \zeta^2/r^2 + v(1 + j\zeta/r^2)]/(1 + v), \qquad (109;12)$$

$v = 0$ gibt wieder den Leerlauf. Anpassung für Gleichstrom erreichen wir diesmal für $v = 1$, weil bei der Frequenz Null der Innenwiderstand R ist. Diese beiden Belastungsfälle wurden durchgerechnet für ziemlich starke Verluste $r = 1$ und schwächere Verluste $r = 0{,}5$. Wir können die Formel auch für ein RC-Glied benutzen, wenn wir r nach Unendlich gehen lassen. Damit ergeben sich 6 weitere Fälle, die in Bild 109,3 unter a 1), a 2), d) $\cdots$ g) dargestellt sind.

Wenn man zunächst nur auf die Träger der Ortskurven achtet, so erscheinen sie der alphabetischen Reihenfolge nach immer ungünstiger, weil sie immer näher an die Grade mit dem Imaginärteil π (die „kritische Gerade") heranrücken. Von diesem Gesichtspunkt aus scheint der Leerlauf im allgemeinen ungünstiger zu sein, aber es fällt auf, daß es bei b) und c), also bei 2 RC-Gliedern, umgekehrt ist. Denkt man sich jedoch die Kurve nach ihrer linken Seite in die Ebene hinein „fortgesetzt", d. h. stellt man sich die entsprechend verzerrten Quadratgitter vor, so sieht man, daß der Leerlauf auch hier ungünstiger ist, weil die Kurve wesentlich größere Frequenzschritte macht. Man erreicht also einen auf der Geraden G_0 liegenden Pfeifpunkt wie A_0 von der Leerlaufkurve aus mit weniger Schritten (weniger Quadraten), und das bedeutet, daß die Eigenschwingung langsamer abklingt. Achtet man also auf die Weite des Frequenzschrittes, so erscheint auch a 2) ungünstiger als a 1). Immerhin ist bei nur einem RC-Glied noch sehr viel Sicherheit vorhanden, weil das Winkelmaß nur an 90° herangeht. Das Spulenleitungshalbglied ist dagegen in allen Beschaltungen ungünstiger, als es die Betrachtungen des vorigen Paragraphen erhoffen ließen. Man kann kaum daran denken, bei starker Pressung oder bei Reglern ein ganzes Spulenleitungsglied zur Glättung zu verwenden, wenn es nicht so viel Verluste enthält, daß es praktisch einem RC-Glied näherkommt als einem Wellenfilter (bei diesen Änderungen muß man L ändern und RC festhalten, wenn gleichen bezogenen Frequenzen auch gleiche Frequenzen entsprechen sollen). Auch bei den eingezeichneten Gliedern sind die Verluste sehr stark, was man an der starken Rundung der (gestrichelten) Kurven für Anpassung erkennt. Sie haben keine ausgeprägte Grenzfrequenz; dennoch erweist sich, wie zu erwarten, der Leerlauf f) und g) als sehr ungünstig; denn der Kurventräger rückt sehr nahe an die kritische Linie heran, und die Frequenzschritte werden sehr groß. In beiden Fällen hat man schon *Resonanzkurven*, weil die Kurven nach links über die imaginäre Achse hinausgehen.

i) Allgemeine Schlußfolgerungen über Wandler.

§ 110. Betrachten wir z. B. eine Wandelkennlinie, die ein Stück mit ziemlich starker Pressung enthält, z. B. mit dem Pfeifpunkt A_0 $= 2,3\, N + j\pi$ rad in Bild 109,3 ($K = -10$, $R = 0,09$). Wenn die Laufzeit der Wandelstrecke beachtlich ist, werden alle Kurven merklich nach oben verschoben. Mit der Kurve g) kann man dann leicht in den Pfeifpunkt rücken, und für alle Schaltungen tritt der obenerwähnte Fall ein, daß *für das Abklingmaß der Frequenzgang der Dämpfung mehr und mehr ausschlaggebend wird* an Stelle des Frequenzganges vom Winkelmaß, und wenn wir diesen Gedanken verfolgen, kommen wir zu interessanten *Erweiterungen der bekannten Küpfmüllerschen Formel*. In unserem Fall können wir die Begriffe Grenzfrequenz, Durchlaßbereich usw. nicht so scharf definieren wie bei ausgesprochenen Wellenfiltern. Man sagt dann gewöhnlich, die *Grenzfrequenz* sei dadurch bestimmt, daß die Dämpfungsverzerrung $0,5 \cdots 1\,\mathrm{N}$ beträgt. Für unsere Betrachtungen könnte man auch sagen, sie liegt dort, *wo die Dämpfungsänderung mit der Frequenz gleich der Winkelmaßänderung wird, also wo die Tangente unserer Ortskurve unter 45° verläuft.* Beides liefert ungefähr vergleichbare Werte. In einem *Durchlässigkeitsbereich* überwiegt die Winkeländerung, im *Sperrbereich* meistens die Dämpfungsänderung (bei Filtern hat man allerdings auch im Sperrbereich manchmal Stellen ohne Dämpfungsänderung), und an den *Lochkanten* sind beide von vergleichbarer Größe. Bei allen *Glättungsschaltungen* haben wir Verzerrungsverhältnisse Q, die in der Frequenz ζ vom 1. oder 2. Grad sind, je nachdem ob 1 oder 2 Reaktanzelemente vorhanden sind. Für den 2. Grad können wir daher irgendeine der Schaltungen als *Ersatzschaltung* für alle anderen wählen, am besten die Schaltung f) [oder g)], die nur 3 Stücke enthält. Beziehen wir Laufzeit T_S der Wandelstrecke auf die Zeitkonstante τ_G der wirklichen (nicht der Ersatz-) Schaltung:

$$T_S = n_S CR = n_S \tau_G \qquad (110,1)$$

und führen das bezogene Wuchsmaß ein

$$q = \vartheta + j\zeta = (\varrho + j\omega)\,\tau_G = (\varrho + j\omega)\,CR, \qquad (110,2)$$

so können wir die *Eigenwertbedingung einer ganzen Klasse von Pegelwandelschaltungen* in der Form schreiben

$$e^{F(q)} = Q(q)\,e^{n_S q} = (1 + c_1 q + c_2 q^2)\,e^{n_S q} = K. \qquad (110,3)$$

Dieser Gleichung entspricht die im Bild 110,1 dargestellte Ersatzschaltung, worin die Wandelstrecke S durch eine verzerrungsfreie Leitung mit der Laufzeit T_S dargestellt ist. Sie ist mit ihrem Wellenwiderstand Z abgeschlossen und durch eine rückwirkungsfreie Röhre V_1 von der Ersatzschaltung des Wandelkreises W getrennt. Der Innenwiderstand von V_1 ist in R' einbegriffen. Das Ersatzbild gibt übrigens nicht die Be-

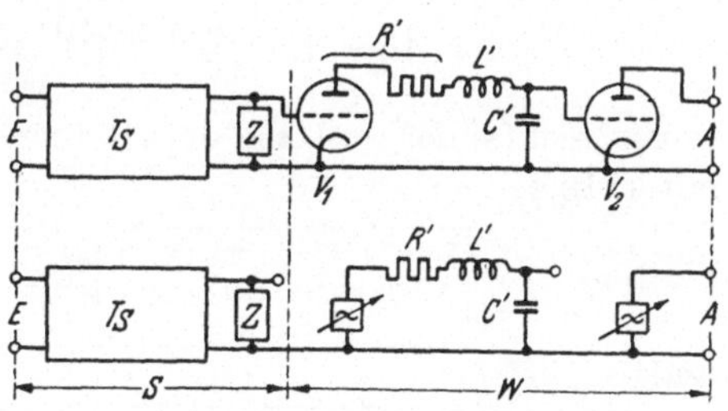

Bild 110,1. Ersatzschaltungen für den Wandelkreis.

sonderheiten der Trägerübertragung wieder. Für $c_2 = 0$ erhält man als Sonderfall eine lineare Funktion Q.

Zur Bestimmung der Eigenwerte muß man (110,3) auflösen, was nicht in geschlossener Form möglich ist. Als Verfahren zur zeichnerischen oder numerischen Auflösung bietet sich uns das Ortskurvenverfahren an, bei dem wir mit den technischen Dingen in enger Berührung bleiben, so daß wir uns nicht leicht in mathematische Formalitäten verlieren können. Wir brauchen dazu nur die für den Wandler gültige Kurve von Bild 109,3 für den Wandelkreis umzuzeichnen, indem wir $ja_S = jn_S\zeta$ hinzufügen. Dann können wir die an früheren Stellen, z. B. in Abschnitt G, entwickelten Verfahren benutzen, um jeden besonderen Fall bis ins einzelne zu untersuchen. Hier wollen wir einige *allgemeine Ergebnisse* ableiten. Zunächst untersuchen wir die Umgebung des kritischen Punktes $A_c = [K_c]$, in dem sich die Ortskurve $F(j\omega)$ und die kritische $j\pi$-Gerade (d. i. der Träger G_0 der Pfeifpunkte) schneiden (Bild 110,2). Damit wir es mit den Vorzeichen einfacher haben, wählen wir den Pfeifpunkt $A_0 = [K] = \mathrm{Ln}\,K = \mathrm{Ln}|K| + j\pi$ rechts von A_c.

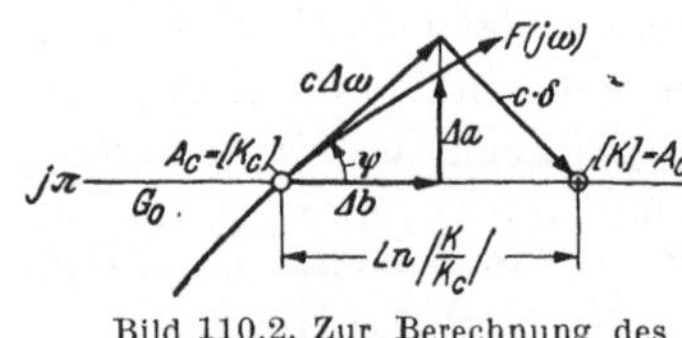

Bild 110,2. Zur Berechnung des Eigenwerts.

Das entspricht einem unstabilen System. Die Zeiger $c\,\Delta\omega$ längs der Kurve und $-c\,\delta$ quer dazu sind (mit einer Konstanten c) proportional zur Abweichung $\Delta\omega$ der Frequenz von der kritischen Frequenz ω_c und dem *Anklingmaß* $-\delta$.

Aus den rechtwinkligen Dreiecken ergibt sich dann

$$\mathrm{tg}\,\psi = \frac{-\delta}{\Delta\omega} = \frac{\Delta a}{\Delta b} = \frac{da}{d\omega}\Big/\frac{db}{d\omega} = \frac{T}{B}. \tag{110,4}$$

Dabei tritt als Gegenstück zur Gruppenlaufzeit T die *Änderungsgeschwindigkeit B der Dämpfung mit der Frequenz* auf, welche ebenfalls die Dimension einer Zeit hat. In dieser und in den folgenden Gleichungen sind alle Größen (natürlich außer K) für den kritischen Fall zu nehmen; d. h. für den Fall, daß das System sich gerade im Pfeifpunkt befindet. Weiter ergibt sich

$$\Delta a = \mathrm{Ln}\left|\frac{K}{K_c}\right|\frac{\sin 2\psi}{2} = \frac{da}{d\omega}\cdot\Delta\omega + \cdots, \tag{110,5}$$

worin rechts der Anfang der Reihenentwicklung steht. Daraus folgt mit (110,4)

$$\Delta\omega = -\mathrm{Ln}\left|\frac{K_c}{K}\right|\frac{\sin 2\psi}{2T} = \frac{-\mathrm{Ln}|K_c/K|}{B[1+(T/B)^2]} \tag{110,6}$$

und

$$\delta = -\frac{T}{B}\Delta\omega = \mathrm{Ln}\left|\frac{K_c}{K}\right|\frac{\sin 2\psi}{2B} = -\frac{\Delta a}{\Delta b}\Delta\omega \tag{110,7}$$

oder

$$\delta = \mathrm{Ln}\left|\frac{K_c}{K}\right|\frac{\sin^2\psi}{T} = \frac{\mathrm{Ln}|K_c/K|}{T[1+(B/T)^2]} \tag{110,8}$$

Die verschiedenen Formeln (110,6 ⋯ 8) sind angegeben, weil man die gesuchten Größen auf ganz verschiedene Weise bestimmen kann. Man kann z. B. ψ unmittelbar an der Kurve messen, ebenso Δa und Δb, und danach T, B und T/B bestimmen; oder man kann T und B durch Differenzieren von Formeln ermitteln usw. Von besonderem Interesse ist der *Vergleich mit der Näherungsformel von* KÜPFMÜLLER [*3*, Formel (34)]:

$$\delta = \frac{1}{T}\ln\frac{R}{R_c} = \frac{1}{T}\ln\frac{K_c - 1}{K - 1} \approx \frac{1}{T}\ln\frac{K_c}{K} \, . \tag{110,9}$$

Da KÜPFMÜLLER Regler betrachtet hat, bei denen die Beträge von K_c und K groß gegen 1 sind, unterscheidet sich (110,8) von seiner Formel durch den Faktor $\sin^2\psi$ im Zähler oder $1 + (B/T)^2$ im Nenner. Wir erhalten die KÜPFMÜLLERsche Formel, wenn die Winkeländerung oder der Laufzeiteinfluß überwiegt, also ψ etwa 90° ist. Liegt die *kritische Frequenz außerhalb des Durchlaßbereiches*, so müssen wir die vollständige Formel benutzen, oder wir können, wenn umgekehrt die *Änderungsgeschwindigkeit B der Dämpfung überwiegt*, die Näherungsformel nehmen:

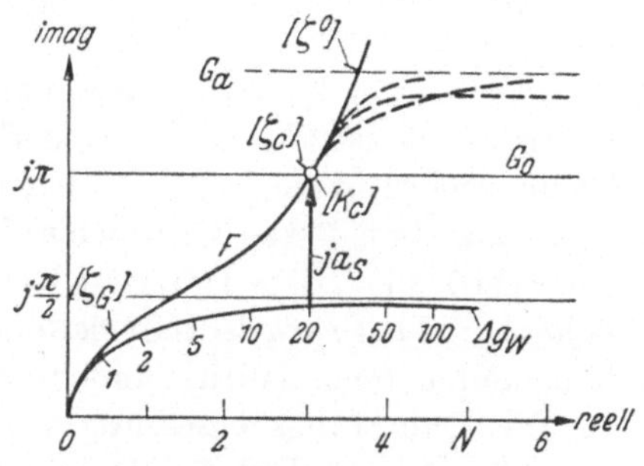

Bild 110,3. **Der kritische Fall beim Presser** mit einem RC-Glied.

$$\boxed{\delta = \mathrm{L}^r \left|\frac{K_c}{K}\right| \frac{\psi^2}{T} = \mathrm{L}^n \left|\frac{K_c}{K}\right| \frac{T}{B^2}} \, . \tag{110; 10}$$

Im Fall a1) oder a2) von Bild 109,3 ist Q linear ($c_2 = 0$), und die Ortskurve Δg_W des Wandlers nähert sich der Geraden mit dem Imaginärteil $j\pi/2$, liegt also von der kritischen Geraden G_0 weit ab (Bild 110,3). Um F zu bilden, müssen wir dazu $ja_S = j\omega T_S = jn_S\zeta$ addieren. Hier stoßen wir auf eine Schwierigkeit, denn nach unserer Annahme kommen durch die Trägerstrecke nur Frequenzen in deren Durchlaßbereich von $\Omega_1 \cdots \Omega_2$ durch. Wenn Ω in der Lochmitte liegt, werden also nur Niederfrequenzen bis $\omega_0 = (\Omega_2 - \Omega_1)/2$ übertragen. Ändert man aber die „Trägerfrequenz" Ω, so wird eine Seitenbandfrequenz unterdrückt, wenn ω größer ist als der kleinere Wert von $\Omega_2 - \Omega$ oder $\Omega - \Omega_1$, und wir bekommen „Einseitenbandbetrieb". Wir wollen darauf verzichten, diese interessante Frage zu untersuchen. Es treten dann auch nichtlineare Verzerrungen auf, die schwer zu berücksichtigen sind. Wir wollen uns damit begnügen, daß die Trägerstrecke auf jeden Fall bezogene Frequenzen oberhalb eines gewissen Wertes $\zeta^0 = \omega^0\tau_G$ unterdrückt. Unsere Ortskurve wird also auf keinen Fall über die Gerade G_a

nach oben hinausgehen, die durch den Punkt $[\zeta\,^\circ]$ von F geht. Besonders interessant ist der Fall, daß G_a unterhalb G_0 liegt, denn dann ist der Wandler für alle K und *für alle Regelfaktoren R stabil*. Innerhalb dieser Grenzen *hängt die erreichbare Regelgenauigkeit nicht von der Laufzeit und Übergangszeit* ab. Weiter können wir den (dargestellten) Fall untersuchen, daß Ω von den Eckfrequenzen Ω_1 und Ω_2 genügend weit ab liegt, so daß F und G_0 sich bei einer kritischen Frequenz ζ_c schneiden, wo über den Verlauf von F noch keine Unklarheit besteht. Da man, wie oben erwähnt, T_S verhältnismäßig klein halten kann, wollen wir annehmen, daß der Betrag $|K_c| \gg 1$ ist. Dann ist aber auch $\zeta_c \gg 1$ und $\Delta a_W \approx \pi/2 \approx a_S = n_S \zeta_c$, und es wird

$$\omega_c = \pi/2T_S \approx \pi/2T. \tag{110;11}$$

Da sich bei der kritischen Frequenz das Winkelmaß a_W viel langsamer ändert als a_S, ist $T_W \ll T_S$, also $T \approx T_S$. [Das läßt sich auch analytisch leicht zeigen: Wenn $c_1 \zeta_c \gg 1$ ist, erhält man durch Differenzieren von $\Delta a_W = \mathrm{arc\,tg}\, c_1 \zeta$, die Gruppenlaufzeit $T_W = 1/c_1 \zeta_c \omega_c \ll 1/\omega_c$, während nach (110;11) $T_S > 1/\omega_c$ ist.] Die kritische Frequenz ist hier also etwa *halb so groß wie nach der* KÜPFMÜLLER*schen Formel*, die auch wir im Durchlässigkeitsbereich gültig fanden (zu Beginn von § 107).

Die Dämpfungsverzerrung wird vom Wandler allein geliefert und ist etwa $\Delta b_W = \mathrm{Ln}\, r_1 \zeta_c$. Daher wird

$$|K_c| = c_1 \zeta_c = c_1 \tau_G \omega_c = c_1 \pi \tau_G/2\, T_S. \tag{110;12}$$

Durch Differenzieren von $\Delta b_W = \mathrm{Ln}\, c_1 \zeta_c$ erhält man $B = db/d\omega = \omega$ und damit

$$\boxed{\omega_c = 1/B} \tag{110;13}$$

und

$$T/B \approx T_S \omega_c = (a_S)_c \approx \pi/2. \tag{110;1o}$$

Die Laufzeit hat also nur wenig größeren Einfluß als die Änderungsgeschwindigkeit der Dämpfung, und zwar ist das Verhältnis (110;14) *unabhängig von den besonderen Daten der Schaltung.*

Bei den Schaltungen mit quadratischer Funktion Q überwiegt der Einfluß der Dämpfung mehr und mehr, z. B. im Fall g) von Bild 109,3. Es bedarf dann nur einer sehr kleinen Laufzeit T_S, um F mit G_0 zum Schnitt zu bringen. Dabei wird der Schnittwinkel ψ dieser Kurven sehr klein. Man kann leicht die Formeln ableiten, welche (110;11 $\cdots$ 14) entsprechen; sie sind aber weniger einfach. Wir können in diesem Fall einen anderen Weg einschlagen: die *kritische Gerade G_0 ist hier nämlich eine Ortskurve für konstantes ϑ* für die Glättungsschaltung allein. Sie ist also eine *Wuchs*verhältniskurve $\Delta g_W(q)$ für den besonderen Fall, daß der Realteil ϑ von q konstant ist. Wenn $T_S = 0$ ist, kann man ja die quadratische Gleichung $Q(q) = K$ leicht auflösen:

$$q = \left[-c_1 \pm \sqrt{c_1^2 - 4c_2(-K+1)}\right]/2c_2. \qquad (110;15)$$

K ist längs G_0 negativ reell, und für den uns interessierenden Bereich wird daher der Radikand negativ. Wir erhalten also im allgemeinen 2 komplexe Wurzeln, und es ist

$$\vartheta_0 = -c_1/2c_2, \qquad (110;16)$$

also, wie behauptet, unabhängig von K. Liegt der Pfeifpunkt A in der Nähe des kritischen Punktes A_c, so ist die starkgezeichnete Querkurve in Bild 110,4 wenig gekrümmt und schneidet die 3 Linien G_0, F und $\varDelta g_W(j\zeta)$ fast unter 90°. Ihre Abschnitte sind proportional einerseits

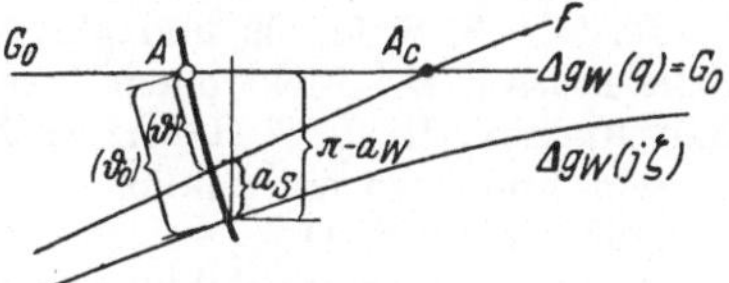

Bild 110,4. Abschätzung des Abklingmaßes δ beim Wandelkreis mit quadratischem Verzerrungsverhältnis Q.

zu dem gesuchten ϑ und zu ϑ_0, andererseits zu den Winkelmaßdifferenzen $\pi - a_W - a_S$ und $\pi - a_W$. Nun ist

$$a_W = \operatorname{arc\,tg} \frac{c_1 \zeta}{1 - c_2 \zeta^2} \qquad (110;17)$$

nahezu π. Der Ergänzungswinkel $\pi - a_W$ ist klein und er ist (wenn $c_2\zeta^2 \gg 1$ ist) etwa gleich $c_1/c_2\zeta$. Wegen $a_S = n_S\zeta$ ist also etwa

$$\vartheta = \vartheta_0[1 - a_S/(\pi - a_W)] = (c_2 n_S \zeta^2 - c_1)/2\,c_2. \qquad (110;18)$$

Damit haben wir den Realteil ϑ des Eigenwertes q durch dessen Imaginärteil ζ bestimmt. Diese bezogene Eigenfrequenz ζ kann man aus der Dämpfung berechnen, indem man die folgende quadratische Gleichung für ζ^2 auflöst: $|Q(j\zeta)|^2 = K^2$. Es lohnt sich nicht, die Lösung allgemein hinzuschreiben. Falls $|K|$ und die bezogene Frequenz ζ sehr groß ist, erhält man

$$\zeta = \sqrt{|K|/c_2}. \qquad (110;19)$$

Damit ist der Eigenwert bestimmt.

Ich hoffe, die Untersuchung der Pegelwandler hat gezeigt, daß man manche Seiten des Stabilitätsproblems und verwandter Probleme mit Hilfe der — zeichnerisch, numerisch oder auch allgemein analytisch durchgeführten — Ortskurvenkriterien verhältnismäßig leicht und umfassend erkennen kann.

Literaturverzeichnis.

ARTUS, W.: Über Regelmethoden in steuerbaren elektrischen Systemen und die Kriterien ihrer Stabilität. Elektr. Nachr.-Techn. Bd. 17 (1940) H. 10.

BACKHAUS, H.: Theorie der kurzen Siebketten. Jb. drahtl. Telegr. Bd. 24 (1924) H. 1 $\cdots$ 3, S. 11, 39 und 53.

BARKHAUSEN, H.: Elektronenröhren, 3. u. 4. Aufl., Bd. 3. Leipzig 1935.

BARKHAUSEN, H. u. G. HÄSSLER: Wo hat ein abklingender Schwingungsvorgang sein Ende, wo ein anklingender seinen Anfang? Hochfrequenztechn. Bd. 42 (1933) H. 2, S. 41.

BETZ, A.: Konforme Abbildung. Berlin-Göttingen-Heidelberg 1948.

BIEBERBACH, L.: Einführung in die konforme Abbildung, 2. Aufl. Berlin-Leipzig 1927.

BLACK, H. S.: Stabilised Feedback Amplifiers. Bell. Syst. techn. J. Bd. 13 (1934) H. 1, S. 1.

BYK, A.: Die Vierpoleigenschaften des 2-Drahtverstärkers in Abhängigkeit von seinem inneren Aufbau. Elektr. Nachr.-Techn. H. 8. (1933) S. 333,

CARTWRIGHT, MARY L.: Forced oscillations in nearly sinusoidal systems. J. Inst. electr. Engrs. Bd. 95, Teil III, (1948) H. 34, S. 88.

CREMER, L.: Tagung des VDI-Ausschusses für Schwingungs- und Schalltechnik in Stuttgart am 20., 21. u. 22. Mai 1948. Arch. El. Übertragg. Bd. 2 (1948) H. 6/7, S. 294.

EMDE, F.: Tafeln elementarer Funktionen, S. 160. Leipzig-Berlin 1940.

ENGEL, F. u. R. OLDENBOURG: Mittelbare Regler und Regelanlagen. Berlin 1944.

FELDTKELLER, R. u. H. JACOBY: Die Messung der Echodämpfung. Telegr. u. Fernspr.Techn. 1928, H. 3.

HÄSSLER, G.: Der Nachweis des Schroteffekts durch eine anklingende Röhrensenderschwingung. Hochfrequenztechn. Bd. 42 (1933) H. 2, S. 43.

HILBERT, D. u. S. COHN-VOSSEN: Anschauliche Geometrie. Berlin 1932.

HÜTTE: Des Ingenieurs Taschenbuch, 27. Aufl., 1942): Reihenumkehrung S. 86, Interpolation S. 195, Formel von RUNGE-KUTTA S. 203.

JAHNKE, E.: Vorlesungen über die Vektorenrechnung. Leipzig 1905.

KLOTTER, K.: Fortschritte der Reglungs- und Schwingungstechnik. Z. VDI Bd. 91 (1949) H. 2, S. 37.

KÜPFMÜLLER, K.: [1] Beziehungen zwischen Frequenzcharakteristiken und Ausgleichsvorgängen. Elektr. Nachr.-Techn. Bd. 5 (1928) S. 18.

[2] Theoretische Elektrotechnik. Berlin 1941.

[3] Über die Dynamik der selbsttätigen Verstärkungsregler. Elektr. Nachr.-Techn. Bd. 5 (1928) H. 11, S. 459.

LEHMANN, J.: Die Stabilitätsfrage bei rückgekoppelten Verstärkern. Z. angew. Math. Mech. Bd. 28 (1948) H. 1/2, S. 23 u. 59.

LOTZE, A.: Punkt- und Vektorrechnung. Berlin-Leipzig 1929.

MATHES, R. u. S. WRIGHT: The Compandor. Bell Syst. techn. J. Bd. 13 (1934) H. 3, S. 315.

MATTHES, H.: Untersuchungen am brückenstabilisierten Sender nach MEACHAM. Dissertation T. H. Stuttgart 1947.

MATTHIES, K. u. F. STRECKER: Über Reziprozitäten bei Wechselstromkreisen. Arch. Elektrotechn. Bd. 14 (1924) H. 1, S. 1.

Literaturverzeichnis.

Moebes, R.: Die moderne Empfängertechnik. Fortschr. Hochfrequenztechn. Bd. 1, S. 309. Leipzig (1941).

Möller, H. G.: Die Elektronenröhren und ihre technischen Anwendungen. Braunschweig 1920.

Nörlund, N.: Differenzenrechnung. Berlin 1924.

Nyquist, H.: Regeneration Theorie. Bell Syst. techn. J. Bd. 11 (1932) S. 126.

Oppelt, W.: Grundgesetze der Reglung. Wolfenbüttel-Hannover 1947. (Während der Drucklegung erschien noch: Stetige Regelvorgänge. Hannover-Wolfenbüttel 1949.)

Peters, J.: Wann gilt das Stabilitätskriterium nach Nyquist? Arch. elektr. Übertragg. Bd. 4 (1950) H. 1, S. 17.

Peterson, E., J. Kreer u. L. Ware: Regeneration Theorie and Experiment. Bell Syst. techn. J. Bd. 13 (1934) S. 680.

Rothe, H. u. W. Kleen: Elektronenröhren als Schwingungserzeuger und Gleichrichter. Leipzig 1941.

Runge, C.: Graphische Methoden, 2. Aufl. Leipzig-Berlin 1919.

Runge, C. u. H. König: Numerisches Rechnen. Berlin 1924.

Sanden, H. v.: Mathematisches Praktikum. Bd. 1. Leipzig-Berlin 1927.

Schmeidler, W.: Vorträge über Determinanten und Matrizen mit Anwendungen in Physik und Technik. Berlin 1949.

Schulz, G.: Formelsammlung zur praktischen Mathematik. Berlin 1949.

Strecker, F.: [1] Die elektrische Selbsterregung. Mit einer Theorie der aktiven Netzwerke. Stuttgart 1947. (Hierin Liste der älteren Literatur.)

[2] Aktive Netzwerke und das allgemeine Ortskurvenkriterium für die Stabilität. Frequenz Bd. 3 (1949) H. 3, S. 78.

[3] Stabilitätsprüfung durch geschlossene und offene Ortskurven. (Vortrag in Stuttgart 1948, siehe Cremer und Klotter). Arch. elektr. Übertragg. Bd. 4 (1950) H. 6, S. 199.

[4] Anleitung zur praktischen Stabilitätsprüfung mittels Ortskurven. Elektrotechnik Bd. 3 (1949) H. 12, S. 379.

[5] Vereinfachte Verfahren zur Bestimmung der Betriebseigenschaften von Ketten allgemeiner Vierpole. Frequenz Bd. 1 (1947) S. 44 u. 77.

[6] Absoluter Betrag und Stärke von Zeiger- und Vektorgrößen. (Soll in der Elektrotechnik erscheinen.)

[7] Verständlichkeit und Lautstärke bei Frequenz- und Amplitudenbegrenzung. Z. techn. Phys. Bd. 17 (1936) H. 12, S. 568.

Strecker, F. u. R. Feldtkeller: Grundlagen der Theorie des allgemeinen Vierpols. Elektr. Nachr.-Techn. Bd. 6 (1929) H. 3, S. 93.

Strecker, F. u. E. Hölzler: Funksprechkreise als Glieder des Weltfernsprechnetzes. Telefunkenztg. Bd. 20 (1939) H. 80, S. 20.

VDI-Fachausschuß für Regelungstechnik: Regelungstechnik; Begriffe und Bezeichnungen. Berlin 1944.

Vilbig, F.: Lehrbuch der Hochfrequenztechnik, 4. Aufl. Leipzig 1944.

Wallot, J.: Theorie der Schwachstromtechnik, 2. Aufl. Berlin 1940.

Weinitschke, W.: Ein Beitrag zur Theorie der Rückkopplung in 2-Drahtleitungen. Elektr. Nachr.-Techn. Bd. 6 (1929) H. 10, S. 399.

Willers, F.: [1] Graphische Integration. Berlin-Leipzig 1920.

[2] Numerische Integration. Berlin-Leipzig 1923.

Die beiden folgenden Bücher wurden mir erst während der Drucklegung zugänglich und sind daher nicht berücksichtgt:

Bode, H. W.: Network analysis and feedback amplifier design. N. York. 1946.

Mac Coll, L. A.: Fundamental theory of servomechanisms. N. York. 1946.

Namen- und Sachverzeichnis.

Die Zahlen bedeuten Seitenzahlen; V = Vorwort, E = Einleitung, s. = siehe, v. = vergleiche.

Leipziger Druckhaus, Leipzig (M. 115).
Gen.-Nr. 7598/50—9869/49.